高职高专“十二五”规划教材

电子技能与实训

赵红利　刘　旭　主　编
张艳芳　副主编
罗永前　主　审

化学工业出版社
·北京·

本书是基于德国职业教育模式，引入任务驱动理念；实施校企合作、共同开发的具有工学结合特色的教材。全书采用项目式编写模式，包括万用表的使用、电子元器件的识别与检测、集成电路的识别与检测、电子电路的手工焊接、电子线路的安装与调试及电子技能综合实训。每个项目又用若干个任务划分学习单元，每个学习单元均包含能力标准、任务描述、相关知识、任务实施及实训工作卡；同时，每个项目后面均包含知识拓展、项目评价表、能力鉴定表（包括自评、互评及师评）及信息反馈表。

本书可作为高职高专电子信息类、通信类、机电类及计算机硬件类等专业的配套教材，也可作为成人教育及从事电子技能培训工作人员的短期培训教材，还可供相关专业技术人员参考。

图书在版编目（CIP）数据

电子技能与实训/赵红利，刘旭主编．—北京：化学工业出版社，2012.8

高职高专“十二五”规划教材

ISBN 978-7-122-14900-8

Ⅰ.①电…　Ⅱ.①赵…②刘…　Ⅲ.①电子技术-高等职业教育-教材　Ⅳ.①TN

中国版本图书馆 CIP 数据核字（2012）第 163077 号

责任编辑：廉　静　　文字编辑：徐卿华

责任校对：吴　静　　装帧设计：张　辉

出版发行：化学工业出版社（北京市东城区青年湖南街 13 号　邮政编码 100011）

印　　刷：北京云浩印刷有限责任公司

装　　订：三河市宇新装订厂

787mm×1092mm　1/16　印张 16½　字数 438 千字　　2012 年 9 月北京第 1 版第 1 次印刷

购书咨询：010-64518888（传真：010-64519686）　售后服务：010-64518899

网　　址：http://www.cip.com.cn

凡购买本书，如有缺损质量问题，本社销售中心负责调换。

定　　价：32.00 元

前　言

电子技能实训课程是电子类、通信类及仪器测试类最具有特色的专业核心技能课程，本课程要求学生具有“基础知识扎实、够用，基本技能熟练过硬，新技术、新工艺掌握，应用能力初步具备”的培养思路。课程能力结构强调电子技能在电子产品中的实际运用能力，把传统的实验课改为方法、能力培养的实践课，通过实践将所学知识上升为应用能力。随着电子技术的飞速发展，对电子技能实训课程的要求也越来越高，作为高技能型人才的重要培养基地，高职高专和高级技工学校如何突破传统的课程设置和教学模式，主动适应未来经济发展对人才的要求，已经成为非常迫切的任务。

本书是鉴于作者长期从事“电子技能实训”和“电子技术”等课程的教学经验，从专业课的角度出发，综合比较现有同类教材的优缺点，并学习德国职业教育引入任务驱动理念后实施校企合作、共同开发的具有工学结合特色的配套教材。其框架根据国家级示范性建设重点项目电子信息类各专业人才培养方案与课程标准进行编写，共设计了六个实训项目，分别包含万用表的使用、电子元器件的识别与检测、集成电路的识别与检测、电子电路的手工焊接、电子线路的安装与调试及电子技能综合实训等方面的内容。为使本书的内容编排符合电子信息企业的实际工作过程和学生的认知规律，每个项目又用若干个任务划分学习单元，每个学习单元均包含能力标准、任务描述、相关知识、任务实施及实训工作卡；同时，每个项目后面均包含知识拓展、项目评价表、能力鉴定表（包括自评、互评及师评）及信息反馈表。通过内容的合理选取与配置，本书不仅能够很好地配合基于工作过程的课程教学，更能培养学生自主学习、独立思考的能力。本书还配备了作者精心制作及修改的课件和一些视频，课件中包含了对书中重点概念和实训方法的过程性动画演示，十分易懂，借助于课件和视频完成本课程的自学将不会有任何困难。

本书由重庆电子工程职业学院赵红利和刘旭担任主编并负责统稿，重庆电子工程职业学院张艳芳担任副主编，重庆科能高级技工学校陈敏及乌鲁木齐职业大学蔺周强也参与了本书的编写。具体编写分工如下：陈敏编写了项目一；赵红利编写了项目二及项目六；刘旭编写了前言、内容简介及项目四；张艳芳编写了项目三；姚晶晶和蔺周强合编了项目五。

本书由重庆电子工程职业学院罗永前教授担任主审，对该书稿件进行全面、细致的审阅，提出了不少宝贵意见，在此表示感谢。

在本书的编写过程中，编者参考了有关资料和文献，在此表示衷心的感谢！由于编者水平有限，本书难免有疏漏和不足之处，恳请同行和读者批评指正！

编　者

2012 年 5 月

目　录

项目一　万用表的使用

项目概述

在进行电子实验、识别检测电子元件、安装调试电路及电子整机产品维修时，常常要用到万用表，因此熟练掌握万用表的使用方法，并能用其对电子元件及各电量进行检测是十分必要的。

任务一　指针式万用表的使用

能力标准

学完这一单元，你应获得以下能力：

- 熟悉指针式万用表的面板；
- 能正确使用指针式万用表。

任务描述

请以以下任务为指导，完成对相关理论知识学习和任务实施：

- 以500型万用表为例认识指针式万用表的面板配置；
- 熟悉500型万用表的功能，能正确使用指针式万用表。

相关知识

指针式万用表

教学导入

指针式万用表（又称为机械式万用表，模拟式万用表）是一种用途广泛的常用测量仪器，其型号很多，使用方法基本相同。一般由磁电式测量机构作为核心，通过指针对刻度盘的指示来显示测量结果，往往需要测量者进行适当的转换，其原理框图如图1-1所示。

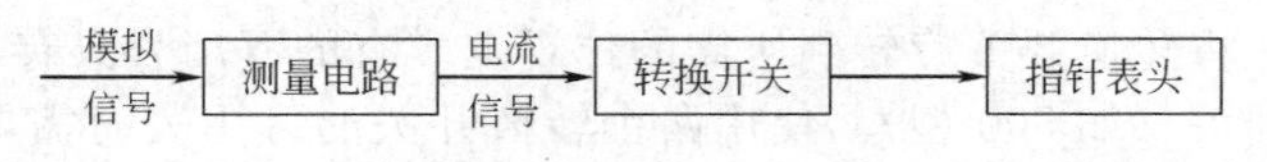

图1-1　指针式万用表原理框图

指针表头用来指示被测量的数值；测量电路用来把各种被测量转换为适合表头测量的直流微小电流；转换开关用来实现对不同测量线路、不同量程的选择，以适合各种被测量的要求。

理论知识

一、指针式万用表的功能面板

各种指针式万用表的面板布置不完全相同，一般包括刻度尺、量程选择开关、机械调零旋钮、欧姆调零旋钮、供接线用的插孔或者接线柱等。

(一) 500 型指针式万用表的面板布局

如图 1-2 所示为常用的 500A 型万用表的外形图。各组成部分如图所示。

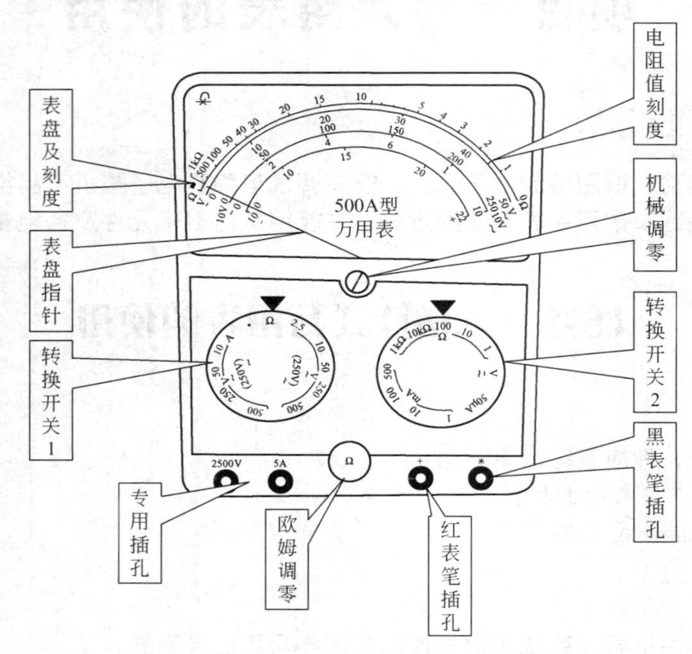

图 1-2　500A 型模拟万用表的面板图

(二) 面板的熟悉

①“+”和“*”插孔　用以插入红（+）、黑（*）表笔，如图 1-2 所示。

测试前先将两支表笔插上，黑表笔插在带有“*”或者“-”的插孔内；红笔插在带有“+”的插孔里面。有的万用表还有大电流和大电压的专用插孔，如图 1-2 中的 2500V、5A 插孔，分别用来测量 2500V、5A 挡的交流电压和直流电流。在测量大电压或者测量大电流时，黑表笔的位置不动，而把红表笔插到专用插孔后进行测量。

② 机械调零　在未作任何连接前，观察指针是否指在刻度盘最左端零刻度线处，如不指在零刻度处，则用一字旋具调整表盘中间机械调零旋钮，将指针调整到零刻度处。

③ 欧姆调零　在测量电阻时，短接红、黑表笔，观察指针是否指到刻度盘最右端零欧姆刻度线处，如没有，则调节欧姆调零旋钮使之对准。

④ 转换开关 1 和转换开关 2　主要用来选择测量的项目和适当量程。

根据测量对象，将转换开关旋转到所需的位置上。有的万用表只有一个转换开关，有的万用表有两个转换开关（如 500 型）。使用两个转换开关的万用表时需要将两个转换开关配合才能进行测量。挡位选择不能误选，严重时会损坏万用表。特别是测量电压时，如果误选了电流挡或者电阻挡，将会使表头遭受严重损坏，甚至被烧毁。因此，选择好测量对象后，要反复核查无误后才能进行测量。

根据被测量的估计值选择量程，量程应该大于被测量的数值。测量电流和电压时，万用表的量程选择应尽量使指针工作在满刻度值的 2/3 以上的区域，才能保证测量结果的准确。用万用表测量电阻时，应该尽量使指针在不超过中心刻度值的 10 倍，因为欧姆挡的刻度是不均匀的，越靠左，越容易产生误差。如果无法估计被测量的数值，就从最大量程开始估测，然后再选择适当的量程进行测量。

⑤ 表盘及刻度　500 型指针式万用表的表盘刻度线有 4 条刻度线，从上往下数，第一条刻度线上标有“Ω”字样，表明该刻度线上的数字为被测电阻值，越往左，刻度越密，在最

左端所标志的电阻值为无穷大；第二条刻度线用于交、直流电压和直流电流读数的公用刻度线；第三条刻度线的两端标有10V，专供10V交流电压挡使用；第四条刻度线的两端标有dB，为音频电平刻度线，分贝（dB）是度量功率增益和衰减的计量单位，万用表中一般以0dB（将在600Ω负荷阻抗上得到1mW功率时定为零分贝）作为参考零电平。

① 电压、电流的刻度线是均匀的，且零刻度线位于表盘的最左端。

② 欧姆挡的刻度线是不均匀的，且零刻度线位于表盘的最右端。

二、指针式万用表的使用

指针式万用表可测量直流电压、交流电压、直流电流、交流电流、电阻等。在使用指针式万用表时，必须按要求进行，否则会导致测量不准确、万用表损坏，甚至造成人身危险。

(一) 使用前的检查调整

① 检查万用表的外观是否完好无损，当轻轻摇晃时，指针应左右轻微摆动自如。

② 转动转换开关和量程开关，查看是否切换灵活、指示量程挡位是否准确。

③ 水平放置万用表，进行机械调零。

④ 测电阻前应进行欧姆调零，以检查万用表的电池电压。如果调整时指针不能指在欧姆刻度尺右边的0位线，则应更换电池。

⑤ 检查测试表笔插接是否正确。

(二) 基本电量的测量

1. 电压的测量

把红黑表笔插到对应的插孔，将波段开关2旋转到$\underset{\sim}{\underline{V}}$位置上，根据被测电压的估计值将波段开关1旋转至电压相应的量程位置上，再用表笔跨接在被测电路两端，指针应在大于2/3的刻度位置，否则，改换量程。如果不能估计被测量的大小，波段开关就应旋到最大量程的位置上。然后从刻度对应的刻度盘上读出被测电压的大小，注意刻度线不要读错了。测量电压时应注意以下问题。

① 测量电压时，表笔应与被测电路并联连接。

② 在测量直流电压时，应分清被测电压的极性。如果无法区分正负极时，应先将一支表笔触牢，另一支表笔轻轻碰触，若指针反向偏转，应调换表笔进行测量。

③ 测量中应与带电体保持安全距离，手不得触及表笔的金属部分，防止触电。同时防止短路和表笔脱落。测量高电压（500～2500V）时应戴绝缘手套，站在绝缘垫上进行，并使用高压测试表笔。

④ 测量直流电压时，一定要注意表的内阻对被测电路的影响，否则将产生较大的测量误差。

⑤ 测量完毕应将转换开关置于空挡或者电压最高挡位。

2. 电流的测量

先把红黑表笔插到对应的插孔，将波段开关1旋转至$\underset{\sim}{\underline{A}}$位置上，根据被测电流的估计值将波段开关2旋转至相应的量程位置，再用表笔串联在被测电路中，指针应在大于2/3的刻度位置，否则，改换量程。然后从相应的刻度线读取测量结果。注意：在测量电流时千万不要将表笔跨接在电路两端，否则可能会损坏万用表，因为测量电流时万用表的内阻很小，万用表会过流烧毁；在测量中也不能带电换挡，测量较大电流时应断开电源再撤表笔；测试完毕应将转换开关置于空挡或者电压最高挡位。

3. 电阻的测量

波段开关1旋转至Ω位置上，波段开关2旋转至对应的倍率量程上，先将红黑表笔短路，看指针是否在右边的零刻度线上，如果不在零刻度线上，旋转欧姆调零旋钮，使指针在零刻度线上，再用红黑表笔去测量未知电阻，从Ω刻度线上读取测量结果。被测电阻的大小等于：表盘读数×倍率。测量电阻时应注意以下问题。

① 测量电阻时，应避免带电测量，如果被测电阻在某个电路中，则需先断开被测电阻的电源及连接导线后再测，否则将损坏仪表或者影响测量结果准确性。

② 在测量电阻时，应根据被测电阻估测值选择量程合适的挡位，尽量使指针指在刻度盘的中间位置，不宜偏向两端；测量过程中每变换一次量程挡位，应重新进行欧姆调零。

③ 测量过程中测试表笔应与被测电阻接触良好，以减少接触电阻的影响；手不得触及表笔的金属部分，以防止将人体电阻与被测电阻并联，引起不必要的测量误差。

④ 测量电阻时，在10k挡使用的是9V的叠层电池，其他挡位是1.5V的电池。且黑表笔代表正，红表笔代表负。

⑤ 欧姆挡测量晶体管参数时，考虑到晶体管所能承受的电压比较小和容许通过的电流较小，一般选择$R\times100$或者$R\times1\text{k}$的倍率挡。这是因为低倍率挡的内阻较小，电流较大，而高倍率挡的电池电压较高，为避免损坏晶体管，一般不适宜用低倍率挡或高倍率挡去测量晶体管的参数。

⑥ 测量完毕，应将转换开关旋至空挡或者交流电压最大挡，防止在欧姆挡上表笔短接时消耗电池，更重要的是防止下次使用时，忘记换挡即用欧姆挡去测量电压或者电流，从而损坏万用表。

(三) 使用注意事项

① 在使用万用表之前必须熟悉每个量程的范围，各个调节器件的作用。

② 在测量之前，必须将万用表进行机械调零。

③ 仪表在测试时不能旋转开关旋钮，以免损坏仪表。

④ 测量高压或大电流时，为避免烧坏开关，应在切断电源情况下，变换量限。

⑤ 如偶然发生因过载而烧断保险丝时，可打开表盒换上相同型号的保险丝。

⑥ 在读数时，操作者的视线必须正视表针，如果万用表在表盘上有反光镜，视线正视时在反光镜中不应看见指针的影子。

⑦ 万用表使用完毕，应将功能开关打在非测量位置或者是打在电压的最高量程上。长期不使用应取出电池。

⑧ 测未知量的电压或电流时，应先选择最高数，待第一次读取数值后，方可逐渐转至适当的量程位置以取得较准读数，避免小量程测量大信号烧坏电路。

任务实施

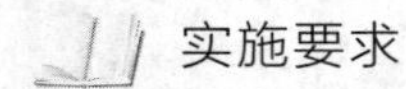

实施要求

任务目标与要求

- 小组成员分工协作，利用指针式万用表使用说明书及其相关知识，依据实训工作卡分析制定工作计划，并通过小组自评或互评检查工作计划；
- 准备万用表、电子设备试验箱（包含交、直流电压、不同阻值的电阻）等配套器材各20套；
- 通过资料阅读和实际仪表观察，描述指针式万用表的功能、面板配置及各符号含义；
- 能熟练地使用指针式万用表测试基本电量。

注意事项

在任务实施过程中严格遵守相关实验实训制度和规范的要求，注意职场健康与安全需求，做好废料的处理，并保持工作场所的整洁。

实施要点

准备工作

- 每小组接受工作任务，领取相关实验实训工具和仪器，做好实施准备工作；
- 组长带领组内成员阅读实训工作卡，查阅相关手册或指导书，合理分工，制定任务计划，并检查计划有效性。

实施步骤

- 依照实训工作卡的引导，观察认识，同时相互描述所用指针式万用表的面板组成，并填写实训工作卡；
- 依照实训工作卡的引导，对基本电量进行测量，并填写实训工作卡。

评估总结

- 回答指导教师提问并接受指导教师相关考核；
- 完成工作任务，对本次任务完成过程及效果进行自我评价和小组互评，完成实训工作卡填写；
- 清洁工作场所，清点归还相关工具设备，完成本次任务。

实训工作卡

1. 查阅资料并参照图 1-3 说明该指针式万用表是什么型号的，都有哪些挡位，请列出范围；各接线柱（旋钮）的符号及含义。

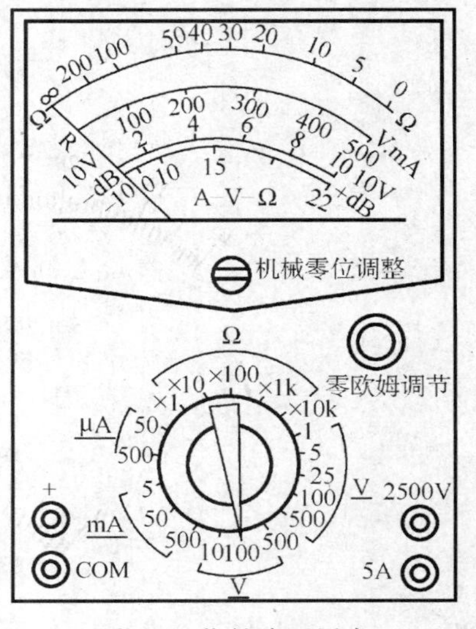

图 1-3 指针式万用表

2. 指针式万用表在使用前应做哪些准备工作？使用后应怎样维护？

3. 如果在测量交流电压时，不慎把挡位放在直流电压和直流电流或电阻挡时，可能出现什么结果？为什么？

4. 对照图1-4读取刻度盘上的数据，填写（对应各量程挡，刻度盘上的分度值分别是多少）。

0 10 20 30 40 50

mA

mA

挡位0.5mA

(a)

0 10 20 30 40 50

μA

挡位0.5μA

(b)

0 10 20 30 40 50

挡位2.5V

(c)

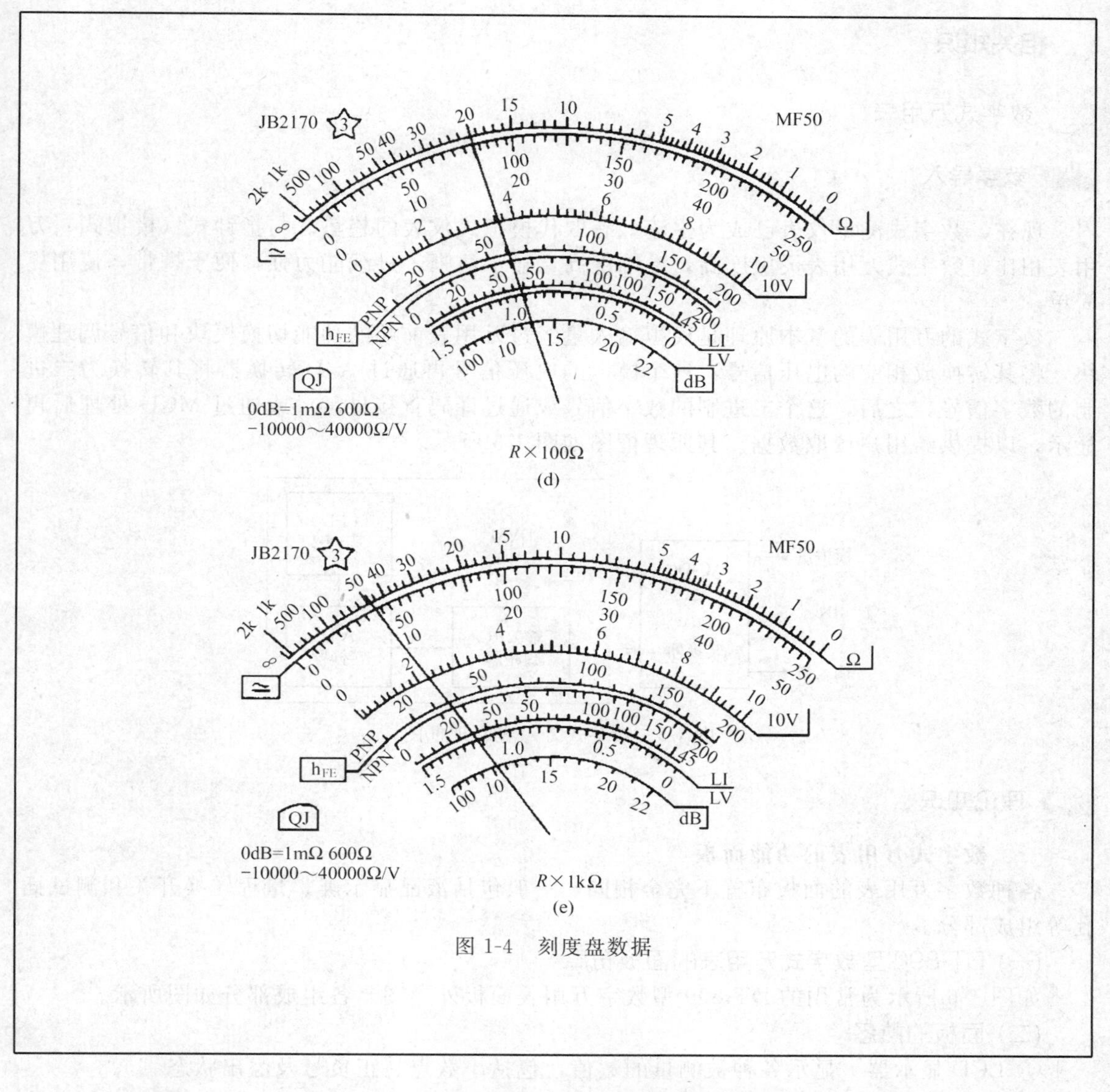

图 1-4 刻度盘数据

任务二 数字式万用表的使用

能力标准

学完这一单元，你应获得以下能力：

- 熟悉数字式万用表的面板；
- 能正确使用数字式万用表。

任务描述

请以以下任务为指导，完成对相关理论知识学习和实施练习：

- 以 DT-890 型万用表为例认识数字式万用表的面板配置；
- 熟悉 DT-890 型万用表的功能，能正确使用数字式万用表。

相关知识

数字式万用表

教学导入

现在，数字式测量仪表已成为主流，有取代模拟式仪表的趋势。与指针式（模拟式）万用表相比，数字式万用表灵敏度高，准确度高，显示清晰，过载能力强，便于携带，使用更简单。

数字式的万用表的基本原理是模拟输入量经过万用表前端的功能切换模块和信号调理模块，将其转换成相应的电压信号，这个模拟的电压信号再通过 A/D 转换器将其转换为二进制的数字信号，之后，这个二进制的数字信号或通过译码直接显示，或通过 MCU 处理后再显示，以提供给用户读取数据。其原理框图如图 1-5 所示。

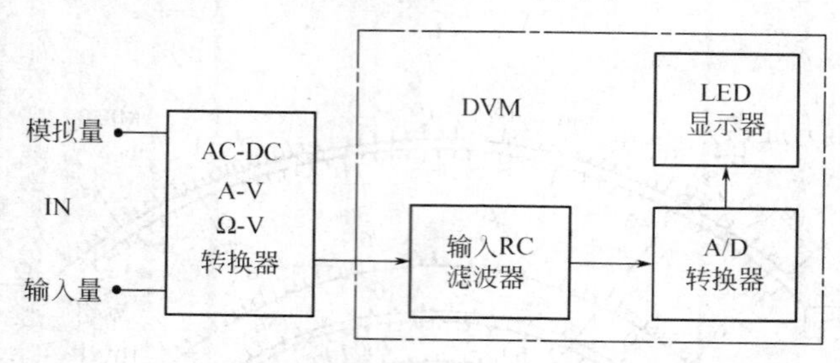

图 1-5　数字式万用表原理框图

理论知识

一、数字式万用表的功能面板

各种数字万用表的面板布置不完全相同，一般包括液晶显示屏、量程转换开关和测试插孔等组成部分。

(一) DT-890 型数字式万用表的面板布局

如图 1-6 所示为常用的 DT-890 型数字万用表面板外形图。各组成部分如图所示。

(二) 面板的熟悉

① LCD 显示器　显示各种被测量的数值，包括小数点、正负号及溢出状态。

② 电源开关　接通和切断表内电池电源。

③ 量程选择开关　根据被测量的不同转换不同的量程及物理量。

④ h_{FE} 插孔　用来进行三极管参数的测量。

⑤ 表笔插孔　用来外接测试表笔。

⑥ 电容器插孔　用来进行电容器容量的测量。

个别其他型号的数字式万用表（如 UA9205N）还有保持开关（HOLD），按下此按钮即可将测量值保持，再按该按钮保持功能取消。

二、数字式万用表的使用

数字式万用表可测量直流电压、交流电压、直流电流、交流电流、电阻、电容器容量及性能、二极管、三极管、电路的通和断等。在使用数字式万用表时，必须按要求进行，否则

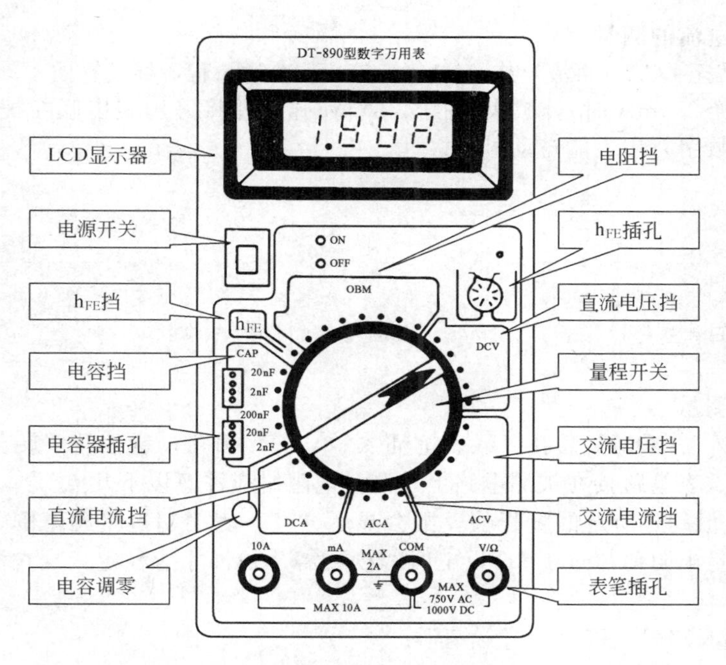

图 1-6　DT-890 型数字式万用表面板图

会导致测量不准确、万用表损坏等。

(一) 使用前的检查调整

使用前，应认真阅读有关的使用说明书，熟悉电源开关、量程开关、各插孔的作用。

(1) 插孔的选择

测量前先要把两支表笔插上，红表笔插在带有“V/Ω”的插孔内，黑笔插在“COM”的插孔里面。有的万用表还有大电流和大电压的专用插孔，测量大电压或者测量大电流时，黑表笔的位置不动，而把红表笔插到专用插孔后进行测量。

(2) 挡位、量程选择

根据测量对象，将转换开关旋转到所需的位置上。挡位选择不能误选，严重时会损坏万用表，故选择好测量对象后，要反复核查无误后才能进行测量。

根据被测量的估计值选择量程，量程应该大于被测量的数值。如果在高位显示“1”，表明已超过量程范围，需将量程开关转至较高挡位上。

(二) 基本电量的测量

(1) 交直流电压的测量

将电源开关置于 ON 位置，根据需要将量程开关拨至 DCV（直流）或 ACV（交流）的合适量程，红表笔插入 V/Ω 孔，黑表笔插入 COM 孔，并将表笔与被测线路并联，红表笔所接的该点电压与极性就会显示在屏幕上。

测试直流电压时，输入电压切勿超过 1000V，测试交流电压时，输入电压切勿超过 700V，如超过则有损坏仪表电路的危险；当测量高电压电路时，人体千万注意避免触及高压电路。

（2）交直流电流的测量

将量程开关拨至DCA（直流）或ACA（交流）的合适量程，红表笔插入mA孔（<200mA时）或10A孔（>200mA时），黑表笔插入COM孔，并将万用表串联在被测电路中即可。测量直流量时，数字万用表能自动显示极性。

最大输入电流超过200mA或10A（视红表笔插入位置而定），过大的电流会将保险丝熔断，在测量时，仪表如无读数，则应检查相应的保险丝。

（3）电阻的测量

将黑表笔插入“COM”插孔，红表笔插入“V/Ω”插孔；量程开关转至相应的电阻量程上，然后将测试表笔跨接在被测电路上。测量电阻时应注意以下几点。

① 如果电阻值超过所选的量程值，则会显示“1”，表明超过量程范围，需将量程开关转高一挡。当测量电阻值超过1MΩ以上时，读数需几秒钟才能稳定，这在测量高电阻时是正常的。

② 当输入端开路时，则显示过载情形。

③ 测量在线电阻时，要确认被测电路所有电源已关断，而所有电容都已完全放电时，才可进行。

④ 切勿在电阻量程输入电压，这是绝对禁止的，虽然仪表在该挡位上有电压防护功能。

（4）电容容量测量

将被测电容插入电容插口，将量程开关置于相应的电容量程上。测量电容容量时应注意以下几点。

① 如果被测电容值超过所选量程的最大值，则会显示“1”，需将量程开关转高一挡；

② 在将电容插入电容插口前，LCD显示值可能尚未回到零，残留读数会逐渐减小，但可以不予理会，它不会影响测量结果。

③ 在测试电容容量前，对电容应充分放电，以防止损坏仪表。

(三) 特殊挡位的使用

（1）检查电解电容的质量

使用数字式万用表的蜂鸣器挡，可以检查电解电容的质量。将黑表笔插入“COM”插孔，红表笔插入“V/Ω”插孔（红表笔极性为“+”），被测电容器的正极接红色表笔，负极接黑色表笔，应能听到一阵短促的蜂鸣声，随即声音停止，同时显示溢出符号“1”。这是因为电源刚开始对电容充电时，充电电流较大，相当于通路，所以蜂鸣器发声。随着电容两端电压不断升高，充电电流迅速减小，蜂鸣器停止发声。如果蜂鸣器一直响，说明电解电容内部短路。电容器的容量越大，蜂鸣器响的时间就越长。测量100～2200μF电解电容时，响声持续时间约为零点几秒至几秒。如果被测电容器已经充好电，测量时也听不到响声。这时应使用电容器放电，然后再进行测量。

（2）检测二极管

将黑表笔插入“COM”插孔，红表笔插入“V/Ω”插孔（红表笔极性为“+”）；量程开关置二极管挡，并将表笔连接到待测试的二极管，若二极管正常，则显示正向电压值为0.5～0.8V（硅管）或者0.2～0.3V（锗管）；交换红、黑表笔后，若管正常将出现“1”，若损坏，将显示“000”。

(3) 检查发光二极管

发光二极管的正向压降较高，用普通模拟式万用电表的电阻挡很难检查LED的好坏。使用数字式万用表检查时有两种方法。

① 利用二极管挡检查发光二极管：二极管挡的开路测试电压约为2.8V，高于发光二极管的正向压降，而且该挡有限流电阻，可用以检查各种型号的LED发光情况。用红色表笔接LED的正极，黑色表笔接负极，LED能发出微弱的光。如果LED的正负极性接反，则不能发光，据此也可判定LED的正负极。

② 利用h_{FE}插口检查发光二极管：h_{FE}插口上也接有2.8V电压，因此，使用h_{FE}挡检查发光二极管是比较理想的，只要将LED的正极插入C孔，负极插入E孔，仪表旋至NPN挡，发光二极管就能正常工作并发光。因为正向电流较大，显示器出现过载符号“1”。如果将正、负极接反，或者LED内部开路，并显示出000，由此可以迅速判断发光二极管的开路或者短路故障。

(4) 检测三极管

利用数字万用表，可判断三极管的各个电极，测量h_{FE}等参数。数字式万用表电阻挡的测试电流很小，不适于检测三极管，而应该使用二极管挡和h_{FE}插口进行检测。

① 判断基极：将数字式万用表拨至二极管挡，红色表笔固定接某个电极，用黑色表笔依次接触另外两个电极。若两次显示值基本相等（都在1V以下，或者都显示溢出），说明红色表笔接的是基极；若两次显示值中一次在1V以下，另一次溢出，说明红色表笔接的不是基极，应改换其他电极重新测量。

② 鉴别NPN型管与PNP型管：确定基极之后，用红色表笔接基极，用黑色表笔依次接触其他两个电极。如果显示为1V以下，则该管为NPN型管；如果两次显示都溢出，则该管为PNP型管。

③ 测量三极管的参数：根据被测管管型，选择“PNP”或“NPN”挡，再将被测的三极管的三个管脚插入h_{FE}插口的对应E、B、C孔内即可进行测量。

(5) 检测电路的通断

将黑表笔插入“COM”插孔，红表笔插入“V/Ω”插孔，量程转至蜂鸣器挡位，让表笔触及被测电路，若蜂鸣器发出叫声，则说明电路是通的，反之则不通。

(6) 检测温度

测量温度时，将热电偶传感器的冷端（自由端）插入温度槽中，热电偶的工作端（测温端）置于待测物上面或内部，可直接从显示器上读取温度值，读数为摄氏度。

(四) 使用注意事项

① 使用前应将万用表的两只表笔短接，显示屏上应显示为零或接近于零。如果偏差较大，则说明表内电池可能电力不足，需要更换电池。当两只表笔没有短接或没有与所测电路连接时，显示表上应为无穷大电阻，即显示为“1”。

② 如果无法预先估计被测电压或电流的大小，则应先拨至最高量程挡测量一次，再视情况逐渐把量程减小到合适位置。测量完毕，应将量程开关拨到最高电压挡，并关闭电源。

③ 满量程时，仪表LCD仅在最高位显示数字“1”，其他位均消失，表明已超过量程范围，这时应选择更高的量程。

④ 测量电压时，应将数字万用表与被测电路并联。测电流时应与被测电路串联，测直流量时不必考虑正、负极性。

⑤ 当误用交流电压挡去测量直流电压，或者误用直流电压挡去测量交流电压时，显示

屏将显示“000”，或低位上的数字出现跳动。

⑥ 禁止在测量高电压（220V 以上）或大电流（0.5A 以上）时换量程，以防止产生电弧，烧毁开关触点。

⑦ 当显示“BATT”或“LOW BAT”时，表示电池电压低于工作电压。使用结束应将电源开关置于 OFF 位置。

⑧ 数字万用表的红表笔为正，黑表笔为负，故测量晶体管、电解电容器等有极性的元器件时，必须注意表笔的极性。

任务实施

实施要求

任务目标与要求

- 小组成员分工协作，利用数字式万用表使用说明书及其相关知识，依据实训工作卡分析制定工作计划，并通过小组自评或互评检查工作计划；
- 准备数字式万用表、电子设备试验箱（包含交、直流电压、不同阻值的电阻）等配套器材各 20 套；
- 通过资料阅读和实际仪表观察，描述数字式万用表的功能、面板配置及各符号含义；
- 能熟练地使用数字式万用表测试基本电量。

注意事项

在任务实施过程中严格遵守相关实验实训制度和规范的要求，注意职场健康与安全需求，做好废料的处理，并保持工作场所的整洁。

实施要点

准备工作

- 每小组接受工作任务，领取相关实验实训工具和仪器，做好实施准备工作；
- 组长带领组内成员阅读实训工作卡，查阅相关手册或指导书，合理分工，制定任务计划，并检查计划有效性。

实施步骤

- 依照实训工作卡的引导，观察认识，同时相互描述所用数字式万用表的面板组成，并填写实训工作卡；
- 依照实训工作卡的引导，对基本电量进行测量，并填写学习工作卡；
- 依照实训工作卡的引导，能使用特殊挡位进行测量，并填写学习工作卡。

评估总结

- 回答指导教师提问并接受指导教师相关考核；
- 完成工作任务，对本次任务完成过程及效果进行自我评价和小组互评，完成实训工作卡填写；
- 清洁工作场所，清点归还相关工具设备，完成本次任务。

实训工作卡

1. 查阅资料并说明你所使用的数字式万用表是什么型号的？都有哪些挡位？并列出范围；各接线柱（旋钮）的符号及含义。

2. 数字式万用表在使用前应做哪些准备工作？使用后应怎样维护？

3. 简述使用数字式万用表测量固定电阻的操作步骤，并说明如何读数。

4. 简述数字式万用表的二极管及蜂鸣器挡位的使用方法。

知识拓展

万用表的分类

万用表是多用表的习惯称呼，是一种多功能、多量程、便于携带的电子仪表。主要由表头、测量线路、转换开关以及测试表笔等组成。表头用来指示被测量的数值；测量线路用来把各种被测量转换为适合表头测量的直流微小电流或者电压；转换开关用来实现对不同测量线路、不同量程的选择，以适合各种被测量的要求；测试表笔用来将被测信号引入到万用表。

万用表根据其结果显示方式可以分为指针式万用表和数字式万用表。模拟万用表和数字式万用表的区别如下。

① 模拟式万用表的主要部件是指针式电流表，测量结果以指针方式显示，数字式万用表主要应用了数字集成电路等器件，测量结果以数字方式显示。

② 数字式万用表的测量精度比模拟式万用表高。

③ 模拟式万用表能反映被测量的连续变化过程以及变化趋势，而数字万用表不能。例如观察电容器的充、放电过程就只能用指针式万用表。

④ 模拟式万用表电阻阻值的刻度线从左到右的刻度线密度逐渐变疏，即刻度是非线性

的；数字万用表的显示则相对而言是线性的。

⑤ 在进行直流电压或电流测量时，模拟式万用表如果正、负极接反，指针的偏转反偏，可能损坏表头，而数字式万用表能根据极性显示正或负。

⑥ 模拟式万用表是根据指针和刻度来读数，会因各人的读数习惯不同而产生不同的人为误差，数字式万用表是数字显示，因此没有这类人为误差。

项目评价表

项目	考核内容	配分	评分标准	得分
指针式万用表面板	①量程、挡位的熟悉及选择； ②特定符号的含义	15 分	①挡位、量程均不熟悉扣 10 分； ②挡位熟悉，但不会选择量程扣 5 分； ③表上特殊符号的含义不清楚，每个扣 2 分	
数字式万用表面板	①量程、挡位的熟悉及选择； ②特定符号的含义	15 分	①挡位、量程均不熟悉扣 10 分； ②挡位熟悉，但不会选择量程扣 5 分； ③表上特殊符号的含义不清楚，每个扣 2 分	
直流电压的测量	①表与被测对象的连接方式； ②红黑表笔与被测对象接触； ③测量结果的记录	15 分	①串并联方式选错扣 10 分； ②红、黑表笔接反扣 5 分； ③不会读数扣 5 分； ④数据记录不准确扣 2 分	
直流电流的测量	①表与被测对象的连接方式； ②红黑表笔与被测对象接触； ③测量结果的记录	15 分	①串并联方式选错扣 10 分； ②红、黑表笔接反扣 5 分； ③不会读数扣 5 分； ④数据记录不准确扣 2 分	
电阻的测量	①量程的选择； ②测试方法； ③测量结果的记录	20 分	①挡位选择不正确每次扣 5 分； ②测量位置不正确每次扣 3 分； ③读数不准确，每次扣 3 分； ④数据记录不正确，每个扣 2 分	
实训态度	态度是否端正	10 分	态度好、认真 10 分；较好 6 分；差 0 分	
安全操作	①严格遵守操作规程； ②爱护仪表	10 分	①操作过程中严格按照规范 10 分； ②不符合规范、不爱护仪表立即停工并酌情扣 3～10 分	
合计		100 分		

能力鉴定表

实训项目	项目一　万用表的使用				
姓名		学号		日　期	
组号		组长		其他成员	
序号	能力目标	鉴定内容	时间（总时间 80 分钟）	鉴定结果	鉴定方式
1	专业技能	指针式万用表面板的熟悉	20 分钟	□具备 □不具备	教师评估 小组评估
2		数字式万用表面板的熟悉			
3		指针式万用表的使用	30 分钟	□具备 □不具备	
4		数字式万用表的使用	30 分钟	□具备 □不具备	

续表

<table>
<tr><td>实训项目</td><td colspan="5">项目一　万用表的使用</td></tr>
<tr><td>5</td><td rowspan="3">学习方法</td><td>是否主动进行任务实施</td><td rowspan="3">全过程记录</td><td>□具备
□不具备</td><td rowspan="8">小组评估
自我评估
教师评估</td></tr>
<tr><td>6</td><td>能否使用各种媒介完成任务</td><td>□具备
□不具备</td></tr>
<tr><td>7</td><td>是否具备相应的信息收集能力</td><td>□具备
□不具备</td></tr>
<tr><td>8</td><td rowspan="5">能力拓展</td><td>团队是否配合</td><td rowspan="5">全过程记录</td><td>□具备
□不具备</td></tr>
<tr><td>9</td><td>调试方法是否具有创新</td><td>□具备
□不具备</td></tr>
<tr><td>10</td><td>是否具有责任意识</td><td>□具备
□不具备</td></tr>
<tr><td>11</td><td>是否具有沟通能力</td><td>□具备
□不具备</td></tr>
<tr><td>12</td><td>总结与建议</td><td>□具备
□不具备</td></tr>
<tr><td rowspan="2">鉴定结果</td><td>合格</td><td>□</td><td rowspan="2">教师意见</td><td>教师签字</td><td></td></tr>
<tr><td>不合格</td><td>□</td><td>学生签名</td><td></td></tr>
</table>

注：1. 请根据结果在相关的□内画√。

2. 请指导教师重点对相关鉴定结果不合格的同学给予指导意见。

信息反馈表

实训项目：万用表的使用　　　　组号：________

姓　　名：________　　　　日期：________

请你在相应栏内打钩	非常同意	同意	没有意见	不同意	非常不同意
1. 这一项目给我很好地提供了万用表的分类、组成及其使用?					
2. 这一项目帮助我掌握了用指针式万用表测试各电量及参数?					
3. 这一项目帮助我掌握了用数字式万用表测试各电量及参数?					
4. 这一项目帮助我熟悉了万用表的使用及维护?					
5. 该项目的内容适合我的需求?					
6. 该项目在实施中举办了各种活动?					
7. 该项目中不同部分融合得很好?					
8. 实训中教师待人友善愿意帮忙?					
9. 项目学习让我做好了参加鉴定的准备?					
10. 该项目中所有的教学方法对我学习起到了帮助的作用?					
11. 该项目提供的信息量适当?					
12. 该实训项目鉴定是公平、适当的?					
你对改善本科目后面单元的教学建议：					

项目二　电子元器件的识别与检测

项目概述

任何一个电子电路，都是由电子元器件组合而成。了解常用元器件的性能、型号、规格、组成分类及识别方法，用简单测试的方法判断元器件的好坏，是选择、使用电子元器件的基础，是组装、调试电子电路必须具备的技术技能。下面分别介绍电阻器、电容器、电感器、半导体器件、电声器件及接插件、片状元件等分立元器件的基本知识及检测。

任务一　电阻器的识别与检测

能力标准

学完这一单元，你应获得以下能力：

- 熟悉电阻器在电子线路中分流、分压的作用；
- 掌握电阻器的分类、型号及其标注识别；
- 能使用万用表对电阻器进行检测。

任务描述

请以以下任务为指导，完成对相关理论知识学习和任务实施：

- 以各种实际电阻为例认识电阻的外形、分类及标注；
- 熟悉电阻器的作用，能正确识别和检测不同种类的电阻。

相关知识

电阻器的识别与检测

教学导入

电阻器是在电子线路、各种电子电气设备中应用最多的电子元件。无论是在家用电器、电气仪表还是在各类电子应用设备中，都会用到各种不同规格、型号的电阻。电阻一般可用来降低电压、分配电压、稳定和调节电流、限流、分配电流、滤波、阻抗匹配及为其他器件提供必要的工作条件等。本单元将介绍电阻器的识别与检测。

理论知识

一、电阻器的识别

物质对电流通过的阻碍作用称为电阻，利用这种阻碍作用做成的元件称为电阻器，简称电阻，用字母 R 表示。是电气、电子设备中用得最多的基本元件之一，主要用于控制和调节电路中的电流和电压，或用作消耗电能的负载。

电阻器一般是利用金属或非金属材料制成的，不同材料的物质对电流的阻力是不同的：$R=\rho L/S$（其中 ρ 为材料的电阻率，与材料的性质有关）。在国际单位制中电阻的主单位是欧姆（Ω），除此之外还有千欧（kΩ）、兆欧（MΩ）等，其中 $1\text{M}\Omega=10^3\text{k}\Omega=10^6\Omega$，$1\text{k}\Omega=10^3\Omega$。

(一) 电阻器的分类

电阻的种类繁多，分类方法也各不相同，常见的分类有以下几种。

电阻器按功能的不同可以分为普通电阻器、特殊电阻器等；按结构的不同可以分为固定电阻器、可变电阻器等；按外形的不同可以分为圆柱形电阻器、片状电阻器、排阻等；按电阻材料的不同可以分为薄膜类电阻器（金属膜电阻器、金属氧化膜电阻器、碳膜电阻器等）、合成类电阻器（金属玻璃釉电阻器、实心电阻器、合成膜电阻器等）。

(1) 按电阻器的生产工艺或材料不同分类

① 合金型　用块状电阻合金拉制成合金线或碾压成金箔制成的电阻，如线绕电阻、精密合金箔电阻等。

② 薄膜型　在玻璃或陶瓷基体上沉积一层电阻薄膜，膜的厚度一般在几微米以下，薄膜材料有碳膜、金属膜、化学沉积膜及金属氧化膜等。

③ 合成型　电阻由导电颗粒和化学黏结剂混合而成，可以制成薄膜或实心两种类型，常见的有合成膜电阻和实心电阻。

下面分别介绍常见的各种电阻的用途及特点。

① 碳膜电阻　阻值范围一般在1Ω～10MΩ，各项参数指标能满足一般电子产品的性能要求，特点是精密度较高，生产成本低，价格便宜，所以在收音机、电视机等没有特别要求的电路中应用非常广泛。

② 金属膜电阻　阻值范围一般在1Ω～10MΩ，性能比碳膜电阻好，工作频率及稳定性高，体积小巧，高温下的温度系数小，噪声低，精密度高，但价格稍贵，在要求高精密度和高稳定性的电路中被广泛应用。

③ 金属氧化膜电阻　这种电阻的膜层均匀，性能与金属膜电阻相同，但耐热性更高（140～235℃），允许短时间超负荷使用，高频特性好，成本低，特别适于制作较低阻值（数百千欧以下）的电阻器。

④ 金属玻璃釉电阻　耐高温，功率大，阻值宽，耐湿性能好，温度系数低，常制成贴片电阻。

⑤ 线绕电阻　电阻的精密度很高，能在300℃高温下工作，稳定性高，噪声低，温度系数极微，不易老化，电性能好，但高频下电感大，较难获得高阻值（一般只能在100kΩ以下），通常在要求大功耗或精密仪表及设备中使用。如水泥电阻就是一种陶瓷封装的线绕电阻，它具有功率大、热稳定性好、散热好、绝缘好等特点，常用在大电流的电源电路中。

⑥ 实心电阻　体积小，功率大，可靠性极高，特别是在1MΩ以上的高阻值时更加明显，几乎不出现短路或开路故障，短时间过载不会损坏，但它的精度低，温度系数、噪声系数都差。

⑦ 合成碳膜电阻　电性能和稳定性均较差，但易制得高阻值的电阻器（$10\sim10^6$MΩ），用于需要高阻值及高压的电路中。

(2) 按电阻的适用范围及用途分类

① 普通型　指能适应一般技术要求的电阻，额定功率范围为0.05～2W，阻值为1Ω～22MΩ，允许偏差±5%、±10%、±20%等。

② 精密型　有较高精密度及稳定性，功率一般不大于2W，标称阻值在0.01Ω～20MΩ，允许偏差在±2%～±0.001%之间分挡。

③高频型　电阻自身电感量极小，常称为无感电阻。用于高频电路，电阻值小于1kΩ，功率范围宽，最大可达100W。

④ 高压型　用于高压装置中，功率在0.5～15W之间，额定电压可达35kV以上，标称

阻值可达 1GΩ。

⑤ 高阻型　阻值在 10MΩ 以上，最高可达 10^{14}Ω。

⑥ 集成电阻（电阻排）　这是一种电阻网络，是运用掩膜、光刻、烧结等工艺技术，在一块基片上制成多个参数、性能一致的电阻器。它具有体积小、规整化及精密度高等特点，特别适用于电子仪器仪表及计算机产品中。

（3）按工作性能及电路功能分类

① 固定电阻器　阻值是固定不变的，阻值的大小即为它的标称阻值。固定电阻器在实际中用得最多。

② 可变电阻器　阻值可以在一定的范围内调整，它的标称阻值是最大值，其滑动端到任意一个固定端的阻值在 0 和最大值之间连续可调。可变电阻器又有可调电阻器和电位器两种。可调电阻器有立式和卧式之分，分别用于不同的电路安装。电位器就是在可调电阻器上再加一个开关，做成同轴联动形式，如收音机中的音量旋钮和电源开关就是采用这种电位器。

③ 特殊电阻器　包含敏感电阻器和熔断电阻器。

敏感电阻器有热敏电阻器、光敏电阻器、压敏电阻器、气敏电阻器、磁敏电阻器、湿敏电阻器和力敏电阻器等，它们均是利用材料电阻率随物理量变化而变化的特性制成，多用于控制电路。如光敏电阻的阻值随着光照的强度而变化；热敏电阻的阻值随着温度的改变而改变（可分为正温度系数热敏电阻和负温度系数热敏电阻），如彩电上的消磁电阻，就是一个正温度系数（PTC）的热敏电阻，它相当于一个无触点温度开关；气敏电阻的阻值随着气体浓度的不同而不同等，这种敏感电阻常用在传感器中检测相应的物理量。

熔断电阻器俗称保险，是一种具有熔断丝及电阻器作用的双功能元件。具有双重功能，正常情况下具有普通电阻的电气特性，一旦电路中电压升高、电流增大或某电路元件损坏，保险电阻就会在规定的时间内熔断，从而达到保护其他元器件的目的。熔丝电阻的额定功率一般有 0.25W、0.5W、1W、2W 和 3W 等规格，阻值为零点几欧姆，少数为几十欧姆至几千欧姆。

电阻器的电阻值常标在电阻器上，而所用材料一般不标明，电阻器的功率在较大体积的功率电阻上也常标出。图 2-1 所示为常用电阻器、电位器的实物图。

图 2-2 所示为常用电阻器、电位器的图形符号。

(二) 电阻器的特性参数

电阻器的主要特性参数有标称阻值、允许误差、额定功率和温度系数等。这些参数是电子电路中合理选用电阻器的主要依据。

（1）标称阻值

电阻器表面所标的电阻值就是标称阻值，常用单位有欧姆（Ω）、千欧姆（kΩ）和兆欧姆（MΩ）。但是电阻器的实际值往往与标称值不完全相符，即存在一定的误差，如果误差在允许的范围内，则认为该电阻器是合格元件。

（2）允许误差

电阻器的实际阻值与标称阻值之差的百分率称为电阻器的允许误差。通用电阻器的允许误差一般分为三个等级：Ⅰ级为±5%；Ⅱ级为±10%；Ⅲ级为±20%。误差越小，表明电阻器的精度越高。

精密电阻器的允许误差为±2%、±1%、±0.5%等。我国电阻器的标称阻值有 E6、E12、E24、E48、E96、E192 等几种系列，其中，E6、E12、E24 比较常用。常用系列电阻器的主要性能指标见表 2-1。电阻器的标称阻值是不连续分布的，若将表中各数乘以 10、100、1000……一直到 10^n（n 为整数）就可成为这一阻值系列。如 1.1×10^3 表示阻值为

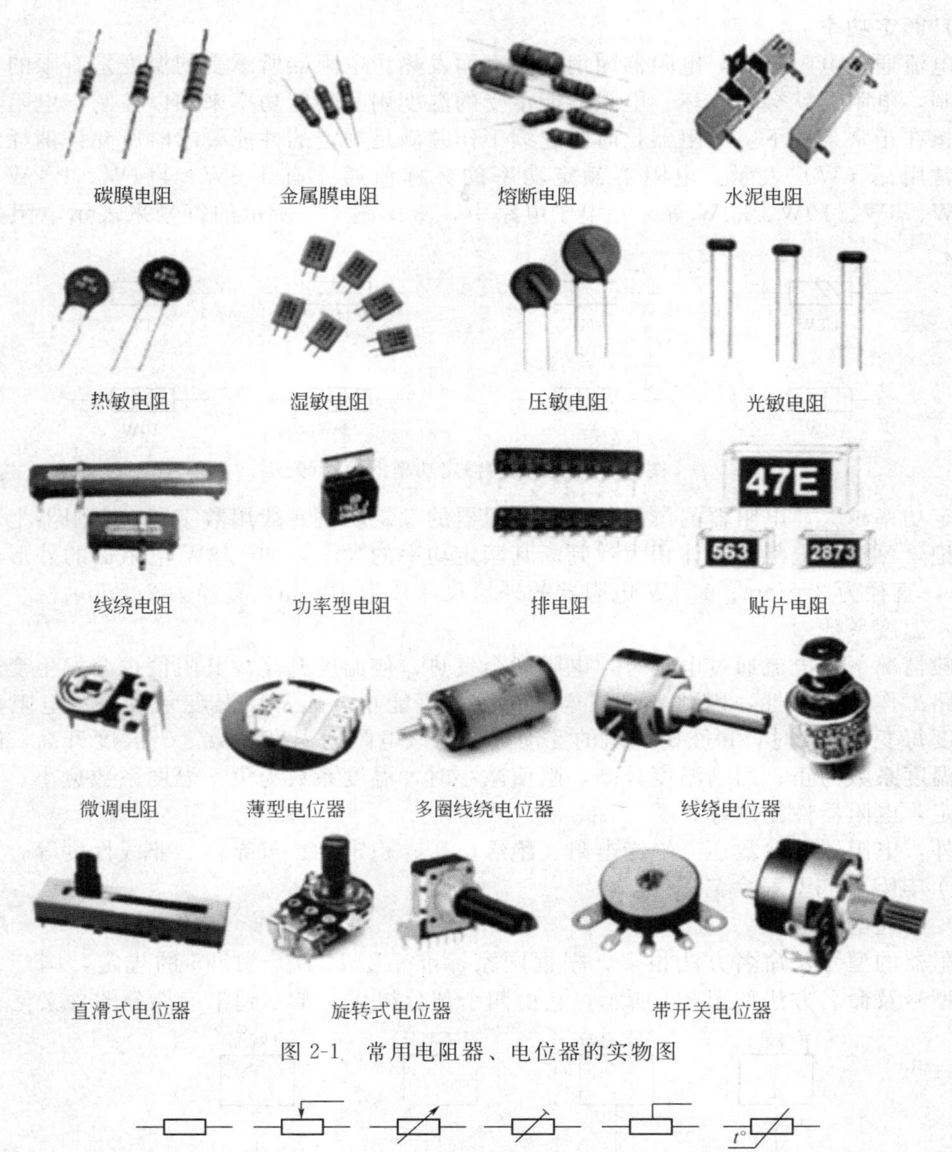

图 2-1　常用电阻器、电位器的实物图

图 2-2　常用电阻器、电位器的图形符号

1.1kΩ 的电阻器；E12 系列中的 1.5 就有 1.5Ω、15Ω、150Ω、1.5kΩ、15kΩ、150kΩ 等。电位器的允许偏差、精度等级及系列与电阻器相同，其差别在于电位器的标称阻值是指电位器的最大值。

表 2-1　常用系列电阻器的主要性能指标

系列	允许偏差	电阻器标称阻值	精度等级
E24	±5%	1.0,1.1,1.2,1.3,1.5,1.6,1.8,2.0,2.2,2.4,2.7,3.0,3.3,3.6,3.9,4.3,4.7,5.1,5.6,6.2,6.8,7.5,8.2,9.1	Ⅰ
E12	±10%	1.0,1.2,1.5,1.8,2.2,2.7,3.3,3.9,4.7,5.6,6.8,8.2	Ⅱ
E6	±20%	1.0,1.5,2.2,3.3,3.9,4.7,5.6,6.8,8.2	Ⅲ

(3) 额定功率

当电流通过电阻器时，电阻器因消耗功率而发热。电阻器所承受的温度是有限的，若不加以限制，电阻器就会被烧坏。电阻器能承受的温度用其额定功率来加以控制。电阻器额定功率是指在正常条件下，电阻器长时间连续工作并满足规定的性能要求时所允许消耗的最大功率，常用瓦（W）表示。电阻器额定功率的标称值通常有1/8W、1/4W、1/2W、1W、2W、3W、5W、10W、20W等。在电子电路中，常用图2-3所示的符号来表示电阻器的额定功率。

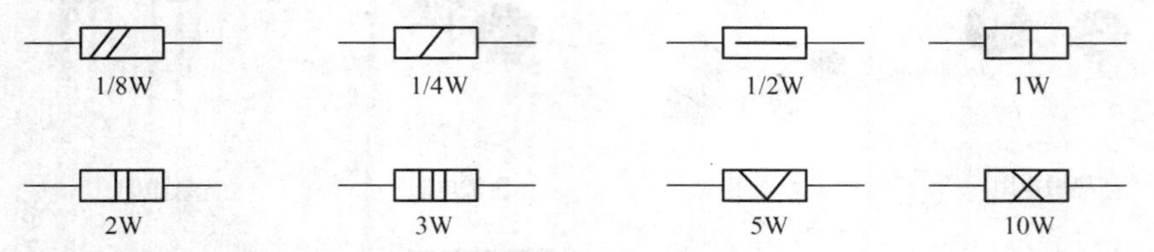

图2-3 电阻器的额定功率图形符号

额定功率越大，电阻器的体积越大。电阻器的额定功率一般用数字印在电阻器上。如果无此标记，可根据电阻器的体积大致判断其额定功率的大小，如1/8W电阻器的外形尺寸长为8mm，直径为2.5mm；1/4W电阻器的外形尺寸长为12mm，直径为2.5mm。

(4) 温度系数

一般情况下，电流通过电阻时，电阻就会发热，使温度升高，其阻值也会发生变化，会影响电路工作的稳定性，因此，希望这种变化尽可能小。通常用温度系数表示电阻器的优劣。温度每变化1℃时，每欧姆电阻的变动量称为该电阻的温度系数。当温度升高，阻值增大时，温度系数为正；而当温度升高，阻值减小时，温度系数为负。温度系数愈小，表明阻值越稳定，电阻器性能越好。

此外，电阻器的参数还有绝缘电阻、绝缘电压、稳定性、可靠性、非线性度等。

(三) 电阻器的型号命名

(1) 普通电阻器

电阻器的型号及命名方法很多，根据国家标准GB/T2470－1995的规定，国产普通电阻器的型号及命名方法如图2-4所示，它由四个部分组成，第一到第三部分的含义见表2-2。

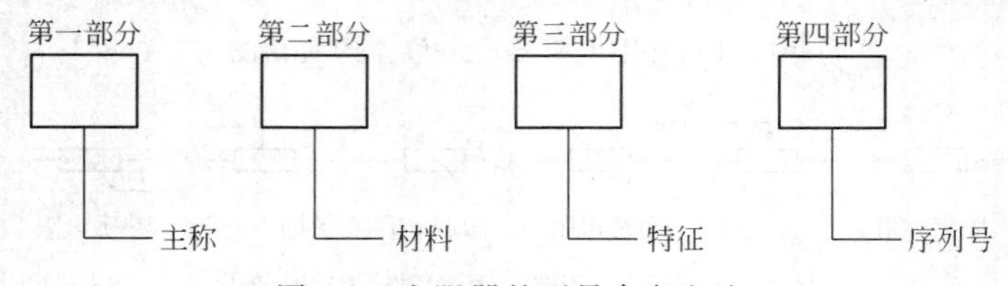

图2-4 电阻器的型号命名方法

第一部分用字母表示产品名称。例如，用R表示电阻器，W表示电位器。

第二部分用字母表示产品制作材料。例如，用T表示碳膜电阻器，用J表示金属膜电阻器，用X表示线绕电阻器等。

第三部分用数字或字母表示产品特征。例如，用数字3表示超高频，用字母G表示高功率。

第四部分用数字表示产品序列号。例如，RJ71为精密金属膜电阻器，产品序列号为1；WXT21为普通可调线绕电位器，产品序列号为1。

(2) 敏感电阻器

敏感电阻器的型号命名方法见表2-3。例如，MZ11表示正温度系数普通用热敏电阻器，产品序列号为1。

表 2-2　国产电阻器的型号命名方法

第一部分		第二部分		第三部分	
用字母表示产品名称		用字母表示制作材料		用数字或字母表示特征	
符号	意义	符号	意义	符号	意义
R	电阻器	T	碳膜	1	普通
W	电位器	P	硼碳膜	2	普通
		U	硅碳膜	3	超高频
		H	合成膜	4	高阻
		I	玻璃釉膜	5	高温
		J	金属膜	7	精密
		Y	氧化膜	8	电阻、电位器、特殊
		S	有机芯膜	9	特殊
		N	无机芯膜	G	高功率
		X	线绕	T	可调
		C	沉积膜	X	小型
		G	光敏	L	测量用
				W	微调
				D	多圈

表 2-3　敏感电阻器的型号命名方法

第一部分主称		第二部分类别		第三部分　用途或特征								备注
				热敏电阻器		压敏电阻器		光敏电阻器		力敏元件		
字母	含义	字母	含义	数字	用途或特征	数字	用途或特征	数字	用途或特征	数字	用途或特征	
M	敏感元件	Z	正温度系数热敏电阻器	1	普通	W	稳压	1	紫外光	1	硅应变片	第四部分为序列号
				2	稳压	G	高压保护	2	紫外光	2	硅应变片	
		F	负温度系数热敏电阻器	3	微波测量	P	高频	3	紫外光	3	硅林	
				4	旁热式	N	高能	4	可见光	4		
		Y	压敏电阻器	5	测量	K	高可靠	5	可见光	5		
				6	控温	L	防雷	6	可见光	6		
		G	光敏电阻器	7	消磁	H	灭弧	7	红外光	7		
				8	线性	Z	消噪	8	红外光	8		
		L	力敏电阻器	9	恒温	B	补偿	9	红外光	9		
				0	特殊	C	消磁	0	特殊	0		

(四) 阻值表示方法

电阻器的标称阻值及允许误差的表示方法有直标法、文字符号法、数码表示法、色标法等。

① 直标法　是把元件的主要参数直接印制在元件的表面上，这种方法主要用于体积较大的元器件，如图 2-5 所示为标称阻值 10MΩ，允许偏差为 ±20%，额定功率为 5W 的碳膜电阻。有时允许偏差也用等级表示，如 4.7kΩⅡ表示标称阻值为 4.7kΩ，允许偏差为±10%。

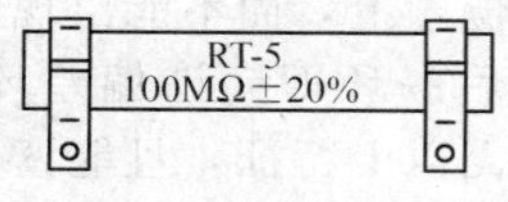

图 2-5　直标法

② 文字符号法　将主要参数用文字符号和数字有规律地组合

来表示的方法。符号前面的数字表示阻值的整数值，符号后面的数字依次表示阻值的第一位小数值和第二位小数值。文字符号法的阻值标记规定如下：欧姆用希腊字母 Ω 表示；千欧姆（10^3 欧姆）用 kΩ 表示；兆欧姆（10^6 欧姆）用 MΩ 表示；吉欧姆（10^9 欧姆）用 G 表示；太欧姆（10^{12}欧姆）用 T 表示。例如，0.1 欧姆标记为 Ω1，1 欧姆标记为 1Ω，1 千欧姆标记为 1kΩ，4.7 千欧姆标记为 4k7，1 兆欧姆标记为 1MΩ，1000 兆欧姆标记为 1G，5.1×10^{12}欧姆标记为 5T1。标称阻值中有时也用 R 替代 Ω；允许偏差代号如表 2-4 所示。

表 2-4　允许偏差代号

文字符号	W	B	C	D	F	G	J	K	M	N
偏差/%	±0.05	±0.1	±0.25	±0.5	±1	±2	±5	±10	±20	±30

例如，2R2 K ⟶（2.2±0.22）Ω；R33 J ⟶（0.33±0.0165）Ω。

③ 数码表示法　一般用三位阿拉伯数字表示，其允许偏差通常用字母符号表示。识别方法是，从左到右第一、二位为有效数值，第三位为乘数（即零的个数），单位为 Ω，常用于贴片元件。例如，103K ⟶标称值为 10kΩ，允许偏差为 K；再如 222J ⟶标称值为 2.2kΩ，允许偏差为 J。

④ 色标法　用不同的颜色的点或环在电阻器的表面标出标称阻值和允许偏差。色环电阻器得到了广泛的应用，其优点是在装配、调试和修理过程中，不用拨动元件，即可在任意角度看清色环，读出阻值，使用方便。色标法的电阻单位为 Ω。各色环颜色所代表的含义如表 2-5 所示。

表 2-5　色标符号的规定

颜色	棕	红	橙	黄	绿	蓝	紫	灰	白	黑	金	银	无
有效数字	1	2	3	4	5	6	7	8	9	0	/	/	/
乘数	10^1	10^2	10^3	10^4	10^5	10^6	10^7	10^8	10^9	10^0	10^{-1}	10^{-2}	/
偏差/%	±1	±2	/	/	±0.5	±0.25	±0.1	/	+50 −20	/	±5	±10	±20
额定电压/V	6.3	10	16	25	32	40	50	63	/	4	/	/	/

电阻器色环助记口诀：棕 1 红 2 橙上 3，4 黄 5 绿 6 是蓝，7 紫 8 灰 9 雪白，黑色是 0 需记牢。

色环标注法的电阻器有四色环标注和五色环标注两种，前者用于普通电阻器，后者用于精密电阻器。

四色环电阻器的识别方法为：从左到右第一、二色环表示有效值，第三色环表示乘数（即零的个数），第四色环表示允许偏差，单位为 Ω。其表示方法如图 2-6(a) 所示。

五色环电阻器的识别方法为：从左到右第一、二和三色环表示有效值，第四色环表示乘数（即即零的个数），第五色环表示允许偏差，单位为 Ω。其表示方法如图 2-6(b) 所示。

色环电阻识读技巧：①金、银色只能出现在色环的第三、四位的位置上，而不能出现在色环的第一、二位上；②从色环间的距离看，距离最远的一环是最后一环即允许偏差环；③从色环距电阻引线的距离看，离引线较近的一环是第一环；④若均无以上特征，且能读出两个电阻值，可根据电阻的标称系列标准，若在其内者，则识读顺序是正确，若两者都在其

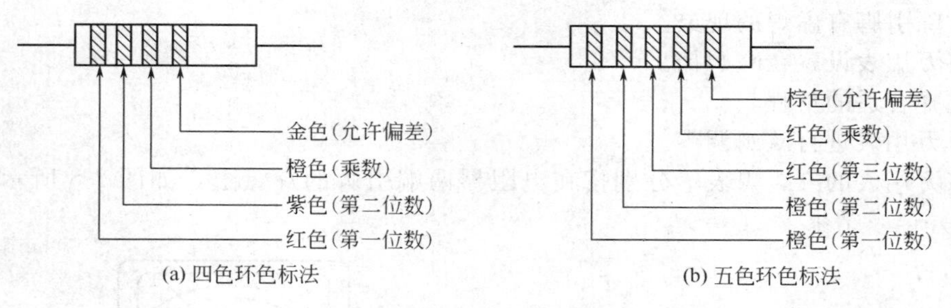

图 2-6 电阻器的色环标注法

中，则只能借助于万用表来加以识别。

二、电阻器的检测

测量电阻器的方法有很多，可用欧姆表、电阻电桥和万用表欧姆挡直接测量，也可通过测量电阻的电流和电压，再由欧姆定律算出电阻值。实际中最方便、最简单的是用万用表检测。

(一) 固定电阻器的检测

固定电阻器的质量好坏比较容易鉴别。对新买的电阻器先进行外观检查，看外观是否端正，标志是否清晰，保护漆层是否完好。然后用万用表测量电阻值，看其阻值与标称阻值是否一致，相差值是否在允许误差范围之内。

(1) 固定电阻器的单独测量

将万用表（数字式或指针式）两表笔（不分正负）分别与电阻的两端引脚相接即可测出实际电阻值。

以指针式万用表为例。为了提高测量精度，应根据被测电阻标称值的大小来选择量程。由于欧姆刻度的非线性关系，因此应使指针指示值尽可能落到刻度的中段位置，即全刻度的1/3～2/3 弧度范围内，以使测量更准确，如图 2-7 所示。

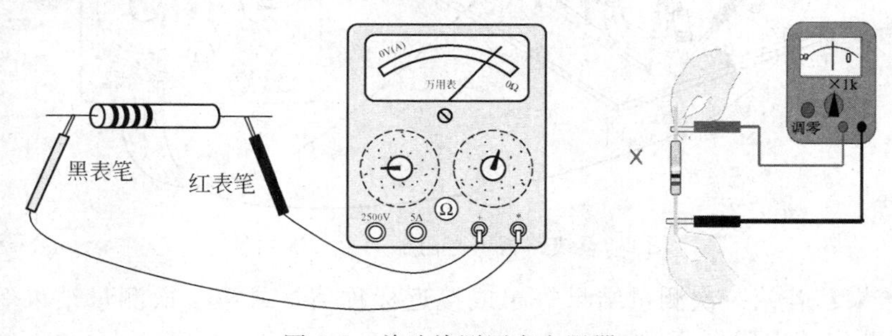

图 2-7 单独检测固定电阻器

测试时，特别是在测几十千欧以上阻值的电阻时，手不要触及表笔和电阻的导电部分；被检测的电阻从电路中焊下来，至少要焊开一个头，以免电路中的其他元件对测试产生影响，造成测量误差；色环电阻的阻值虽然能以色环标志来确定，但在使用时最好还是用万用表测试一下其实际阻值。

(2) 固定电阻器的在路测量

在路测试电阻器的具体检测步骤如下。

① 首先将电路板的电源断开。

② 排除引脚有虚焊的现象。

③ 将万用表设置在欧姆挡。

④ 选择合适的量程。

⑤ 对万用表进行欧姆调零。

⑥ 将万用表的红、黑表笔分别搭在电阻器两端引脚的焊点上，如图 2-8 所示，观察表盘，读数并记录结果。

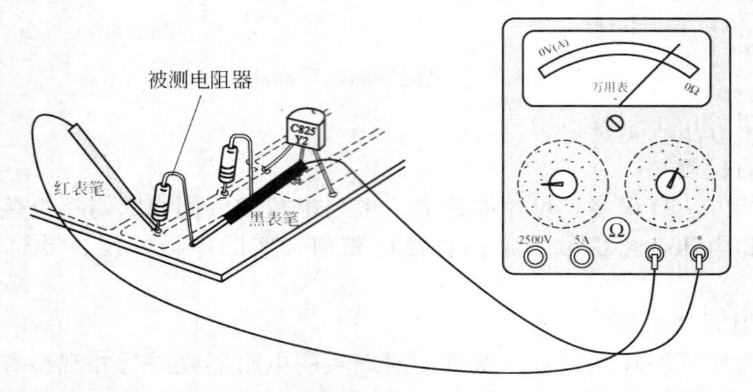

图 2-8　线路板上电阻器的第一次测量

⑦ 将红、黑表笔互换位置，再次测量，如图 2-9 所示，读数并记录结果。这样做的目的是排除电路中晶体管 PN 结的正向电阻对测量的影响。

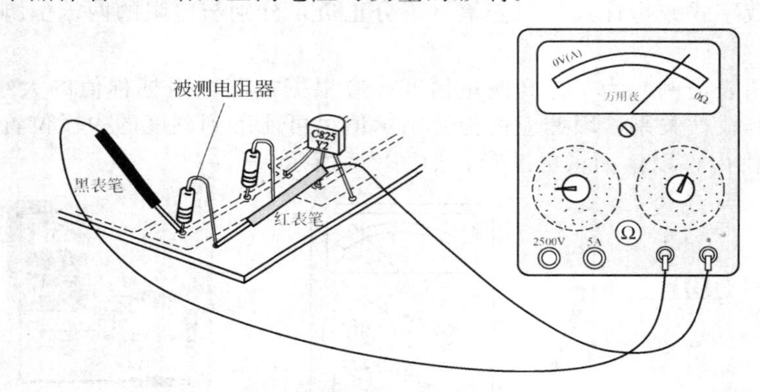

图 2-9　线路板上电阻器的第二次测量

⑧ 判断结果：若第一次测量结果等于或接近标称值，或第二次测量结果等于或接近标称值，则可以断定该电阻器正常。

若第一次测量结果大于标称值，或第二次测量结果大于标称值，则可以判断该电阻器损坏。若两次都远小于标称值，但是大于 0，则说明该电阻器有可能阻值变小，但需要将电阻器从电路板上焊开，脱离电路板单独进行检测证实。若两次都接近于 0，说明电阻器短路，则需要从电路板上焊开，再次测量进行证实。

(二) 电位器的检测

电位器的检测有阻值检测和视听检查两种方法，应根据电位器在电路中的具体作用而采取不同的检测方法。

(1) 检测单独的电位器

① 清洁电位器引脚。

② 将万用表设置在欧姆挡。

③ 选择合适的量程，并进行欧姆调零。

④ 将万用表的红、黑表笔分别搭在电位器两个固定端的引脚上，如图 2-10 所示，观察表盘，读数并记录结果 R_1。

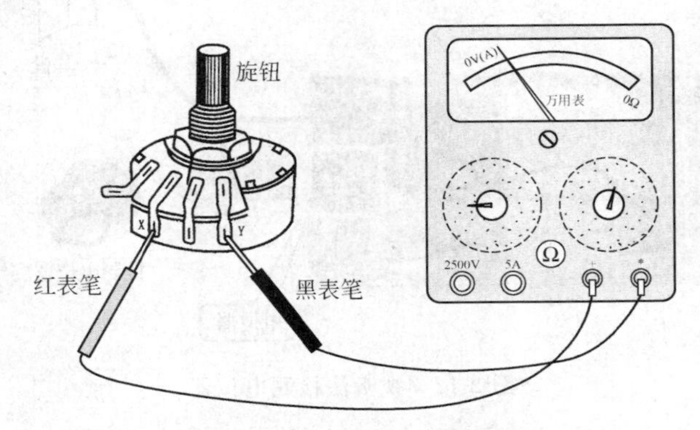

图 2-10　电位器最大阻值的检测

⑤ 将万用表的红、黑表笔分别搭在电位器任意一个定片（X）引脚和动片引脚上，缓慢匀速旋转电位器的旋钮，使动片从定片引脚（X）端滑到另一端的动片（Y），如图 2-11 所示。在调节动片的同时，仔细观察表盘指针的摆动，并记录最后的定值 R_2。

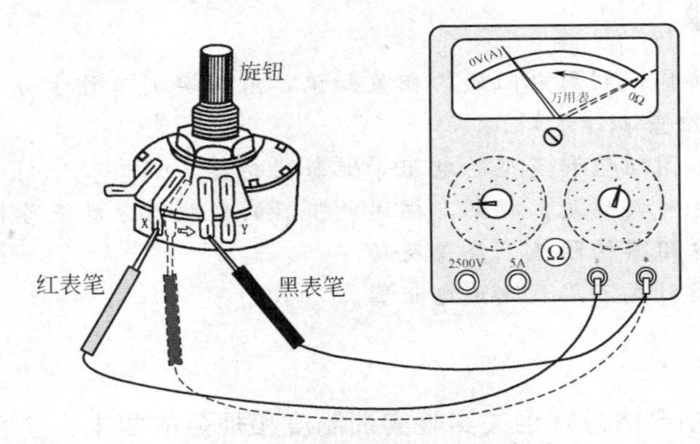

图 2-11　电位器阻值变化的检测

⑥ 判断结果：

若 R_1 和最大定值 R_2 等于或十分接近标称值，并且在缓慢匀速旋转电位器旋钮的同时，万用表指针的偏转也是连续偏转，直至最大定值 R_2，则可以断定此电位器是好的；

若 R_1 远小于或远大于标称值，则可以断定该电位器是坏的；

若万用表指针偏转时出现停顿或跳动的现象，则说明动片与定片之间存在接触不良的故障。

(2) 视听法检测音量、音调电位器

检测位于电路板上的电位器的具体步骤如下。

① 保证电路正常通电。

② 排除电位器上的污物。

③ 缓慢匀速调节电位器，使动片在定片之间滑动，如图 2-12 所示。在调节动片的同时，仔细聆听扬声器的声音。

④ 判断结果：若调节过程中几乎听不到什么噪声，则说明电位器基本良好；

若调节噪声大，则可以断定该电位器有问题；

若旋钮刚刚转动一些，音量的变化很大，再转动旋钮时音量几乎不再增大，则说明该电位器有问题。

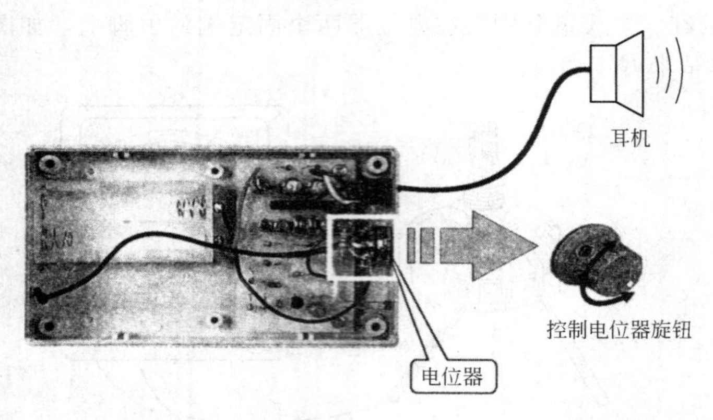

图 2-12　视听法检测电位器

任务实施

实施要求

任务目标与要求

● 小组成员分工协作，利用电阻器的相关知识，依据实训工作卡分析制定工作计划，并通过小组自评或互评检查工作计划；

● 准备万用表、不同阻值和类型的电阻等配套器材各 20 套；

● 通过资料阅读和对实际元件观察，描述电阻器的功能、分类及各符号；

● 能熟练地识读电阻器的阻值、误差及功率；

● 能熟练地使用指针式万用表测试电阻器。

注意事项

在任务实施过程中严格遵守相关实验实训制度和规范的要求，注意职场健康与安全需求，做好废料的处理，并保持工作场所的整洁。

实施要点

准备工作

● 每小组接受工作任务，领取相关实验实训工具和仪器，做好实施准备工作；

● 组长带领组内成员阅读实训工作卡，查阅相关手册或指导书，合理分工，制定任务计划，并检查计划有效性。

实施步骤

● 依照实训工作卡的引导，观察认识，同时相互描述电阻器的相关内容，并填写实训工作卡；

● 依照实训工作卡的引导，对电阻器及电位器进行测量，并填写实训工作卡。

评估总结

● 回答指导教师提问并接受指导教师相关考核；

● 完成工作任务，对本次任务完成过程及效果进行自我评价和小组互评，完成实训工作卡的填写；

● 清洁工作场所，清点归还相关工具设备，完成本次任务。

实训工作卡

1. 色环电阻识读表(注:表中均属于四色环标注,未标出误差环)

由色环写出具体阻值				由具体阻值写出色环			
色环	阻值	色环	阻值	阻值	色环	阻值	色环
棕黑黑		棕黑红		0.5Ω		2.7kΩ	
红黄黑		绿棕棕		1Ω		3kΩ	
橙橙黑		棕黑绿		36Ω		5.6kΩ	
黄紫橙		蓝灰橙		220Ω		6.8kΩ	
灰红红		黄紫棕		470Ω		8.2kΩ	
白棕黄		红紫黄		750Ω		24kΩ	
黄紫棕		紫绿棕		1kΩ		47kΩ	
橙黑棕		棕黑橙		1.2kΩ		39kΩ	
紫绿红		橙橙橙		1.8kΩ		100kΩ	
白棕棕		红红红		2kΩ		150kΩ	
1min 内读出色环电阻数(只)				注:20 只满分,错 1 只扣 5 分			
3min 内测量无标志电阻数(只)				注:20 只满分,错 1 只扣 5 分			

2. 根据实物画出电阻器、电位器的电路图形和符号，并将结果填入表中。

编　号	符　号	名　称	电路图形
1			
2			
3			
4			

3. 根据所发电阻写出其标注方法及阻值、误差大小，并用指针式万用表测试其阻值，判断其质量。

(1)

(2)

(3)

(4)

4. 用万用表测量电位器，将结果填入表；写出测量步骤。

测量电位器 测量中出现的问题	固定端之间阻值	固定端与中间滑动片变化情况		
		阻值平稳变动	阻值突变	指针跳动

（1）
（2）
（3）
（4）
5. 总结色环电阻识读时的注意事项。

6. 总结指针式万用表测试电阻时的注意事项。

任务二　电容器的识别与检测

能力标准

学完这一单元，你应获得以下能力：
- 熟悉电容器在电子线路中耦合、旁路、滤波、谐振等作用；
- 掌握电容器的分类、型号及其标注识别；
- 能使用万用表对电容器进行检测。

任务描述

请以以下任务为指导，完成对相关理论知识学习和任务实施：
- 以各种实际电容器为例认识电容器的外形、分类及标注；
- 熟悉电容器的作用，能正确识别和检测不同种类的电容。

相关知识

电容器的识别与检测

教学导入

电容器是电子电路中最基本的线性元件之一，具有储存电能的作用。本单元将介绍电容器的种类结构及命名规则、性能指标、识别检测方法及应用等。

理论知识

一、电容器的识别

电容器是由两个金属电极中间加一层绝缘体（又称电介质）所构成。当在两个电极之间加电压时，电容上就会储存电荷，所以电容器是一种能存储和释放电能的元件。电容器具有阻止直流通过，而允许交流通过的特点，即所谓的“隔直通交”。在电路中，电容器主要用作调谐、滤波、耦合、旁路和能量转换等。电容的基本单位是法拉（F），还有微法（μF）和皮法（pF）。

(一) 电容器的分类

电容器的种类很多，按照不同的分类标准，可以分成不同的类型。常见电容器的外形及图形符号如图 2-13 所示。

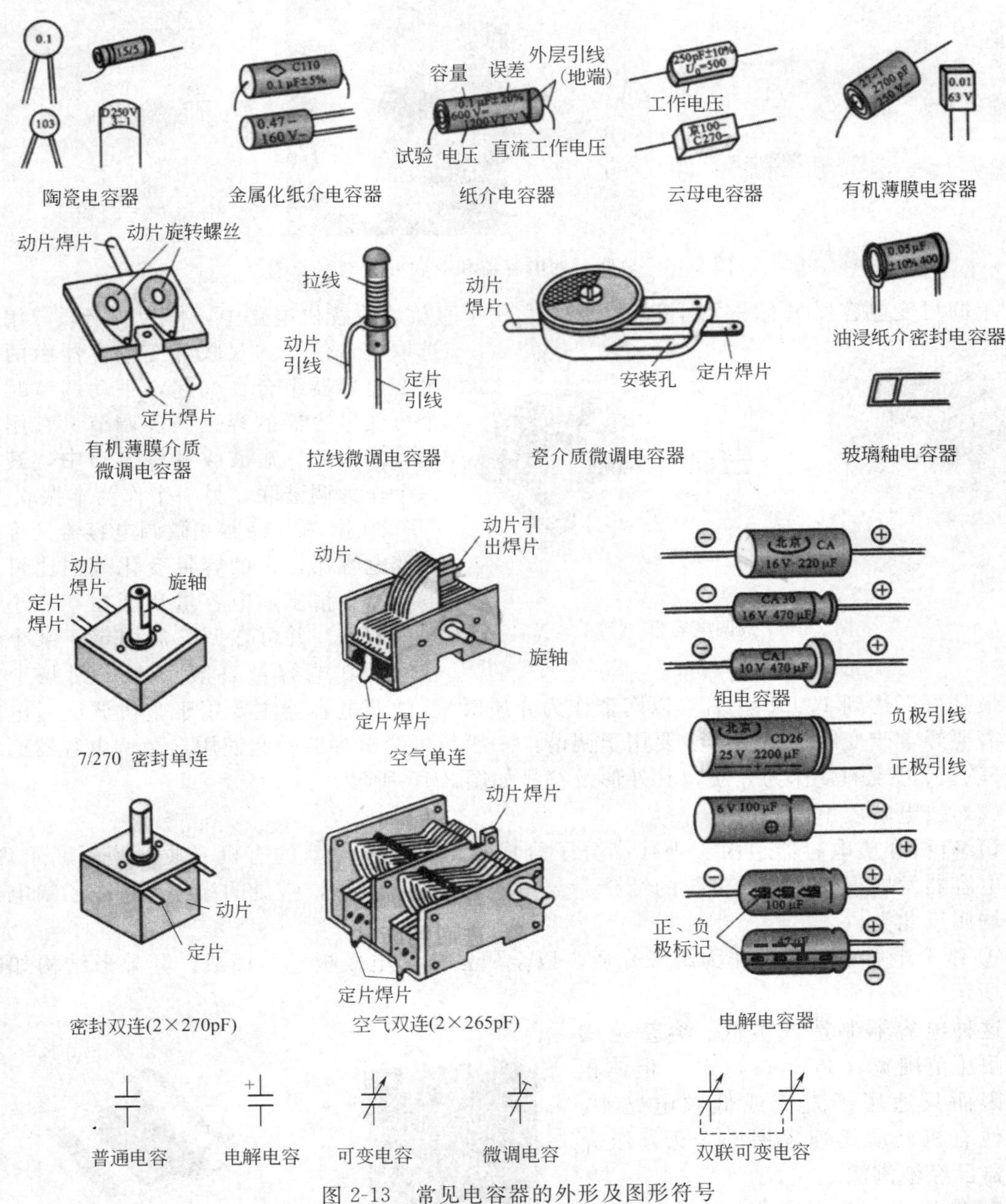

图 2-13 常见电容器的外形及图形符号

电容器的种类繁多，分类方法也各不相同，常见的分类有以下几种。

(1) 按结构分类

① 固定电容器　固定电容器的电容量是固定不变的，使用时不能进行调整。

② 可变电容器　可变电容器主要用于输入调谐回路和本机振荡电路中，是一种可大可小、在一定范围内连续可调的电容器。可变电容器一般由若干片形状相同的金属片连接成一组“定片”和一组“动片”。“动片”可以通过转轴转动，以改变其插入“定片”的面积，从而改变电容量。可变电容器一般以空气作介质，也有用有机薄膜作介质的。

常用的可变电容器有“单联”和“双联”之分，其外形及符号如图 2-14 所示。

图 2-14　单联可变电容器和双联可变电容器

单联可变电容器只有一个可变电容器，它用于直放式收音机电路中，作为调谐联，用来选取电台信号。双联可变电容器由两个可变电容器组合在一起，手动调节时两个可变电容器的容量同步调节。它用于超外差中波、短波收音机电路中，其中一个作为调谐联，另一个作为本振联。

图 2-15　微调电容器

③ 微调电容器　微调电容器又称半可变电容器，它的容量变化范围比可变电容器小很多，电容量只能在某一小范围内调整，并可在调整后固定于某个电容值。其电容量一般为十几到几十皮法，最高可以达到 100pF 左右（以陶瓷作为介质时）。微调电容器主要用于整机调试后电容量不需要经常改变的电路中，主要用于调谐，一般与可变电容器一起使用。微调电容器通常以空气、云母或陶瓷作为介质，其外形及符号如图 2-15 所示。

（2）按电解质不同分类

1）有机介质电容器　由于现代高分子合成技术的进步，新的有机介质薄膜不断出现，这类电容器发展很快。除了传统的纸介、金属化纸介电容器外，常见的涤纶、聚苯乙烯电容器等均属于此类。

① 纸介电容器　以纸作为绝缘介质、以金属箔作为电极板卷绕而成。其外形结构如图 2-16 所示。

这种电容器制造成本低、容量范围大、耐压范围宽（36V～30kV），但体积大，因而只适用于直流或低频电路中。在其他有机介质迅速发展的今天，纸介电容器已经被淘汰。

② 金属化纸介电容器　在电容器纸上用蒸发技术生成一层金属膜作为电极，卷制后封装而成，有单向和双向两

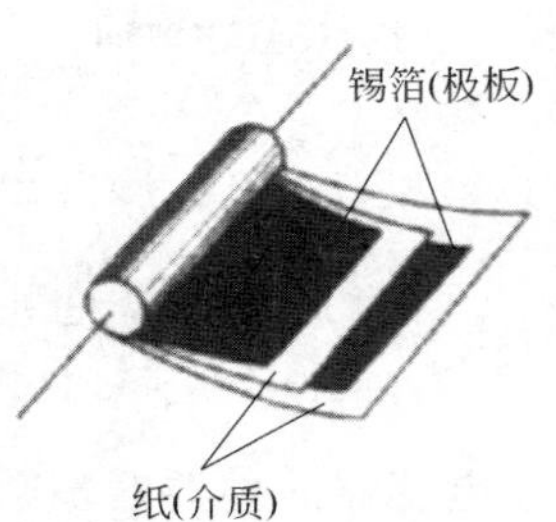

图 2-16　纸介电容器

种引线方式。金属化纸介电容器的成本低、容量大、体积小，在相同耐压和容量的条件下，其体积是纸介电容器的1/5～1/3倍。这种电容器在电气参数上与纸介电容器基本一致，突出的特点是受到高电压击穿后能够“自愈”，但其电容值不稳定，等效电感和损耗都较大，适用于频率和稳定性要求不高的电路中。现在，金属化纸介电容器已经很少见到。

③ 有机薄膜电容器　结构与纸介电容器基本相同，常见薄膜电容器如图2-17所示。

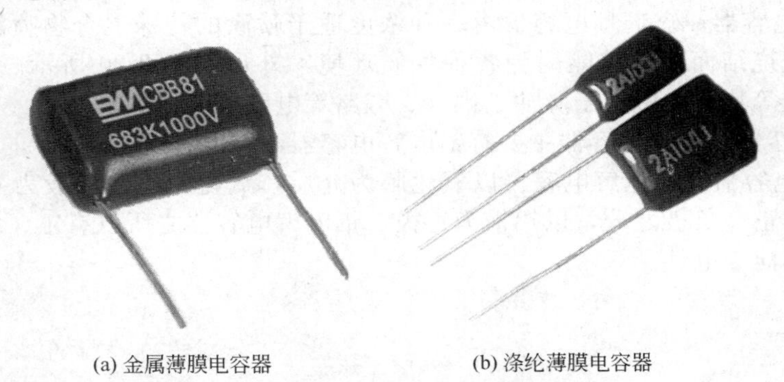

(a) 金属薄膜电容器　　(b) 涤纶薄膜电容器

图2-17　常见薄膜电容器

区别在于介质材料不是电容纸，而是有机薄膜。有机薄膜在这里只是一个统称，具体又分涤纶、聚丙烯薄膜等数种。这种电容器不论是体积、重量还是在电气参数上，都要比纸介或金属化纸介电容器优越得多。最常见的涤纶薄膜电容器其体积小，容量范围大，耐热、耐湿、稳定性不高，但比低频瓷介或金属化纸介电容器要好，宜作旁路电容器使用。

2）无机介质电容器　陶瓷、云母、玻璃等材料可制成无机介质电容器。

① 瓷介电容器　瓷介电容器是用陶瓷材料作介质，在陶瓷片上覆银制成电极，并焊上引线而成。其外层常涂有各种颜色的保护漆，以表示温度系数。如白色和红色表示负温度系数；灰色、蓝色表示正温度系数。瓷介电容器的外形如图2-18所示。

图2-18　瓷介电容器　　图2-19　云母电容器　　图2-20　玻璃釉电容器

瓷介电容器的特性如下。

a. 耐热性好，稳定性好，耐腐蚀性好。

b. 绝缘性能好。

c. 介质损耗小，温度系数范围宽。

d. 原材料丰富，结构简单，便于开发新产品。

e. 容量较小，机械强度小。

② 云母电容器　云母电容器用云母作为介质，其电极有金属箔式和金属膜式；多数采用在云母上被覆一层银电极的形式，芯子结构是装叠而成的；外壳有金属外壳、陶瓷外壳和

塑料外壳。其外形如图 2-19 所示。

云母电容器有如下特性。

a. 稳定性好，精密度高，可靠性高。

b. 介质损耗小，固有电感小。

c. 温度特性好，频率特性好，不易老化。

d. 绝缘电阻高，是优良的高频电容器之一。

③ 玻璃釉电容器　玻璃釉电容器由一种浓度适于喷涂的特殊混合物喷涂成薄膜，介质再以银层电极经烧结而成。其能耐受各种气候环境，外形如图 2-20 所示。具有稳定性好、损耗小、耐高温等特点，常用于脉冲、耦合、旁路等电路。

3）电解电容器　电解电容器主要有铝电解电容器和钽电解电容器。

① 铝电解电容器　铝电解电容器以氧化膜为介质，氧化膜厚度一般为 0.02～0.03μm。铝电解电容器有正、负极之分，以铝箔为正极。铝电解电容器之所以有正、负极，是因为氧化膜介质具有单向导电性。

> 铝电解电容器的容量、耐压和极性都标示在外壳上，“+”表示正极，或用电极长引线表示；“—”表示负极，或用电极短引线表示。

铝电解电容器容量大，能耐受大的脉动电流，容量误差大，泄漏电流大；普通的不适于在高频和低温下应用，不宜使用在 25kHz 以上频率低频旁路、信号耦合、电源滤波中。当它接入电路时，极性必须连接正确，否则会损坏电容器。铝电解电容器的外形如图 2-21 所示。

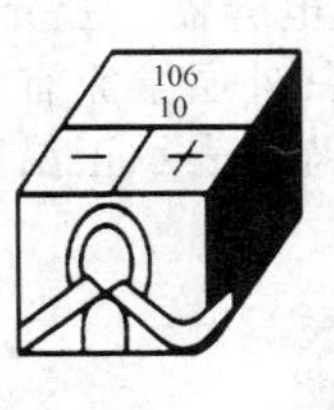

图 2-21　铝电解电容器

② 钽电解电容器　钽电解电容器用烧结的钽块作正极，电解质使用固体二氧化锰，温度特性、频率特性和可靠性均优于普通电解电容器，特别是漏电流极小，储存性良好，寿命长，容量误差小，而且体积小，单位体积下能得到最大的电容电压乘积，但对脉动电流的耐受能力差，若损坏易呈短路状态，故多用于超小型高可靠机件中。其外形如图 2-22 所示。

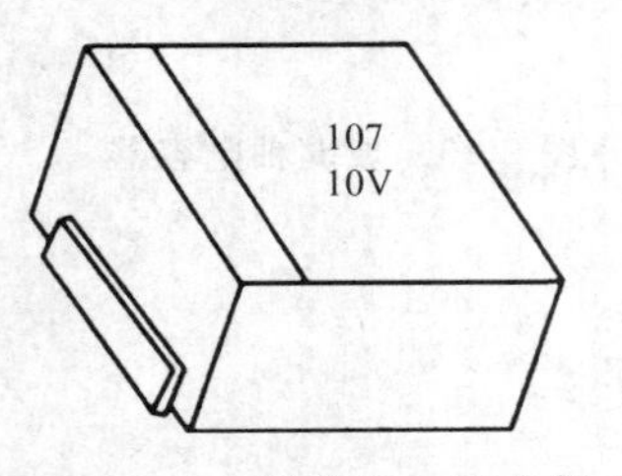

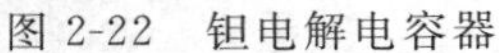

图 2-22　钽电解电容器

(3) 按用途分类

分为高频旁路、低频旁路、滤波、调谐、高频耦合、低频耦合、小型电容器等。

(4) 按极性分类

有极性电容器和无极性电容器。电解电容和钽电容是最常用的有极性电容器，无极性电容器种类较多，如瓷片电容器、玻璃釉电容器等。

(二) 电容器的特性参数

(1) 标称电容量和允许偏差

① 电容量　电容器的电容量是指电容器加上电压后能储存电荷的能力大小，简称电容，用字母C表示。电容器储存电荷越多，电容越大。电容与电容器的介质厚度、介质的介电常数、极板面积、极板间距等因素有关。电容量的基本单位是法拉，用字母“F”表示。常用单位有微法（μF）、皮法（pF）以及纳法（nF）和毫法（mF）。

② 标称电容量　电容器的标称电容量是指标记在电容器上的电容量。我国固定式电容器标称电容量的系列有E24、E12、E6三种，见表2-6。电解电容的标称电容量参考系列有1μF、1.5μF、2.2μF、3.3μF、4.7μF、6.8μF等。

表2-6　常用系列电容器的主要性能指标

系列	允许误差	标称电容量系列	精度等级
E24	±5%	1.0,1.1,1.2,1.3,1.5,1.6,1.8,2.0,2.2,2.4,2.7,3.0,3.3,3.9,4.3,4.7,5.1,5.6,6.2,6.8,7.5,8.2,9.1	Ⅰ
E12	±10%	1.0,1.2,1.5,1.8,2.2,2.7,3.3,3.9,4.7,5.6,6.8,8.2	Ⅱ
E6	±20%	1.0,1.5,2.2,3.3,4.7,6.8	Ⅲ

③ 电容器的允许误差　电容器上的标称电容量与实际电容量有一定的偏差，实际值与标称值之差的百分比称为误差。允许误差是指实际电容量偏离标称电容量的最大允许范围。允许的误差范围称为精度。

电容器的允许误差一般分为三个等级，Ⅰ级（±5%）、Ⅱ级（±10%）、Ⅲ级(±20%)。电解电容器的允许误差可大于±20%。新标准中，固定电容器的允许误差见表2-7。

一般电容器常用Ⅰ、Ⅱ、Ⅲ级，电解电容器用Ⅳ、Ⅴ、Ⅵ级，实际中应根据用途选取。

表2-7　固定电容器的允许误差

级别	01	02	Ⅰ	Ⅱ	Ⅲ	Ⅳ	Ⅴ	Ⅵ
允许误差	±1%	±2%	±5%	±10%	±20%	±20～－30%	＋50%～－20%	＋10%～－10%

(2) 额定电压（俗称耐压值）

额定工作电压是指电容器在规定的工作温度范围内，长期、可靠地工作时所能承受的最大直流电压。俗称电容器的耐压值，也称为电容器的直流工作电压。常用固定式电容器的直流工作电压系列有6.3V、10V、16V、25V、63V、100V、160V、250V和400V等。应用时绝对不允许超过电容器的耐压值。一旦超过，电容器就会被击穿短路，造成永久性损坏。

(3) 绝缘电阻

由于电容器两极板间的介质不是绝对的绝缘体，因而其电阻不是无穷大，而是一个有限值。电容器两极之间的电阻称为绝缘电阻，或称为漏电电阻。绝缘电阻是指加在电容器上的直流电压与通过电容器的漏电流的比值。绝缘电阻一般在5000MΩ以下，优质电容器可达TΩ（10^{12}Ω）级。一般小容量无极性电容器的绝缘电阻可达1000MΩ以上，而电解电容的绝缘电阻一般较小。电容器漏电流会引起能量损耗，影响电容器的寿命和电路的工作性能，因此电容器的绝缘电阻越大越好。

(4) 损耗

理想的电容器应没有能量消耗，但实际上，电容器在电场作用下总有一部分电能转化为热能，这种损耗的能量称为电容器的损耗。它包括金属极板的损耗和介质损耗两部分，小功率电容器主要是介质损耗。

(5) 频率特性

电容器的频率特性是指其电参数随电场频率而变化的性质。在高频条件下工作的电容器，由于介电常数比低频时小，故电容量也相应减小，损耗也随频率的升高而增加。另外，在高频工作时，电容器的分布参数，如极片电阻、引线和极片间的电阻、极片的自身电感、引线电感等，都会影响电容器的性能。所有这些使得电容器的使用频率受到了限制。

(三) 电容器的型号命名

国产电容器的型号一般由四部分组成（不适用于压敏、可变和真空电容器），分别代表主称、材料、特征和序号，如图 2-23 所示。

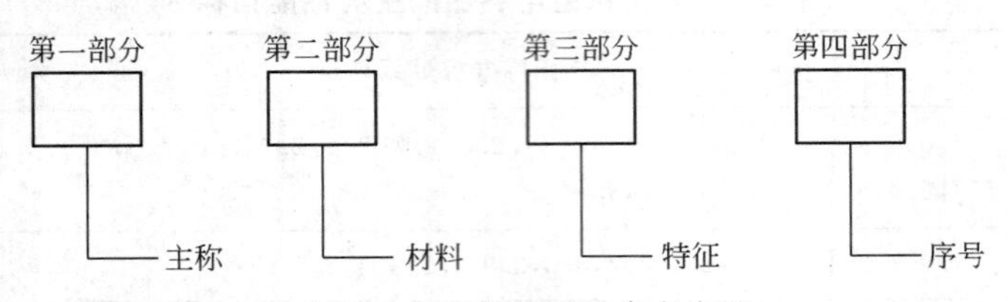

图 2-23 电容器的型号命名方法

① 第一部分：主称，用字母 C 表示。

② 第二部分：材料，用字母表示。

③ 第三部分：特征，一般用数字表示，个别的用字母表示。

④ 第四部分：序号，用数字表示。

例如，CBB11 表示非密封聚丙烯电容器，其中 C 表示电容器；BB 表示介质材料为聚丙烯；第一个 1 表示分类（非密封）；第二个 1 表示序号。

根据具体情况，一般电容器上除了表示上述型号命名外，还表示有标称容量、额定电压、精度等级和其他技术指标等。例如 CJX-250-0.33±10%的各部分含义为 C 表示电容器；J 表示金属化纸介；X 表示小型；250 表示耐压值为 250V；0.33 表示标称电容量为 0.33μF；±10%表示允许误差为±10%。

(四) 电容器的容量表示

电容器的表面要求标出主要参数、商标及制造日期。常用标记方法有直标法、数字符号法、数码标注法和色码标注法。

(1) 直标法

直标法就是将电容器的标称容量、允许误差、耐压值等印在电容器表面上。例如，0.22μ 表示标称容量为 0.22μF；510p 表示标称容量为 510pF，33n2 表示标称容量为 33.2nF。另外，还有不标电容量单位的直标法，用 1～4 位大于 1 的数字表示电容量，单位是 pF；用零点几表示容量大小时单位是 μF。

(2) 数字符号法

将电容器的标称容量用数字和单位符号按一定规则进行标注的方法，称为数字符号法。其标注形式如下：

容量的整数部分　容量的单位符号　容量的小数部分

数字符号法中，标称容量只有整数部分时，容量单位为 pF。容量的单位符号就是电容量单位代号中的第一个字母。

例如，10 表示电容量为 10pF；5p6 表示电容量为 5.6pF；4m7 表示电容量为 4.7mF。

(3) 数码标注法

用三位数字表示电容量大小的标注方法，称为数码标注法。三位数字中前两位数表示电容量值的有效数字，第三位数表示前两位有效数字后加“0”的个数，这样得到的电容量单位是 pF。例如，332 表示标称容量为 3300pF。另外，数码标注法中，还有用字母符号表示电容量的允许误差的。例如，104J 表示标称容量为 100000pF，即 0.1μF，允许误差为 ±5%。

数码标注法中，如果第三位数是 9 时，则需乘 10^{-1}，例如 479 表示标称容量为 4.7pF。

二、电容器的检测

电容器的检测，包括电容量的测量和电容器质量好坏的检测。电容量的测量可用电容表或数字万用表的电容挡检测，而电容器质量好坏的检测则主要由万用表（数字式或指针式）来完成。以下主要是电容器质量好坏的检测。

(一) 固定电容器的检测

(1) 6800pF 以下普通固定电容器的检测

6800pF 以下普通固定电容器的检测步骤如下。

① 排除固定电容器的引脚污物。

② 将万用表置于欧姆挡

③ 选择合适的量程“$R\times10$k”挡。

若是指针式万用表，则必须进行欧姆调零（即将两表笔短接使指针指在 0Ω 处）。

④ 将万用表的两表笔分别接在普通固定电容器的两端引脚上，观察表盘指针的摆动情况。

⑤ 判断结果：当电容器容量太小时，不能判断是否存在开路现象；

若在表笔接通的瞬间，表盘指针摆动一个较大的角度，则可以断定小容量电容器漏电或击穿。

(2) 6800pF～1μF 普通固定电容器的检测

6800pF～1μF 普通固定电容器的检测步骤如下。

① 排除固定电容器的引脚污物。

② 将万用表置于欧姆挡。

③ 选择合适的量程“$R\times10$k”挡。

若是指针式万用表，则必须进行欧姆调零（即将两表笔短接使指针指在 0Ω 处）。

④ 将万用表的两表笔分别接在普通固定电容器的两端引脚上，观察表盘指针的摆动情况。

⑤ 判断结果：若在表笔接通的瞬间，表盘指针摆动一个较小的角度，则可以断定该电容器正常；

若在表笔接通的瞬间，指针有一个很大的摆动并停在最大值，则可以断定该电容器击穿或严重漏电；

若指针几乎没有摆动，则可以断定该电容器已开路。

在检测时，手指不要同时碰触两支表笔，以免人体电阻对检测结果造成影响。

(二) 电解电容器的检测

(1) 检测电解电容器的正、负极管脚

在作检测时，要分清电解电容器的正、负极管脚；如果标示不清，则一定要用万用表进行辨别。

① 排除固定电容器的引脚污物。

② 将万用表置于欧姆挡。

③ 选择合适的量程“$R\times1$k”挡，若容量较大则选用“R×10k”挡。

若是指针式万用表，则必须进行欧姆调零（即将两表笔短接使指针指在0Ω处）。

④ 在检测前，先将电解电容器的两根引脚短接一下，以便放掉电容器内残留的电荷。

⑤ 将万用表的两表笔分别接在电解电容器的两端引脚上，表盘指针向右摆动，然后摆回停在某一位置，记录此时的漏电阻 R_1。

⑥ 将万用表两支表笔对调，重复步骤⑤，记录漏电阻 R_2，分析结果。

上述两种接法的漏电阻数值不同，漏电阻值较大的一次，万用表内电源的正极接电解电容器的正极，另一极为负极。

① 指针式万用表的黑表笔接内电源的正极，红表笔接内电源的负极。
② 数字式万用表的黑表笔接内电源的负极，红表笔接内电源的正极。

(2) 在路检测

在路检测的具体步骤如下。

① 排除电解电容器受到严重污染的情况。

② 保证电路板正常通电。

③ 将万用表设置成直流电压挡。

④ 根据电路电压选择合适的量程。

⑤ 将万用表的红、黑表笔分别搭在电解电容器的两端引脚上，如图2-24所示，观察表盘，并记录结果 U。

⑥ 判断结果：若 U 等于0或电压值小，则可以判断该电解电容器已击穿；

若 U 值符合电路要求，则可以断定该电容器是正常的。

(3) 检测单独的电解电容器

这种检测主要是检测电解电容器的漏电阻大小及充电现象，具体的检测步骤如下。

① 排除电解电容器的引脚污物。

② 将万用表置于欧姆挡。

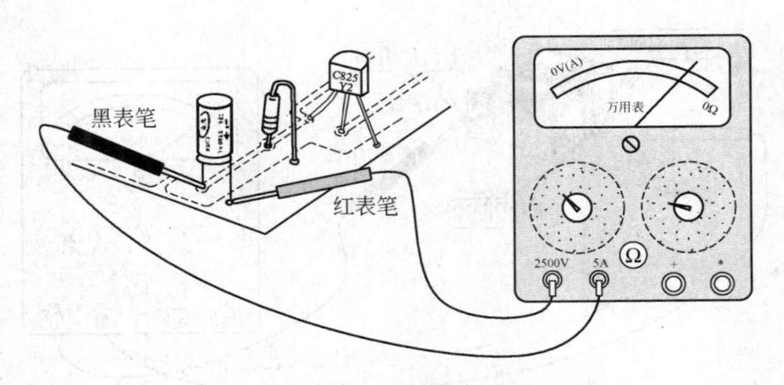

图 2-24　万用表表笔与电解电容器的接法

③ 选择合适的量程“$R\times1$k”挡。

若是指针式万用表，则必须进行欧姆调零（即将两表笔短接使指针指在 0Ω 处）。

④ 在检测前，先将电解电容器的两根引脚短接一下，以便放掉电容器内残留的电荷。

⑤ 将万用表的红、黑表笔分别搭在电解电容器的两端引脚上，观察表盘指针的摆动情况。

⑥ 判断结果：若在表笔接通的瞬间，指针向右摆动一个角度（电容器越大，摆动角度越大），然后缓慢地向左回转，最后指针停下，则指针停下所指的阻值即为该电解电容器的漏电阻；

若漏电阻接近无穷大，或是约几兆欧左右，则可以断定该电容器正常；

若指针停下时所指的阻值有一定的数值，但远小于正常漏电阻值，则可以断定该电容器严重漏电；

若指针停下时所指的阻值很小，则可以断定该电容器已击穿；

若指针无偏转、无摆动现象，则可以断定该电容器已损坏。

(三) 可变电容器的检测

① 排除电解电容器的引脚污物。

② 将万用表置于欧姆挡。

③ 选择合适的量程“$R\times1$k”挡。

若是指针式万用表，则必须进行欧姆调零（即将两表笔短接使指针指在 0Ω 处）。

④ 将万用表的红、黑表笔分别接在可变电容器的动片引脚和各个定片引脚上，如图 2-25 所示，观察表盘指针的摆动情况，并记录结果。

⑤ 检查转动旋柄、动片外壳等是否有松动的情况。

⑥ 判断结果：若测试的数值很大，接近无穷大，属于开路情况，则可以断定该可变电容器正常；

若测试的数值很小，则可以断定该可变电容器的动片和定片之间有短路现象；

若是空气介质可变电容器，则可直观检查它是否存在动片和定片相碰的故障。

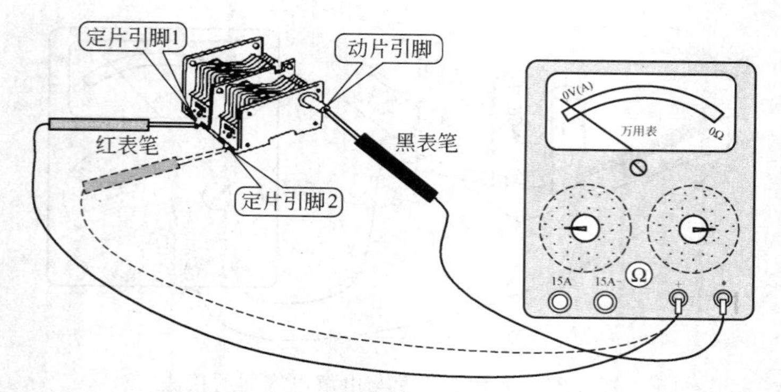

图 2-25　万用表表笔与可变电容器的接法

(四) 微调电容器的检测

微调电容器的检测步骤如下。

① 排除电解电容器的引脚污物。

② 将万用表置于欧姆挡。

③ 选择合适的量程“$R\times10\text{k}$”挡。

若是指针式万用表，则必须进行欧姆调零（即将两表笔短接使指针指在 0Ω 处）。

④ 将万用表的红、黑表笔分别接在微调电容器的动片引脚和各个定片引脚上，如图 2-26 所示，观察表盘指针的摆动情况，并记录结果。

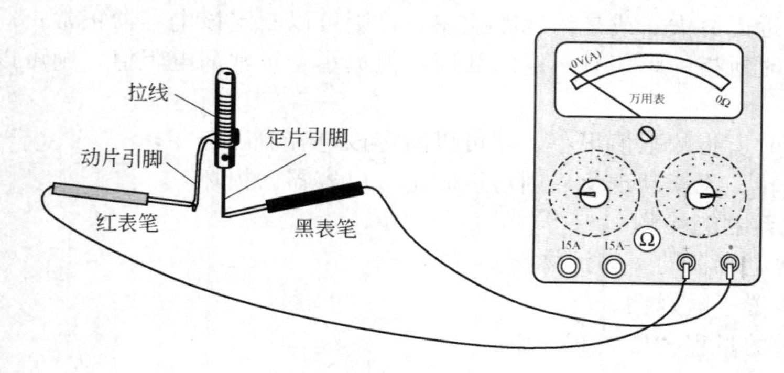

图 2-26　万用表表笔与微调电容器的接法

⑤ 判断结果：若测试的数值很大，接近无穷大，属于开路情况，则可以断定该微调电容器正常；

若测试的数值很小，则可以断定该微调电容器的动片和定片之间有短路现象。

(五) 电容器容量的测量

电容器的容量测量有如下两种方法。

(1) 用数字式万用表的电容器测量功能测量

用数字式万用表的电容器测量功能测量电容器容量具体步骤如下。

① 排除固定电容器的引脚污物。

② 接通数字式万用表的电源开关。

③ 将万用表置于电容器测量挡。

④ 选择合适的量程。

⑤ 将普通固定电容器的两端引脚接入万用表的有关孔中，在显示屏上读取电容数值。

⑥ 判断结果（即与标称容量比较，看其在不在允许偏差范围内，以判断是否合格）。

(2) 用数字式电容表测量

用数字式电容表测量电容器容量的具体步骤如下。

① 排除固定电容器的引脚污物。

② 接通数字式电容表的电源开关。

③ 根据电容器的标称容量选择量程。

④ 对电容表进行调零。

⑤ 将普通固定电容器的两端引脚接入电容表的有关孔中，在显示屏上读取电容数值。

⑥ 判断结果。

任务实施

实施要求

任务目标与要求

- 小组成员分工协作，利用电容器的相关知识，依据实训工作卡分析制定工作计划，并通过小组自评或互评检查工作计划；
- 准备指针式万用表、数字式万用表及不同容量值、类型的电容等配套器材各20套；
- 通过资料阅读和实际器件观察，描述电容器的分类、外形及容量表示；
- 能熟练地使用指针式万用表或数字式万用表测试电容器。

注意事项

在任务实施过程中严格遵守相关实验实训制度和规范的要求，注意职场健康与安全需求，做好废料的处理，并保持工作场所的整洁。

实施要点

准备工作

- 每小组接受工作任务，领取相关实验实训工具和仪器，做好实施准备工作；
- 组长带领组内成员阅读实训工作卡，查阅相关手册或指导书，合理分工，制定任务计划，并检查计划有效性。

实施步骤

- 依照实训工作卡的引导，观察认识，同时相互描述电容器的相关内容并填写实训工作卡；
- 依照实训工作卡的引导，对电容器的容量及性能进行测量，并填写实训工作卡。

评估总结

- 回答指导教师提问并接受指导教师相关考核；
- 完成工作任务，对本次任务完成过程及效果进行自我评价和小组互评，完成实训工作卡的填写；
- 清洁工作场所，清点归还相关工具设备，完成本次任务。

实训工作卡

1. 识读电容器

CCWI—

CDH—

2. 电容器的标注方法识读，如图所示。

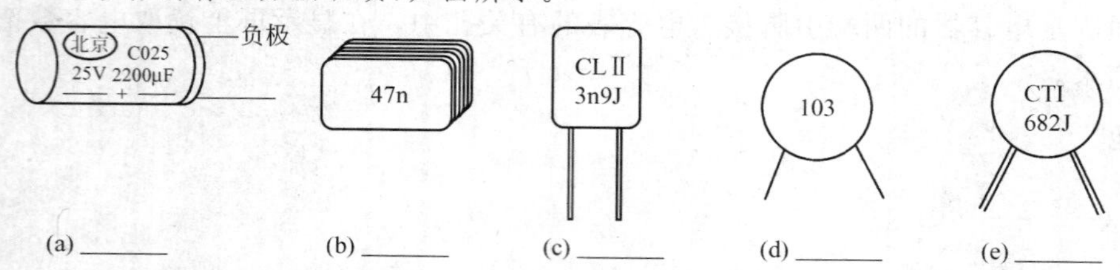

(a) ______　(b) ______　(c) ______　(d) ______　(e) ______

3. 电容器简易检测，观察下图现象然后写出结果。

(a) 指针先向右偏转，再向左回归　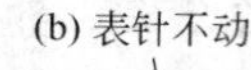(b) 表针不动　(c) 表针不回转　(d) 表针回转幅度小

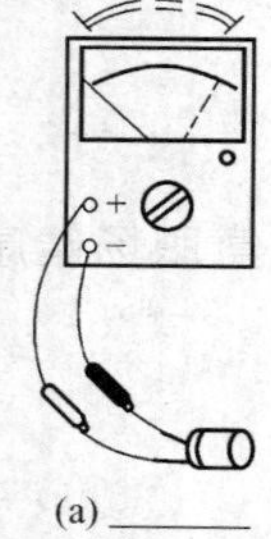

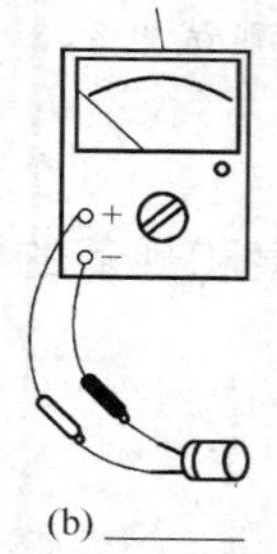

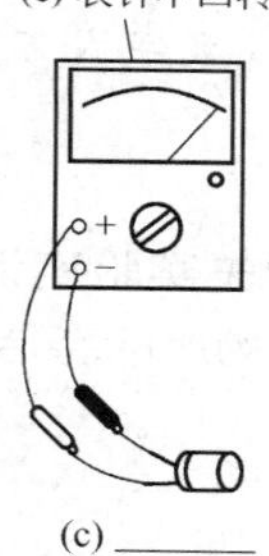

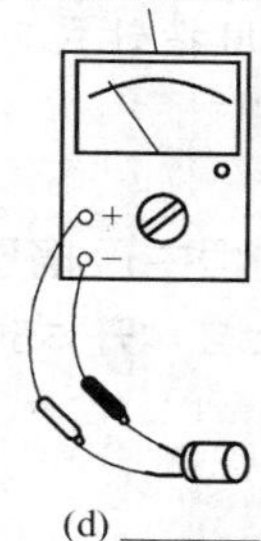

(a) ______　(b) ______　(c) ______　(d) ______

4. 根据所发电容器写出其标注方法及容量值、耐压，并用指针式万用表测试其质量；用数字式万用表测试其容量及电解电容器质量好坏(要求写出测试步骤及现象)。

(1)

(2)

(3)

(4)

5. 用指针式万用表测量可变电容器，判断结果，并写出测试步骤。

6. 总结数字式万用表测试电容时的注意事项。

任务三　电感器及变压器的识别与检测

能力标准

学完这一单元，你应获得以下能力：

- 熟悉电感器在电子线路中调谐、振荡、耦合、匹配、滤波、谐振等的作用；
- 掌握电感器的分类、型号及其标注识别；
- 熟悉变压器的变压、变流、变阻抗特性；
- 能使用万用表对电感器及变压器进行检测。

任务描述

请以以下任务为指导，完成对相关理论知识学习和任务实施：

- 以各种实际电感器、变压器为例认识电感器及变压器的外形、分类及标注；
- 熟悉电感器及变压器的作用，能正确识别和检测不同种类的电感器及变压器。

相关知识

电感器及变压器的识别与检测

教学导入

电感器及变压器是电子电路中最基本的线性元件之一，电感和电阻、电容、晶体管等元器件通过适当的组合后，能构成各种功能的电子电路。在调谐、振荡、耦合、匹配、滤波等电路中都是不可缺少的重要元件。变压器主要起变压、变流、变阻抗的作用。本单元将介绍电感器及变压器的种类结构及命名规则、性能指标、识别检测方法及应用等。

理论知识

一、电感器的识别

电感器是指在电子电路中能产生电磁转换功能的电感线圈和各种变压器。在电子电路中，将电感器、电阻器、电容器及三极管等元件进行恰当组合，能构成放大器、振荡器等电子电路。

电感器是由导线一圈靠一圈地绕在绝缘管上，导线彼此互相绝缘，而绝缘管可以是空心的，也可以包含铁芯或磁粉芯，简称电感。用 L 表示，单位有亨利(H)、毫亨(mH)和微亨(μH)，$1H=10^3mH=10^6\mu H$。

1. 电感器的分类

电感器的种类很多，常见的几种电感器的外形如图 2-27 所示。

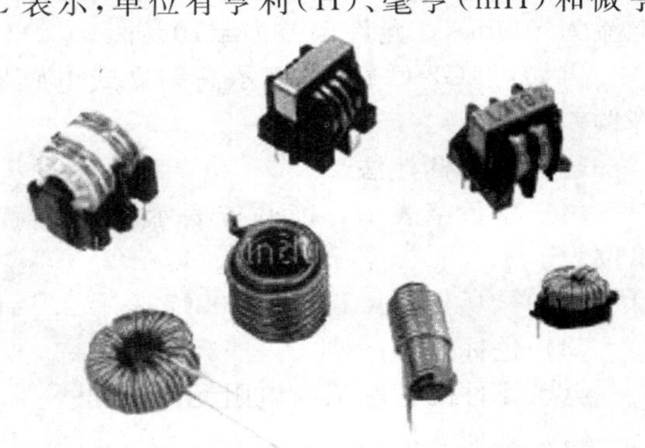
图 2-27　常见电感器外形

线圈类电感器在电子产品中的电路符号如图 2-28 所示。

按照不同的分类标准，可以分成不同的类型。常见的分类有以下几种。

① 按电感形式分类：固定电感器、可变电感器。

② 按导磁体性质分类：空心线圈、铁氧体

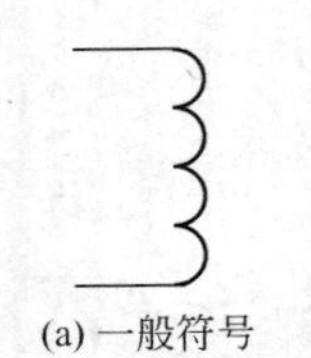
(a) 一般符号

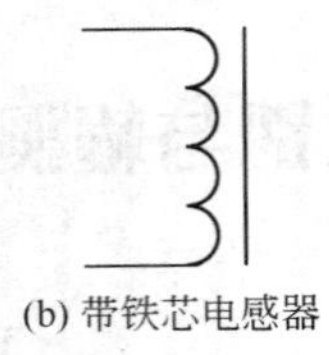
(b) 带铁芯电感器

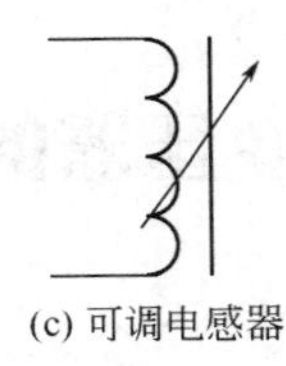
(c) 可调电感器

图 2-28　线圈类电感器的电路符号

线圈、铁芯线圈、铜芯线圈。

③ 按工作性质分类：天线线圈、振荡线圈、扼流线圈、陷波线圈、偏转线圈。

④ 按绕线结构分类：单层线圈、多层线圈、蜂房式线圈。

2. 电感器的主要特性参数

① 电感量　电感量也称作自感系数（L），是表示电感元件自感应能力的一种物理量。

② 感抗 X_L：电感线圈对交流电流阻碍作用的大小称为感抗 X_L，单位是 Ω。它与电感量 L 和交流电频率 f 的关系为 $X_L=2\pi fL$

③ 品质因数：是表示电感线圈品质的参数，亦称作 Q 值或优值。Q 值越高，电路的损耗越小，效率越高。

④ 分布电容线圈匝间、线圈与地之间、线圈与屏蔽盒之间以及线圈的层间都存在着电容，这些电容统称为线圈的分布电容。分布电容的存在会使线圈的等效总损耗电阻增大，品质因数 Q 降低。

3. 电感器的型号命名

电感元件的型号一般由下列四部分组成。

第一部分：主称，用字母表示，其中 L 代表电感线圈，ZL 代表阻流圈。

第二部分：特征，用字母表示，其中 G 代表高频。

第三部分：型式，用字母表示，其中 X 代表小型。

第四部分：区别代号，用数字或字母表示。

例如，LGX 表示小型高频电感线圈。

4. 电感线圈的标示

(1) 直标法

直标法即直接在电感器上标出其标称电感量。采用直标法的电感器将标称电感量用数字直接标注在电感器的外壳上，同时用字母表示额定工作电流，再用Ⅰ、Ⅱ、Ⅲ表示允许误差。小型电感器的工作电流与字母的关系见表 2-8。

表 2-8　小型电感器的工作电流与字母的关系

字母	A	B	C	D	E
最大工作电流/mA	50	150	300	700	1600

例如：电感器外壳上标有 C、Ⅱ、470μH，表示该电感器的电感量为 470μH，最大工作电流为 300mA，允许偏差为±10%。

再如：LG2-C-2μ2，表示高频立式电感器，额定电流为 300mA，电感量为 2.2μH，允许偏差为±5%。

(2) 数码标注法

用三位数字表示，前两位表示有效数字，最后一位表示 0 的个数，小数点用 R 表示，单位为 μH。

例如：151 表示 150μH，2R7 表示 2.7μH。

(3) 色标法

电感元件的色标法与电阻元件相同。

(4) 其他方法

小功率电感量的代码有 nH 及 μH 两种单位，分别用 N 和 R 表示小数点。例如 4N7 表示 4.7nH，4R7 则表示 4.7μH。

大功率电感器上有时印有 680K、220K 字样，分别表示 68μH 及 22μH。

5. 常用电感器

(1) 单层线圈

单层线圈是用绝缘导线一圈圈地绕在纸筒或胶木骨架上制成的，如晶体管收音机的中波天线线圈。单层线圈的电感量较小，约在几微亨至几十微亨之间。单层线圈通常使用在高频电路中，为了提高线圈的 Q 值，单层线圈的骨架，常使用介质损耗小的陶瓷和聚苯乙烯材料制作。常见的单层线圈如图 2-29 所示。

(2) 多层线圈

单层线圈的电感量小，如要获得较大值电感量时单层线圈已无法满足。因此当电感量大于 300μH 时，就应采用多层线圈。其外形如图 2-30 所示。

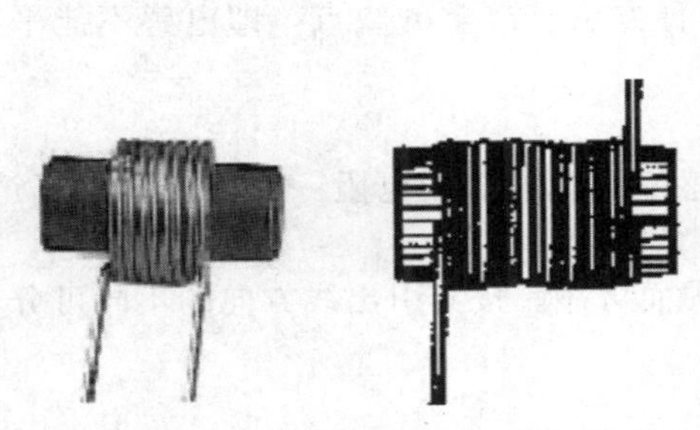

图 2-29 单层线圈外形图

图 2-30 多层线圈外形图

多层线圈除了圈与圈之间具有电容之外，层与层之间也具有电容，因此多层线圈的分布电容大大增加。同时，线圈层与层间的电压相差较多，当层间的绝缘较差时，易于发生跳火、绝缘击穿等问题。为此，多层线圈通常采用分段绕制，各段之间的距离较大，减少了线圈的分布电容。

(3) 蜂房线圈

多层线圈的缺点之一就是分布电容较大。采用蜂房绕制方法，可以减少线圈的固有电容。所谓的蜂房式，就是将被绕制的导线以一定的偏转角（约 19°～26°）在骨架上缠绕。通常缠绕是由自动或半自动的蜂房式绕线机进行的。

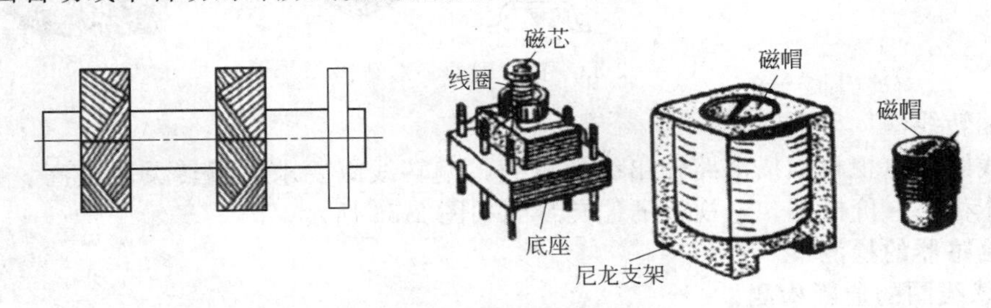

图 2-31 蜂房线圈与铁氧体磁芯和铁粉芯线圈

(4) 铁氧体磁芯和铁粉芯线圈

线圈的电感量大小与有无磁芯有关。在空心线圈中插入铁氧体磁芯，可增加电感量和提高线圈的品质因数。加装磁芯后还可以减小线圈的体积，减少损耗和分布电容。

图 2-31 所示为蜂房线圈与铁氧体磁芯和铁粉芯线圈。

(5) 可变电感线圈

在有些场合需对电感量进行调节，用以改变谐振频率或电路耦合的松紧。对此，通常采用如图 2-32 所示的四种方法。

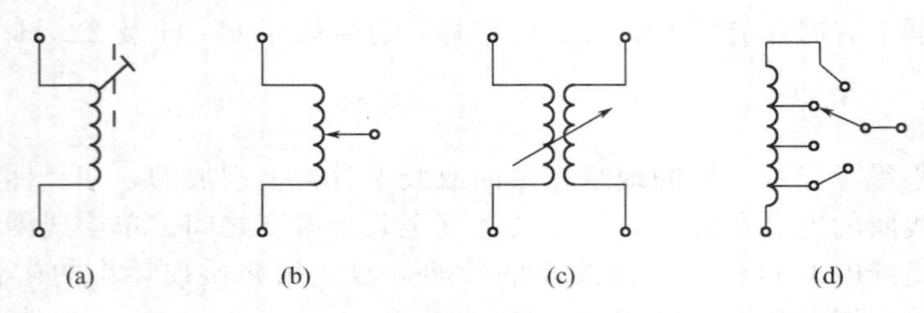

图 2-32 可变电感线圈的绕制方法

① 在线圈中插入磁芯或铜芯。

② 在线圈中安装一滑动接点。

③ 将两个线圈串联，均匀地改变两线圈之间的相对位置，以使互感量变化。

④ 将线圈引出数个抽头，加波段开关连接（这种方法有严重的缺点，即电感不能平滑地进行调节）。

（6）色码电感器

色码电感器是具有固定电感量的电感器，其电感量标志方法同电阻一样以色环来标记。色码电感器在电子线路中主要作振荡、滤波、限流、陷波等作用。

色码电感器的特点是体积小、重量小、结构牢固而可靠。按其引出线方向的不同可分为双向引出和单向引出。

（7）扼流圈（阻流圈）

限制交流电通过的线圈称扼流圈（也叫阻流圈），分高频扼流圈和低频扼流圈两种。低频扼流圈用于电源和音频滤波。它通常有很大的电感，可达几亨到几十亨，因而对于交变电流具有很大的阻抗。扼流圈只有一个绕组，在绕组中对插硅钢片组成铁芯，硅钢片中留有气隙，以减少磁饱和。如图 2-33 所示是扼流圈的外形结构。

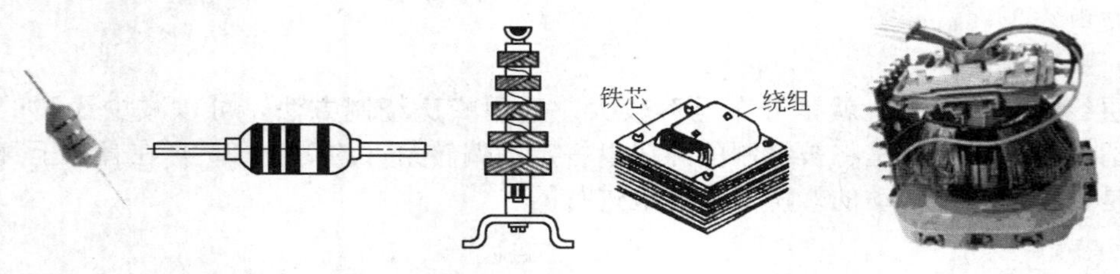

图 2-33 扼流圈的外形结构

（8）偏转线圈

偏转线圈是电视机扫描电路输出级的负载，偏转线圈要求：偏转灵敏度高、磁场均匀、Q 值高、体积小、价格低。电视机的偏转线圈如图 2-33 所示。

二、电感器的检测

1. 电感线圈的通断检测

电感线圈的通断检测的具体步骤如下。

① 排除电感上的污物。

② 将万用表置于欧姆挡，选择合适的量程（若是指针式万用表，则需要进行欧姆调零）。

③ 将万用表的两表笔分别接在电感线圈的两端引脚上，观察表盘，并记录结果。

④ 判断结果：若 R 等于或十分接近标称值，则可以初步断定该电感器基本正常。

若 R 远小于标称值，则可以断定该电感器严重短路；

若 R 远大于标称值，则可以断定该电感器有断线故障。

2. 电感线圈 Q 值大小的判断

电感线圈 Q 值大小的具体判断方法如下。

① 测试 R 等于或十分接近标称值，初步断定该电感基本正常。

② 估算电感线圈的电感量。

③ 测量电感线圈使用导线的直径。

④ 观察线圈绕制方式及线圈匝数。

⑤ 观察线圈骨架材料、有无磁芯及磁芯所用材料。

⑥ 判断结果：若线圈的电感量相同，则导线直径越大，该电感器的 Q 值越大；

若线圈的电感量相同，则导线匝数越多，该电感器的 Q 值越大；

若线圈的电感量相同，则按"蜂房式绕法、平绕式、乱绕式"的次序，该电感器的 Q 值依次递减；

若线圈的电感量相同，则线圈无屏蔽罩、安装位置周围无金属构件时，其 Q 值大；

若线圈的电感量相同，则有磁芯的电感器 Q 值大；

若线圈的电感量相同，则磁芯的损耗越小，电感器的 Q 值越大。

三、变压器的识别

变压器是变换交流电压、交流电流和阻抗的元件，当初级线圈中通有交流电流时，铁芯（或磁芯）中便产生交流磁通，使次级线圈中感应出电压（或电流）。变压器由铁芯（或磁芯）和线圈组成，线圈有两个或两个以上的绕组，其中接电源的绕组叫初级线圈，其余的绕组叫次级线圈。变压器是将两组或两组以上的线圈绕在同一个线圈骨架上，或绕在同一铁芯上制成的。若线圈是空心的，则称为空心变压器；若在绕好的线圈中插入了铁氧体磁芯，便称为铁氧体磁芯变压器；如果在线圈中插入铁芯，则称为铁芯变压器，如图 2-34 所示。

图 2-34　各种变压器

1. 变压器的分类

① 按冷却方式分类：干式（自冷）变压器、油浸（自冷）变压器、氟化物（蒸发冷却）变压器。

② 按防潮方式分类：开放式变压器、灌封式变压器、密封式变压器。

③ 按铁芯或线圈结构分类：芯式变压器（插片铁芯、C 形铁芯、铁氧体铁芯）、壳式变压器（插片铁芯、C 形铁芯、铁氧体铁芯）、环形变压器、金属箔变压器。

④ 按电源相数分类：单相变压器、三相变压器、多相变压器。

⑤ 用途分类：电源变压器、调压变压器、音频变压器、中频变压器、高频变压器、脉冲变压器。

2. 电源变压器的主要特性参数

① 工作频率　变压器的铁芯损耗与频率的关系很大，故应根据使用频率来设计和使用变压器，这种频率称工作频率。

② 额定功率　在规定的频率和电压下，变压器能长期工作而不超过规定温升的输出功率，即额定功率。

③ 额定电压　指在变压器的线圈上所允许施加的电压，工作时电压不得大于该规定值。

④ 变比

a. 变压器的变压比。如果忽略铁芯、线圈的损耗，变压器电路有以下的关系：$U_1/U_2=N_1/N_2=k$，式中，k 称为变压比。

b. 变压器电流与电压的关系。若不考虑变压器的损耗，则有 $U_1/U_2=I_2/I_1=k$。

c. 变压器的阻抗变换关系。设变压器初级输入阻抗为 Z_1，次级负载阻抗为 Z_2，则根据欧姆定律可导出：$Z_1/Z_2=(U_1/U_2)^2=k^2$。

因此，变压器可以作阻抗变换器。

⑤ 变压器的效率　指次级功率 P_2 与初级功率 P_1 比值的百分数。通常，变压器的额定功率越大，效率就越高。

以上分析中都假设变压器本身没有损耗，实际上损耗总是存在的。变压器的损耗主要有以下两个方面。

a. 铜损耗：变压器线圈大部分是用铜线绕制而成的，由于导线存在着电阻，所以通过电流时就要发热，消耗能量，使变压器效率降低。

b. 铁损耗：主要来自磁滞损耗和涡流损耗。为了减少磁滞损耗，变压器铁芯通常采用磁导率高（容易磁化）而磁滞小的软磁性材料制作，如硅钢、磁性瓷及坡莫合金等。为了减少涡流损耗，通常把铁芯沿磁力线平面切成薄片，使其相互绝缘，割断涡流，铁芯一般采用厚度为 0.35mm 左右的硅钢片叠合而成。

在变压器的损耗中，除铜损耗和铁损耗外，还有漏磁损耗。磁滞和涡流的影响，都是随着频率的增高而增加的。

⑥ 空载电流　变压器次级开路时，初级仍有一定的电流，这部分电流称为空载电流。空载电流（由磁化电流产生磁通）和铁损电流（由铁芯损耗引起）组成。对于 50Hz 的电源变压器而言，空载电流基本上等于磁化电流。

⑦ 绝缘电阻　表示变压器各线圈之间、各线圈与铁芯之间的绝缘性能。绝缘电阻的高低与所使用的绝缘材料的性能、温度高低和潮湿程度有关。

3. 变压器的命名方法

变压器的型号共由三部分组成。其具体格式如下：

××　—　××　—　××

主称　　额定功率　　序号

① 主称用大写字母表示变压器的种类。DB 表示电源变压器；CB 表示音频输出变压器；RB 表示音频输入变压器；GB 表示高压变压器；HB 表示灯丝变压器；SB 或 ZB 表示音频（定阻式）输送变压器；EB 表示音频（定压式或自耦式）输送变压器。

② 额定功率直接用数字表示，单位为 V·A。

③ 序号用数字表示。

上述变压器的型号表示方法中不包含中频变压器、行输出变压器等特种变压器。

4. 变压器的标示方法

变压器的参数表示方法通常用直标法，各种用途变压器标注的具体内容不相同，无统一的格式，下面举例加以说明。

① 某音频输出变压器次级线圈引脚处标注 8Ω，说明这一变压器的次级线圈负载阻抗应为 8Ω，只能接阻抗为 8Ω 的负载。

② 某电源变压器上标注 DB-50-2。DB 表示电源变压器，50 表示额定功率为 50V·A，2 表示产品的序号。

③ 有的电源变压器在外壳上标出变压器的电路符号（各线圈的结构），然后在各线圈符号上标出电压数值，说明各线圈的输出电压。

5. 常用变压器

(1) 低频变压器

低频变压器可分为音频变压器与电源变压器两种，在电路中又可以分为输入变压器、输出变压器、级间耦合变压器、推动变压器及线间变压器等。这类变压器是铁芯变压器。

(2) 音频输入、输出变压器

音频变压器在放大电路中的主要作用是耦合、倒相、阻抗匹配等。要求音频变压器频率特性好、漏感小、分布电容小。

输入变压器是接在放大器输入端的音频变压器，其初级多接输入电缆或话筒，次级接放大器的第一级。不过，晶体管放大器的低放与功放之间的耦合变压器习惯上也称为输入变压器，而把前者分别叫线路输入变压器及话筒输入变压器。输入变压器的铁芯常用高磁导率的铁氧体或坡莫合金制成，低挡的也有用优质硅钢片的。输入变压器的次级往往有三个引出端，以便向晶体管功放推挽输出级提供相位相反的对称推动信号。输入、输出变压器的外形及图形符号如图 2-35 所示。

输出变压器是接在放大器输出端的变压器，其初级接放大器输出端，次级接负载（扬声器等）。它的主要作用是把扬声器较低的阻抗，通过输出变压器变成放大器所需的最佳负载阻抗，使放大器具有最大的不失真输出——达到阻抗匹配的目的。输出变压器还具有隔离放大器与负载的直流电流的功能。输出变压器根据输出功率级电路的不同，有单边式和推挽式两种。输出变压器的标称功率一般比输入变压器大些，外形结构及电路符号与输入变压器相似。

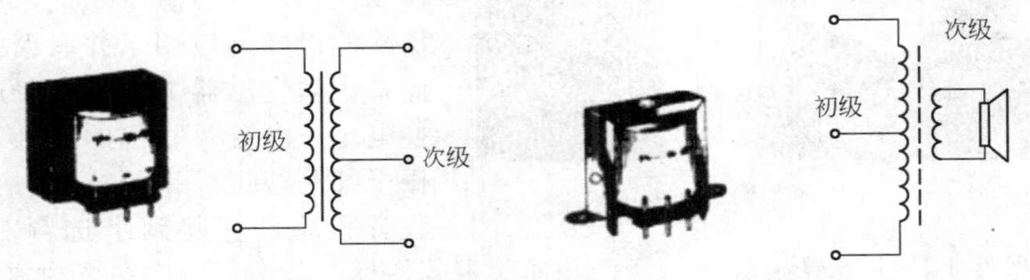

图 2-35 输入、输出变压器的外形及电路符号

(3) 电源变压器

家用电器中的收录机、电视机等均采用交流 220V 供电，但其内部的各部分电路多采用不同电压的直流供电工作。这就需要采用电源变压器，将 220V（或 110V）的电源电压变成需要的各种交流电压，再经整流、滤波等供电路正常工作。电源变压器的外形及内部结构如图 2-36 所示。

电源变压器的初级线圈往往有抽头，以适应不同电网的电压，如 220V、110V 等。其次级根据用途可以有多个绕组，以输出不同的电压和功率。图中给出了电源变压器各绕组电压。根据用途不同电源变压器有不同的标称功率。

(4) 自耦变压器和调压变压器

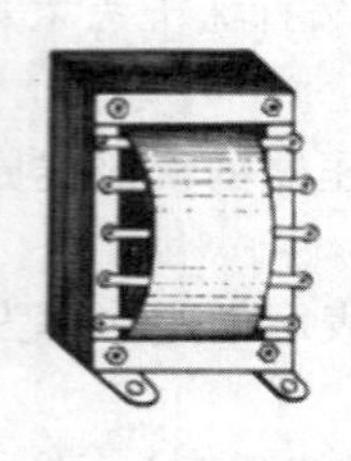

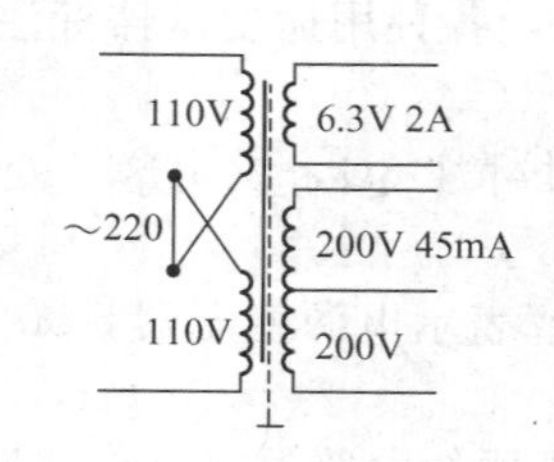

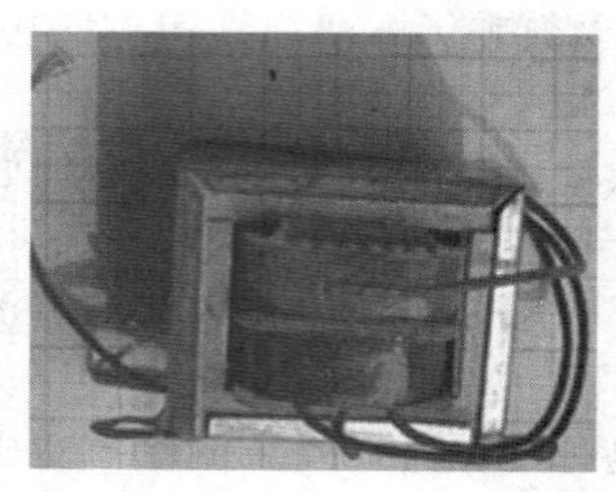

图 2-36　电源变压器的外形及内部结构

一般变压器的特点之一是初、次级之间的直流电路是完全分离的，它们之间的能量传递是靠磁场的耦合。但自耦变压器与调压变压器是另一种形式的变压器，它们只有一个线圈，其输入端和输出端是从同一线圈上用抽头分出来的。这种变压器初、次级之间有一个共用端，故它们的直流电路不再是完全隔离的了。调压变压器的外形与图形符号如图 2-37 所示。

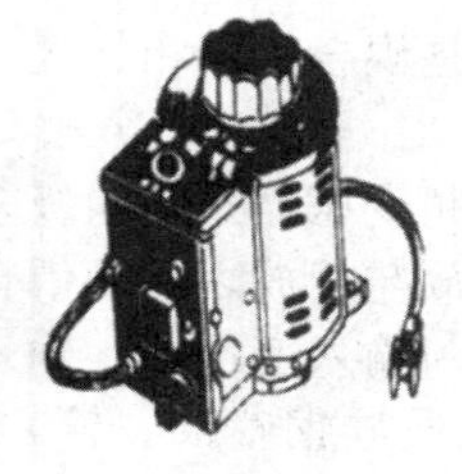

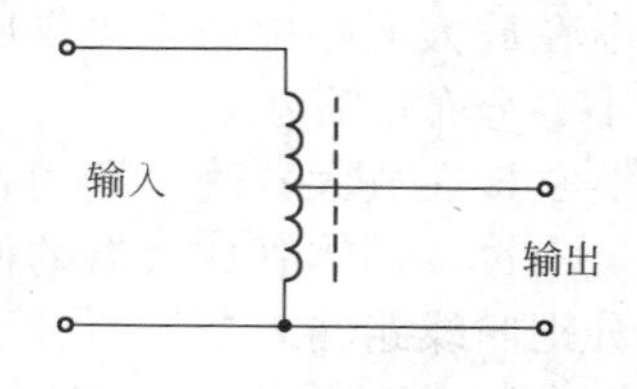

图 2-37　调压变压器的外形及图形符号

自耦变压器的抽头是固定的，即固定从初级分取一部分电压输出；而调压变压器的抽头则通过碳刷作滑动接头，其输出电压随碳刷移动可连续可调地输出。调压变压器的额定功率有 500W、1kW、2kW 等多种。

(5) 中频变压器

图 2-38　中周变压器的外形

中频变压器（又称中周）的适用范围从几千赫兹至几十兆赫兹。一般变压器仅仅利用电磁感应原理，而中频变压器除此以外还应用了并联谐振原理。因此，中频变压器不仅具有普通变压器变换电压、电流及阻抗的特性，还具有谐振于某一特定频率的特性。在超外差式收音机中，它起到了选频和耦合的作用，在很大程度上决定了灵敏度、选择性和通频带等指标。其谐振频率在调频式接收机中为 465kHz，调频半导体收音机中频变压器的中心频率为 10.7MHz±100kHz。中频变压器的外形如图 2-38 所示。

四、变压器的检测

1. 中周变压器的检测

① 将万用表拨至 $R\times1$ 挡，按照中周变压器的各绕组的引脚规律排列，逐一检查各绕组的通断情况，进而判断其是否正常。

② 检测绝缘性能。将万用表置于 $R\times10$ 挡，作如下几种状态测试：

a. 初级绕组与次级绕组之间的电阻值；

b. 初级绕组与外壳之间的电阻值；

c. 次级绕组与外壳之间的电阻值。

上述测试结果分为三种情况：

a. 阻值为无穷大，正常；

b. 阻值为 0，有短路性故障；

c. 阻值小于无穷大，但大于零，有漏电性故障。

2. 电源变压器的检测

电源变压器的种类很多，外形各异，但基本结构大体一致，主要由铁芯、线圈、线框、固定零件和屏蔽层构成，其外形及等效电路如图 2-39 所示。该变压器有两个初级绕组、三个次级绕组。

检测电源变压器工作是否正常的具体检测步骤如下。

① 通过观察变压器的外貌来检查其是否有明显异常现象。如线圈引线是否断裂、脱焊、绝缘材料是否有烧焦痕迹，铁芯紧固螺钉是否松动，硅钢片有无锈蚀，绕组线圈是否有外露等。

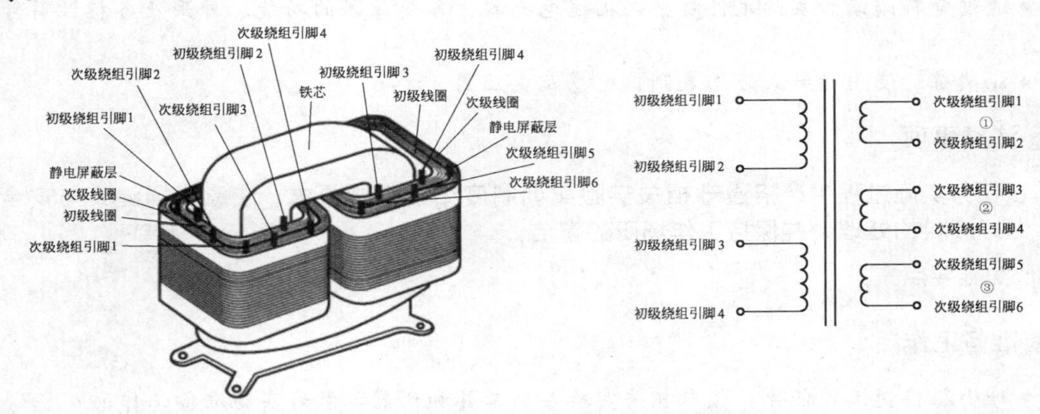

图 2-39 电源变压器的外形及等效电路

② 绝缘性测试。用万用表 $R\times10\text{k}$ 挡分别测量铁芯与初级、初级与各次级、铁芯与各次级、静电屏蔽层与初级、次级各绕组间的电阻值，万用表指针均应指在无穷大的位置不动。否则，说明变压器绝缘性能不良。

③ 线圈通断的检测。将万用表置于 $R\times1$ 挡，测试中，若某个绕组的电阻值为无穷大，则说明此绕组有断路性故障。

④ 判别初、次级线圈。电源变压器的初级引脚和次级引脚一般都是分别从两侧引出的，

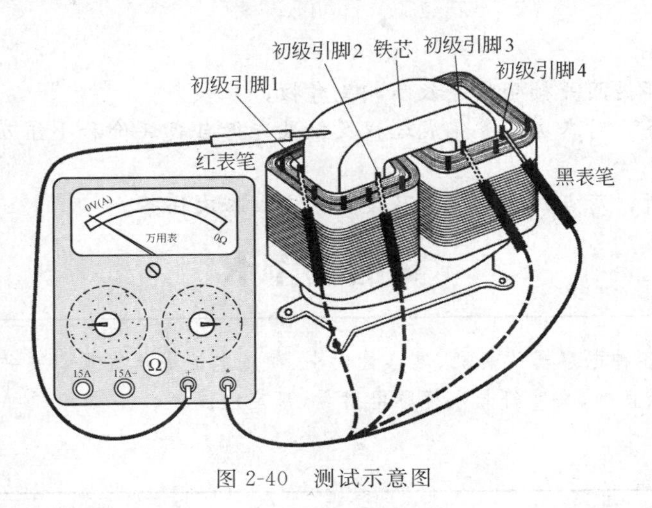

图 2-40 测试示意图

并且初级绕组多标有“220V”字样，次级绕组则标出额定电压值，如15V、24V、35V等。根据这些标记可进行识别。

⑤ 测试示意图如图2-40所示。

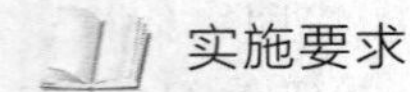

任务实施

实施要求

任务目标与要求

- 小组成员分工协作，利用电感器及变压器的相关知识，依据实训工作卡分析制定工作计划，并通过小组自评或互评检查工作计划；
- 准备指针式万用表、不同类型电感器、电源变压器、中频变压器等配套器材各20套；
- 通过资料阅读和实际元件观察，描述电感器、各变压器的功能、外形及各标注符号的含义；
- 能熟练地使用指针式万用表测试电感及变压器。

注意事项

在任务实施过程中严格遵守相关实验实训制度和规范的要求，注意职场健康与安全需求，做好废料的处理，并保持工作场所的整洁。

实施要点

准备工作

- 每小组接受工作任务，领取相关实验实训工具和仪器，做好实施准备工作；
- 组长带领组内成员阅读实训工作卡，查阅相关手册或指导书，合理分工，制定任务计划，并检查计划有效性。

实施步骤

- 依照实训工作卡的引导，观察认识，同时相互描述电感器及变压器的相关内容，并填写学习工作卡；
- 依照实训工作卡的引导，对电感器及变压器的基本量进行测量，并填写实训工作卡。

评估总结

- 回答指导教师提问并接受指导教师相关考核；
- 完成工作任务，对本次任务完成过程及效果进行自我评价和小组互评，完成实训工作卡填写；
- 清洁工作场所，清点归还相关工具设备，完成本次任务。

实训工作卡

1. 对电路板上各种电感器的类别、电感量大小、额定电流进行直观识别并分别记录电感器类别、标称方法(色环、直标、文字符号)、标称电感量、额定电流等。

2. 根据实物画出收音机中周、输入变压器、自耦变压器的电路图形符号，并说明如何用万用表检测其质量好坏。

3. 根据下列色码读出电感值及其误差等级

(1)黑橙黄金

(2)金橙橙金

(3)黑绿棕金

(4)金橙绿金

4. 如图所示电源变压器，请按要求完成下列工作。

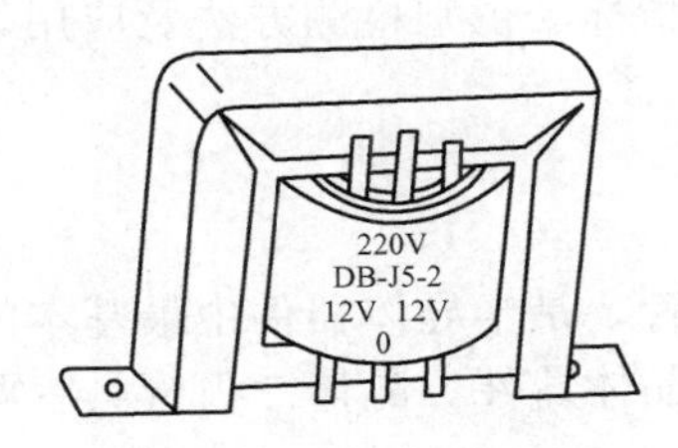

(1)画出电路符号、写出结构组件名称。

(2)电源变压器命名解释：220V

DB-15-2

12 0 12

(3)写出电源变压器一般的检测步骤。

(4)如出现以下现象时，试分析原因：

变压器发热严重______________________________；

变压器指示10V以下______________________________。

任务四　二极管的识别与检测

能力标准

学完这一单元，你应获得以下能力：

- 熟悉二极管在电子线路中整流、开关、限幅等的作用；
- 掌握二极管的分类、型号及其标注识别；
- 能使用万用表对二极管进行检测。

任务描述

请以以下任务为指导，完成对相关理论知识学习和任务实施：

● 以各种实际二极管为例认识二极管的外形、分类及标注；
● 熟悉二极管的作用，能正确识别和检测不同种类的二极管。

相关知识

二极管的识别与检测

教学导入

半导体器件是近代电子学的重要组成部分。由于半导体器件具有体积小、重量轻、使用寿命长、输入功率转换效率高等优点，因而得到广泛的应用。二极管是电子电路中常用的电子元器件之一，它主要起开关、限幅、钳位、检波、整流和稳压的作用。本单元将介绍二极管的种类结构及命名规则、性能指标、识别检测方法及应用等。

理论知识

一、二极管的识别

晶体二极管也叫半导体二极管，是半导体器件中最基本的一种器件。它是用半导体单晶材料（硅和锗）制成的，故又称晶体器件。晶体二极管具有两个电极，在电子线路中大量采用。图 2-41 所示为常见的二极管。

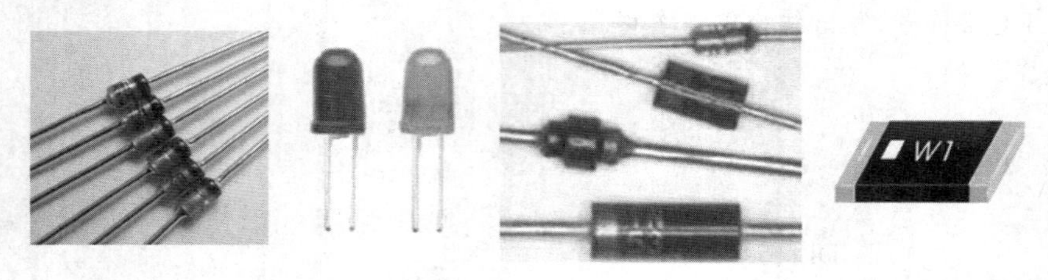

图 2-41　常见的二极管

二极管是由一个 PN 结加上两条电极引线做成管芯，并且用塑料、玻璃或金属等材料作为管壳封装而成。从 P 区引出的电极作为正极，从 N 区引出的电极作为负极，其电路符号和文字符号如图 2-42 所示。

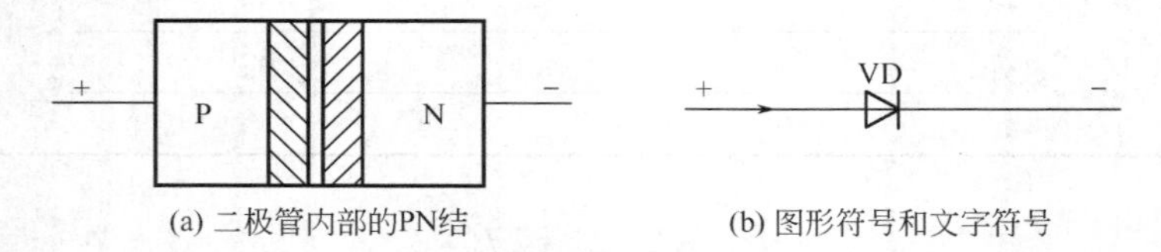

图 2-42　二极管的电路符号

箭头的一端代表正极，另一端代表负极。电路符号形象地表示了二极管的工作电流流动的方向，箭头所指的方向是正向电流流通的方向，通常用文字符号“VD”代表二极管。

1. 二极管的分类和主要特性参数

（1）二极管的分类

半导体二极管的种类很多，常见的有如下几种。

① 按材料分：锗二极管、硅二极管和砷化镓二极管等。

② 按结构分：点接触二极管、面接触二极管和硅平面二极管等。

③ 按工作原理分：隧道二极管、雪崩二极管、变容二极管等。

④ 按用途分：检波二极管、整流二极管和开关二极管等。

⑤ 按外壳封装材料可分为：玻璃封装二极管、塑料封装二极管、金属封装二极管等。

（2）二极管的主要参数

① 正向电流 I_F：在额定功率下，允许通过二极管的电流值。

② 正向电压降 U_F：二极管通过额定正向电流时，在两极间所产生的电压降。

③ 最大整流电流（平均值）I_{OM}：在半波整流连续工作的情况下，允许的最大半波电流的平均值。

④ 反向击穿电压 U_B：二极管反向电流急剧增大到出现击穿现象时的反向电压值。

⑤ 最高反向峰值电压 U_{RM}：二极管正常工作时所允许的反向电压峰值。通常 U_{RM} 为 U_P（峰值电压）的 2/3 或略小一些。

⑥ 反向电流 I_R：在规定的反向电压条件下流过二极管的反向电流值。

⑦ 最高工作频率 f_m：二极管具有单向导电性的最高交流信号的频率。

2. 二极管的型号命名

（1）国家标准规定

国产二极管的型号命名分为五个部分，各部分的含义见表 2-9。

第一部分用数字“2”表示主称为二极管。

第二部分用字母表示二极管的材料与极性。

第三部分用字母表示二极管的类别。

第四部分用数字表示序号。

第五部分用字母表示二极管的规格号。

表 2-9　二极管型号命名

第一部分：主称		第二部分：材料与极性		第三部分：类别		第四部分：序号	第五部分：规格号
数字	含义	字母	含义	字母	含义		
2	二极管	A	N 型锗材料	P	小信号管（普通管）	用数字表示同一类别产品序号	用字母表示产品规格、档次
				W	电压调整管和电压基准管（稳压管）		
				L	整流堆		
		B	P 型锗材料	N	阻尼管		
				Z	整流管		
				U	光电管		
				K	开关管		
		C	N 型硅材料	B 或 C	变容管		
				V	混频检波管		
		D	P 型硅材料	JD	激光管		
				S	隧道管		
				CM	磁敏管		
		E	化合物材料	H	恒流管		
				Y	体效应管		
				EF	发光二极管		

例如，2AP9 表示 N 型锗材料普通二极管。其中，2 表示二极管；A 表示 N 型锗材料；P 表示普通型；9 表示序号。

2CW56 表示 N 型硅材料稳压二极管。其中，2 表示二极管；C 表示 N 型硅材料；W 表示稳压管；56 表示序号。

（2）1N 系列

1N 系列二极管在各类电子仪器设备中得到了广泛应用，它的突出特点是体积小、价格低、性能优良，如常用的整流二极管 1N4001。这是遵循美国电子工业协会（EIA）规定的晶体管分立器件的命名法命名的半导体器件。

美国的晶体管或其他半导体器件的型号命名比较混乱。这里介绍的是美国晶体管标准型号命名法，即美国电子工业协会规定的晶体管分立器件的命名法，如表 2-10 所示。

表 2-10　美国电子工业协会规定的晶体管分立器件命名法

第一部分		第二部分		第三部分		第四部分		第五部分	
用符号表示用途的类型		用数字表示 PN 结的数目		美国电子工业协会注册标志		美国电子工业协会注册顺序号		用字母表示器件分挡	
符号	意义	符号	意义	符号	意义	符号	意义	符号	
JAN 或 J	军用品	1	二极管	N	该器件已在美国电子工业协会登记注册	多位数字	该器件已在美国电子工业协会登记顺序号	A	同一型号的不同挡别
		2	三极管					B	
无	非军用品	3	三个 PN 结器件					C	
		n	n 个 PN 结器件					D	

例如，1N4001 的 1 表示二极管，N 是 EIA 注册标志，4001 是 EIA 登记顺序号。

3．常用晶体二极管

二极管的种类很多，应用范围很广，主要是利用它的单向导电性。可用于整流、检波、限幅、钳位、元件保护和在数字电路中作开关使用。常用的二极管有如下几种。

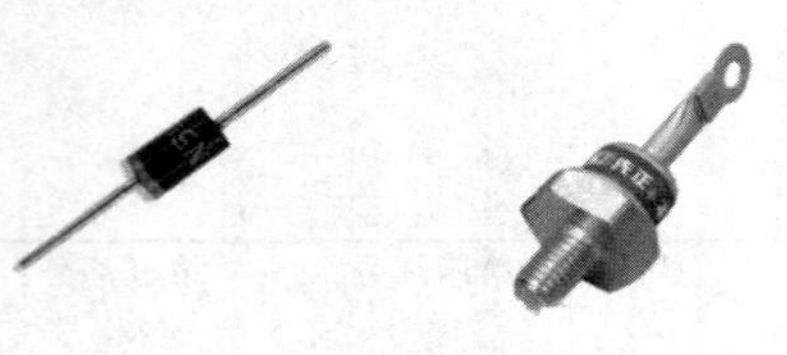

图 2-43　金属壳封装

（1）整流二极管

将交流电源整流成为直流电流的二极管叫作整流二极管，它是面结合型的功率器件，因结电容大，故工作频率低。

通常 I_F 在 1A 以上的二极管采用金属壳封装，以利于散热；I_F 在 1A 以下的采用全塑料封装，如图 2-43 所示。近代工艺技术不断提高，国外出现了不少较大功率的管子，也采用塑封的形式。

塑料封装的整流二极管用一条色带表示负极。大功率技术结构的二极管上带螺纹的一端为负极。

（2）检波二极管

检波二极管是用于把叠加在高频载波上的低频信号检出来的器件，它具有较高的检波效率和良好的频率特性。其外形及结构如图 2-44 所示。

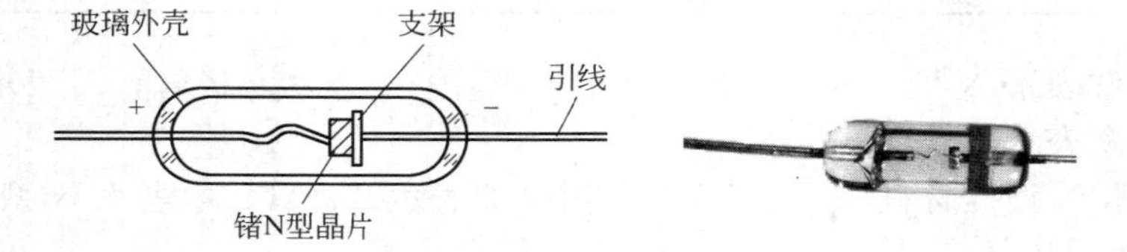

图 2-44　检波二极管外形及结构

（3）开关二极管

在脉冲数字电路中，用于接通和关断电路的二极管叫开关二极管，它的特点是反向恢复时间短，能满足高频和超高频应用的需要。

开关二极管有接触型、平面型和扩散台面型等。一般 $I_F<500mA$ 的硅开关二极管，多采用全密封环氧树脂，陶瓷片状封装，如图 2-45 所示，其引脚较长的一端为正极。

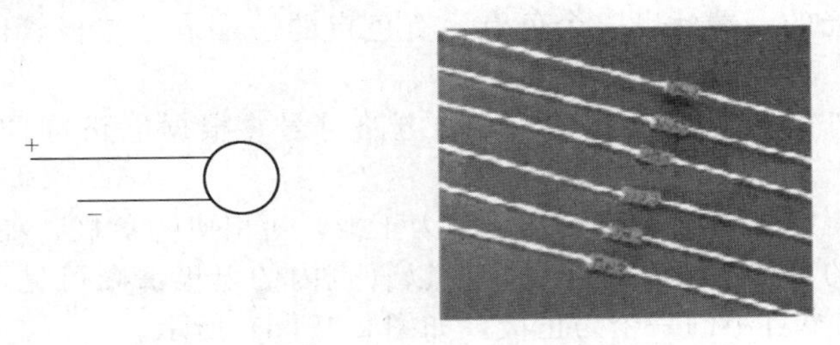

图 2-45　开关二极管

（4）稳压二极管

稳压二极管是由硅材料制成的面结合型晶体二极管，它是利用 PN 结反向击穿时的电压基本上不随电流的变化而变化的特点，来达到稳压的目的。因为它能在电路中起稳压作用，故称为稳压二极管（简称稳压管），其图形符号如图 2-46 所示。

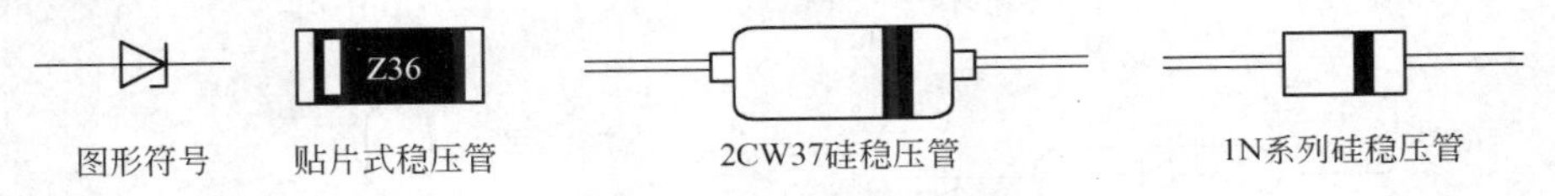

图 2-46　稳压二极管的图形符号

选用稳压二极管时，被选稳压二极管的稳定电压值应能满足实际应用电路的需要，且工作电流变化时的电流值，上限不能超过被选稳压二极管的最大稳定电流值。

（5）变容二极管

变容二极管是利用 PN 结的电容随外加偏压而变化这一特性制成的非线性电容元件，被广泛地用于参量放大器、电子调谐及倍频器等微波电路中。变容二极管主要是通过结构设计及工艺等一系列途径来突出的电容与电压的非线性关系的，并提高 Q 值以适合应用。变容二极管的图形符号如图 2-47 所示。

图 2-47　变容二极管

（6）发光二极管

半导体发光器件包括半导体发光二极管（简称 LED）、数码管、符号管、米字管及点阵式显示屏（简称矩阵管）等。数码管、符号管、米字管及矩阵管中的每个发光单元都是一个发光二极管。发光二极管的外形如图 2-48 所示。

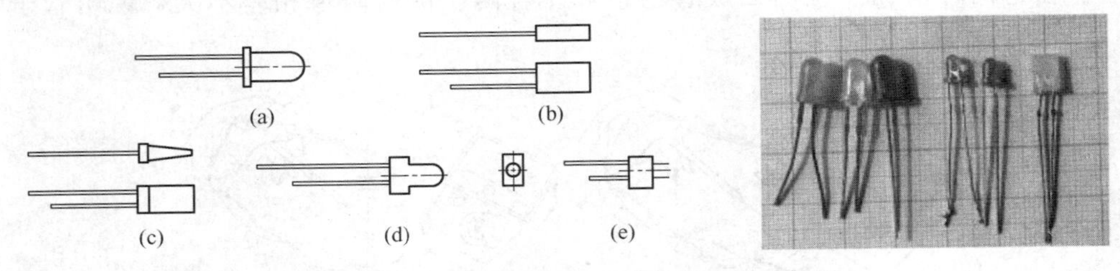

图 2-48　常见普通发光二极管的外形及实物图

4. 二极管正、负极的识别

实际中，如何从元件上区分正负极，是我们首先关注的。一般从外表上看，对于锥形二极管来说，锥端为负极，圆端为正极；对于圆柱形二极管来说，常在一端用色环或色点表示负极，另一端为正极；对于球冠形二极管，长脚表示正极，短脚表示负极。常见的有以下几种。

① 在二极管的负极用一条色带标志，其表示方法如图 2-49(a) 所示。

② 在二极管外壳的一端标出一个色点，有色点的一端表示二极管的正极，另一端则为负极，如图 2-49(b) 所示。

③ 在二极管的外壳上直接印有二极管的电路符号，根据电路符号判断二极管的极性，如图 2-49(c) 所示。

④ 发光二极管有两个引脚，一般长引脚为正极，短引脚为负极，如图 2-49(d) 所示。

⑤ 发光二极管的管体一般呈透明状，所以管壳内的电极清晰可见，内部电极较宽较大的一个为负极，而较窄且小的一个为正极，如图 2-49(d) 所示。

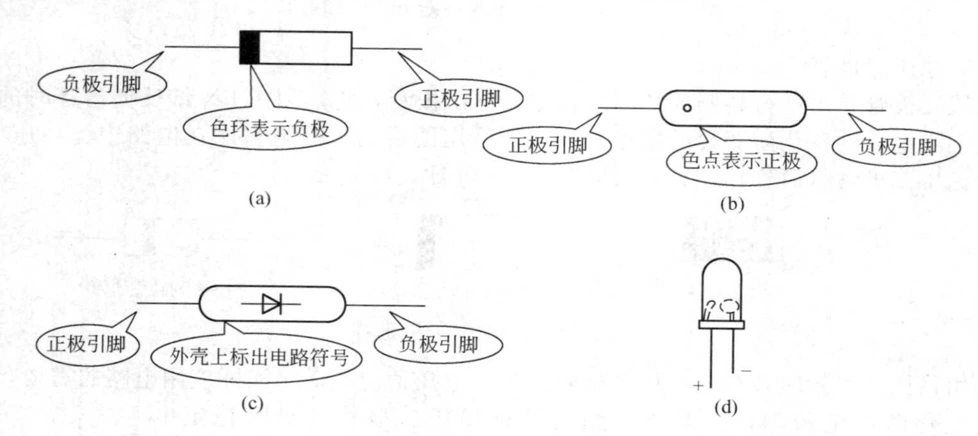

图 2-49　二极管正负极识别图

二、二极管的检测

1. 普通二极管的测试

(1) 判断二极管质量好坏及极性

用万用表检测半导体二极管，就是检测二极管的单向导电性。将万用表置于电阻挡(一般选用 $R\times100$ 或 $R\times1\text{k}$ 挡)，两表笔分别接触二极管的两管脚，如图 2-50 所示，测出一个阻值，交换表笔再测一次，又测出一个阻值。对于一只正常的二极管，一次测得电阻值大，一次测得电阻值小，测得阻值较小的一次，与黑表笔相接的电极为二极管的正极。同理，在测得阻值较大的一次中，与黑表笔相接的一端为二极管的负极。如果两次都测得的电阻很小，说明二极管内部短路；若两次都测得电阻值很大，则说明管子内部断路。在这两种情况下说明二极管已损坏。若两次测得阻值相差不大，说明管子性能很差，也不能使用。

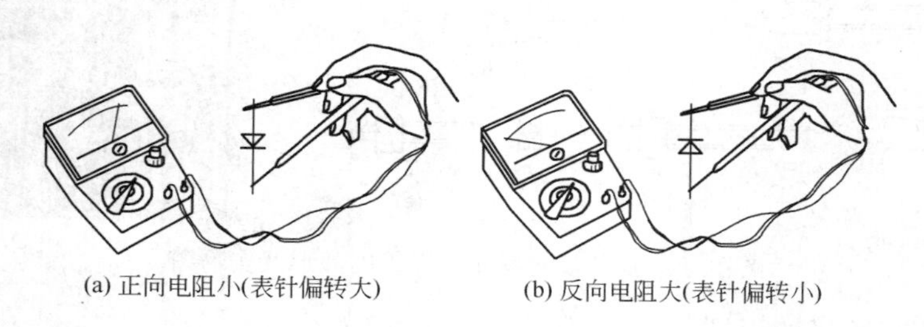

(a) 正向电阻小(表针偏转大)　　(b) 反向电阻大(表针偏转小)

图 2-50　测二极管正反向电阻

通常小功率锗二极管的正向电阻值为几百欧以上，硅管的正向电阻在几千欧或更大些。

锗管的反向电阻为几十千欧，硅管反向电阻在几百千欧以上（几乎为无限大）。大功率二极管的正反向电阻数值比小功率二极管都要小得多。但有一点是相同的，对于一只二极管而言，反向电阻值与正向电阻值的比值越大越好。

（2）判断硅、锗二极管

一种方法是做一个简单电路，用一只1.5V的干电池，串一个1kΩ电阻，同时将二极管的正极与电池的正极一端相接，使二极管处于正向导通，这时用万用表测量二极管两端的管压降，如果为0.6～0.7V即为硅管，如为0.1～0.3V即为锗管。若二极管在路时也可用此法进行判断。也可以用锗管的正向电阻比硅管的正向电阻小进行粗略的判别。

2. 发光二极管的测试

发光二极管常作为仪器仪表、家用电器的指示器、红外遥控等。当发光二极管加上合适的正向电流时，不同的发光二极管便可发出不同颜色的光来（激光二极管也是发光二极管的一种），发光颜色与发光二极管的材料有关，发光强度与正向电流成正比。

发光二极管的正向阻值比普通二极管正向电阻大，一般在10kΩ的数量级，反向电阻在500kΩ以上。并且发光二极管的正向压降比较大，用万用表$R\times1\text{k}$以下各挡，因表内电池仅为1.5V，不能使发光二极管正向导通和发出光来。一般用$R\times10\text{k}$挡（内部电池是9V或更大）进行测试，这样可测出正向电阻，同时可看到发光二极管发出微弱的光。若测得正、反向电阻都很小，说明内部击穿短路。若测得正、反电阻都是无限大，说明内部开路。由于LED数码管也是由发光二极管组成，所以用这个方法可检查LED数码管。

发光二极管从外观上看，正极引脚比负极长。发光二极管在使用中，为了使发光二极管正常发光，必须加上合适的工作电流，同时要保证不超过其最大允许耗散功率。

三、数码管的识别与检测

数码管是一种半导体发光器件，其基本单元是发光二极管LED（Light Emitting Diode）。实物如图2-51所示。

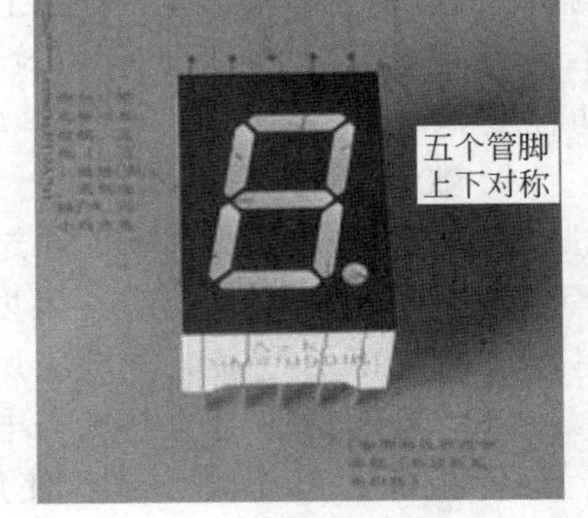

图2-51　数码管

1. 数码管的分类

① 数码管按段数分为七段数码管和八段数码管，八段数码管比七段数码管多一个发光二极管单元（多一个小数点显示）。

② 按能显示多少个“8”可分为1位、2位、4位等数码管。

③ 按发光二极管单元连接方式分为共阳极数码管和共阴极数码管。共阳极数码管是指将所有发光二极管的阳极接到一起形成公共阳极（COM）的数码管。共阳极数码管在应用时应将公共极COM接到＋5V，当某一字段发光二极管的阴极为低电平时，相应字段就点亮，当某一字段的阴极为高电平时，相应字段就不亮。共阴极数码管是指将所有发光二极管的阴极接到一起形成公共阴极（COM）的数码管。共阴极数码管在应用时应将公共极COM接到地线GND上，当某一字段发光二极管的阳极为高电平时，相应字段就点亮，当某一字段的阳极为低电平时，相应字段就不亮。

2. 数码管的参数

① 8字高度：8字上沿与下沿的距离。比外形高度小。通常用in[1]来表示。范围一般为

---

[1] 1in＝25.4mm，下同。

0.25～20in。

② 长×宽×高：长——数码管正放时，水平方向的长度；宽——数码管正放时，垂直方向上的长度；高——数码管的厚度。

③ 时钟点：四位数码管中，第二位 8 与第三位 8 字中间的两个点。一般用于显示时钟中的秒。

3. 数码管的驱动方式

数码管要正常显示，就要用驱动电路来驱动数码管的各个段码，从而显示出所要的数字，因此根据数码管的驱动方式的不同，可以分为静态式和动态式两类。

(1) 静态显示驱动

静态驱动也称直流驱动。静态驱动是指每个数码管的每一个段码都由一个单片机的 I/O 端口进行驱动，或者使用如 BCD 码二-十进制译码器译码进行驱动。静态驱动的优点是编程简单，显示亮度高，缺点是占用 I/O 端口多，如驱动 5 个数码管静态显示则需要 5×8＝40 个 I/O 端口来驱动，要知道一个 89S51 单片机可用的 I/O 端口才 32 个呢，实际应用时必须增加译码驱动器进行驱动，增加了硬件电路的复杂性。

(2) 动态显示驱动

数码管动态显示接口是单片机中应用最为广泛的一种显示方式之一，动态驱动是将所有数码管的 8 个显示笔划“a，b，c，d，e，f，g，dp”的同名端连在一起，另外为每个数码管的公共极 COM 增加位选通控制电路，位选通由各自独立的 I/O 线控制，当单片机输出字形码时，所有数码管都接收到相同的字形码，但究竟是哪个数码管会显示出字形，取决于单片机对位选通 COM 端电路的控制，所以只要将需要显示的数码管的选通控制打开，该位就显示出字形，没有选通的数码管就不会亮。通过分时轮流控制各个数码管的 COM 端，就使各个数码管轮流受控显示，这就是动态驱动。在轮流显示过程中，每位数码管的点亮时间为 1～2ms，由于人的视觉暂留现象及发光二极管的余辉效应，尽管实际上各位数码管并非同时点亮，但只要扫描的速度足够快，给人的印象就是一组稳定的显示数据，不会有闪烁感，动态显示的效果和静态显示是一样的，能够节省大量的 I/O 端口，而且功耗更低。

4. 数码管的应用

数码管是一类显示屏，通过对其不同的管脚输入相对的电流会使其发亮，从而显示出数字，能够显示时间、日期、温度等所有可用数字表示的参数。由于它的价格便宜，使用简单，在电器特别是家电领域应用极为广泛。

(1) 数码管使用的电流与电压

① 电流：静态时，推荐使用 10～15mA；动态时，16/1 动态扫描时，平均电流为 4～5mA，峰值电流 50～60mA。

② 电压：查引脚排布图，看一下每段的芯片数量是多少。当红色时，使用 1.9V 乘以每段的芯片串联的个数；当绿色时，使用 2.1V 乘以每段的芯片串联的个数。

(2) 恒流驱动与非恒流驱动对数码管的影响

① 显示效果　由于发光二极管基本上属于电流敏感器件，其正向压降的分散性很大，并且还与温度有关，为了保证数码管具有良好的亮度均匀度，就需要使其具有恒定的工作电流，且不能受温度及其他因素的影响。另外，当温度变化时驱动芯片还要能够自动调节输出电流的大小以实现色差平衡温度补偿。

② 安全性　即使是短时间的电流过载也可能对发光管造成永久性的损坏，采用恒流驱动电路后可防止由于电流故障所引起的数码管的大面积损坏。另外，所采用的超大规模集成电路还具有级联延时开关特性，可防止反向尖峰电压对发光二极管的损害。超大规模集成电

路还具有热保护功能，当任何一片的温度超过一定值时可自动关断，并且可在控制室内看到故障显示。

5. 数码管的检测

找公共共阴和公共共阳：首先，我们找个电源（3～5V）和1个1kΩ（几百欧的也行）的电阻，V_{CC}串接电阻后和GND接在任意2个脚上，组合有很多，但总有一个LED会发光，找到一个即可，然后GND不动，V_{CC}（串电阻）逐个碰剩下的脚，如果有多个LED（一般是8个），那它就是共阴的。相反，用V_{CC}不动，GND逐个碰剩下的脚，如果有多个LED（一般是8个），那它就是共阳的。也可以直接用数字万用表，红表笔是电源的正极，黑表笔是电源的负极。

任务实施

实施要求

任务目标与要求

- 小组成员分工协作，利用二极管的相关知识，依据学习工作卡分析制定工作计划，并通过小组自评或互评检查工作计划；
- 准备万用表、不同类型的二极管、数码管等配套器材各20套；
- 通过资料阅读和实际元器件观察，描述二极管的功能、分类及各符号的含义；
- 能熟练识别各二极管的正负极性及参数；
- 能熟练地使用万用表检测各种二极管及数码管。

注意事项

在任务实施过程中严格遵守相关实验实训制度和规范的要求，注意职场健康与安全需求，做好废料的处理，并保持工作场所的整洁。

实施要点

准备工作

- 每小组接受工作任务，领取相关实验实训工具和仪器，做好实施准备工作；
- 组长带领组内成员阅读学习工作卡，查阅相关手册或指导书，合理分工，制定任务计划，并检查计划有效性。

实施步骤

- 依照学习工作卡的引导，观察认识，同时相互描述二极管及数码管的相关内容，并填写实训工作卡；
- 依照学习工作卡的引导，对各种二极管进行测量，并填写实训工作卡。

评估总结

- 回答指导教师提问并接受指导教师相关考核；
- 完成工作任务，对本次任务完成过程及效果进行自我评价和小组互评，完成实训工作卡填写；
- 清洁工作场所，清点归还相关工具设备，完成本次任务。

实训工作卡

1. 指出下列器件型号的含义：

2AP30—

2CK84—

2CW8—

2CZ11D—

2. 对实验箱或电路板上的各种二极管进行直观识别，识别后填入下表：

序号	该二极管外形	该二极管的型号	该二极管的材料（硅或锗）	该二极管在电路中的用途

3. 用指针式万用表检测“2”中的普通二极管的质量、电极及材料，并记录。

4. 用数字式万用表检测“2”中的普通二极管的质量、电极及材料，并记录。

5. 说出如何用万用表检测区分普通二极管和稳压二极管。

6. 用万用表检测发光二极管，并判别其好坏及正、负极性。

7. 识别所发数码管并检测其质量好坏。

任务五　三极管的识别与检测

能力标准

学完这一单元，你应获得以下能力：

- 熟悉三极管在电子线路中放大、开关、限幅等的作用；
- 掌握三极管的分类、型号及其标注识别；
- 能使用万用表对三极管进行检测。

任务描述

请以以下任务为指导，完成对相关理论知识学习和任务实施：

- 以各种实际三极管为例认识三极管的外形、分类及标注；
- 熟悉三极管的作用，能正确识别和检测不同种类的三极管。

相关知识

三极管的识别与检测

教学导入

晶体三极管是电子电路中的核心元件，它的主要功能是具有电流放大及开关作用。本单元将介绍晶体三极管的种类结构及命名规则、性能指标、识别检测方法及应用等。

理论知识

一、三极管的识别

晶体三极管也叫半导体三极管，简称晶体管或三极管，也是半导体器件中最基本的一种器件。它由两个 PN 结（发射结和集电结）、三根电极引线（基极、发射极和集电极）及外壳封装构成。晶体管除具有放大作用外，还具有电子开关、控制等作用，是电子电路与电子设备中广泛使用的基本元件。图 2-52 所示为常见的三极管。

三极管的结构示意图如图 2-53(a) 所示，它是由三层不同性质的半导体组合而成的。按半导体的组合方式不同，可将其分为 NPN 型管和 PNP 型管。

无论是 NPN 型管还是 PNP 型管，它们内部均含有三个区：发射区、基区、集电区，如图 2-53(a) 所示。这三个区的作用分别是：发射区是用来发射载流子的，基区是用来控制载流子的传输的，集电区是用来收集载流子的。从三个区各引出一个金属电极，分别称为发射极（e）、基极（b）和集电极（c）；同时在三个区的两个交界处分别形成两个 PN 结，发射区与基区之间形成的 PN 结称为发射结，集电区与基区之间形成的 PN 结称为集电结。三极管的电路符号如图 2-53(b) 所示，符号中的箭头方向表示发射结正向偏置时的电流方向。

1. 三极管的分类和主要特性参数

(1) 三极管的分类

三极管的种类很多，常见的有下列 6 种分类形式：

① 按其结构类型分为 NPN 管和 PNP 管；

② 按其制作材料分为硅管和锗管；

③ 按其工作频率分为高频管和低频管；

④ 按其功率大小分为大功率管、中功率管和小功率管；

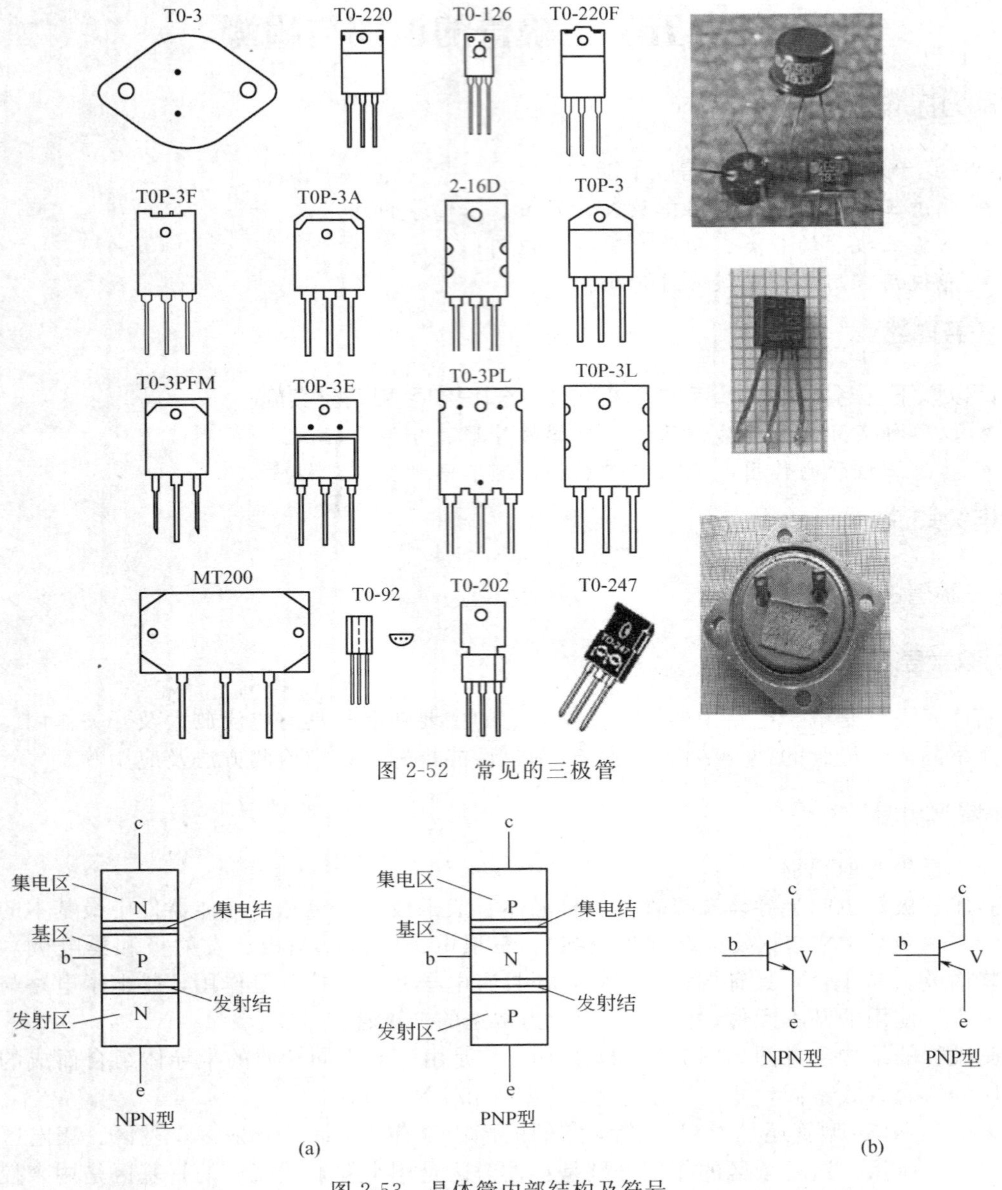

图 2-52 常见的三极管

图 2-53 晶体管内部结构及符号

⑤ 按其工作状态分为放大管和开关管。

⑥ 按外壳封装材料可分为：玻璃封装三极管、塑料封装三极管、金属封装三极管和陶瓷封装三极管等。

（2）三极管的主要参数

① 电流放大系数　三极管接成共射电路时，其电流放大系数用β表示。在选择三极管时，如果β值太小，则电流放大能力差；若β值太大，则会使工作稳定性差。低频管的β值一般选 20～100，而高频管的β值只要大于 10 即可。

② 反向饱和电流 I_{CBO}　I_{CBO}是指发射极开路，集电结在反向电压作用下，形成的反向饱和电流。因为该电流是由少子定向运动形成的，所以它受温度变化的影响很大。常温下，小功率硅管的 $I_{CBO}<1\mu A$，锗管的 I_{CBO}在 $10\mu A$ 左右。I_{CBO}的大小反映了三极管的热稳定

性，I_{CBO}越小，说明其稳定性越好。因此，在温度变化范围大的工作环境中，尽可能地选择硅管。

③ 穿透电流 I_{CEO}　I_{CEO}是指基极开路，集电极-发射极间加上一定数值的反偏电压时，流过集电极和发射极之间的电流。它与 I_{CEO}的关系为 $I_{CEO}=(1+\beta)I_{CBO}$。

I_{CEO}也受温度影响很大，温度升高，I_{CBO}增大，I_{CEO}增大。穿透电流 I_{CEO}的大小是衡量三极管质量的重要参数，硅管的 I_{CEO}比锗管的小。

④ 集电极最大允许电流 I_{CM}　当集电极电流太大时，三极管的电流放大系数 β 值下降。我们把 i_C 增大到使 β 值下降到正常值的 2/3 时所对应的集电极电流，称为集电极最大允许电流 I_{CM}。为了保证三极管的正常工作，在实际使用中，流过集电极的电流 i_C 必须满足 $i_C<I_{CM}$。反向击穿电压 U_B：二极管反向电流急剧增大到出现击穿现象时的反向电压值。

⑤ 集电极-发射极间的击穿电压 $U_{(BR)CEO}$

$U_{(BR)CEO}$是指当基极开路时，集电极与发射极之间的反向击穿电压。当温度上升时，击穿电压 $U_{(BR)CEO}$要下降，故在实际使用中，必须满足 $u_{CE}<U_{(BR)CEO}$。

⑥ 集电极最大耗散功率 P_{CM}　集电极最大耗散功率是指三极管正常工作时最大允许消耗的功率。三极管消耗的功率 $P_C=U_{CE}I_C$ 转化为热能损耗于管内，并主要表现为温度升高。所以，当三极管消耗的功率超过 P_{CM} 值时，其发热量将使管子性能变差，甚至烧坏管子。因此，在使用三极管时，P_C 必须小于 P_{CM}才能保证管子正常工作。

2. 三极管的型号命名

国产三极管的型号命名分为五个部分，各部分的含义见表 2-11。

第一部分用数字“3”表示主称为三极管。

第二部分用字母表示三极管的材料与极性。

第三部分用字母表示三极管的类别。

第四部分用数字表示同一类型产品的序号。

第五部分用字母表示三极管的规格号。

表 2-11　国产三极管的型号命名

第一部分：主称		第二部分：三极管的材料和特性		第三部分：类别		第四部分：序号	第五部分：规格号
数字	含义	字母	含义	字母	含义		
3	三极管	A	锗材料、PNP 型	G	高频小功率管	用数字表示同一类型产品的序号	用字母 A 或 B、C、D……表示同一型号的器件的档次等
				X	低频小功率管		
		B	锗材料、NPN 型	A	高频大功率管		
				D	低频大功率管		
		C	硅材料、PNP 型	T	闸流管		
				K	开关管		
		D	硅材料、NPN 型	V	微波管		
				B	雪崩管		
		E	化合物材料	J	阶跃恢复管		
				U	光敏管(光电管)		
				J	结型场效应晶体管		

例如，3AX 为 PNP 型低频小功率锗管，3BX 为 NPN 型低频小功率锗管，3CG 为 PNP

型高频小功率硅管，3DG 为 NPN 型高频小功率硅管。

此外，还有国际流行的 9011～9018 系列高频小功率管，除了 9012 和 9015 为 PNP 型外，其余均为 NPN 型。

3. 三极管各电极的识别

实际中，半导体三极管引脚排列的方式因其封装形式的不同而不同。一般而言，三极管引脚的分布还是有一定的规律，可以通过引脚分布特征直接分辨三极管的 3 个引脚。表 2-12 是部分晶体管排列举例。

表 2-12　部分晶体管排列举例

封装形式	外　形	引脚排列位置	分布特征说明
塑料封装	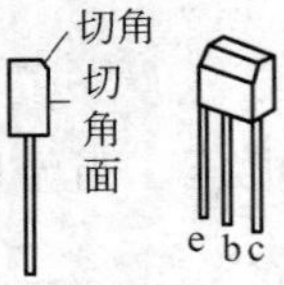 切角 切角面 e b c	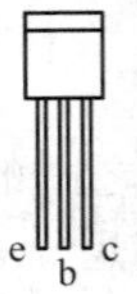 e b c	面对切面脚，引出线向下，从左至右依次为发射极 e、基极 b、集电极 c
	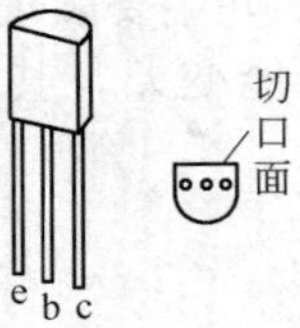 切口面 e b c	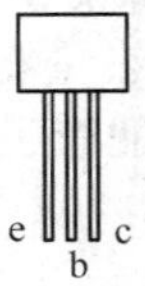 e b c	平面朝向自己，引出线向下，从左至右依次为发射极 e、基极 b、集电极 c
	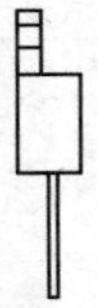	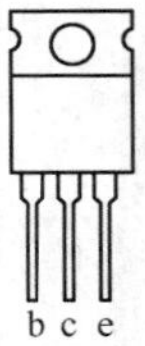 b c e	面对管子正面(型号打印面)，散热片为管背面，引出线向下，从左至右依次为 b、c、e
金属封装	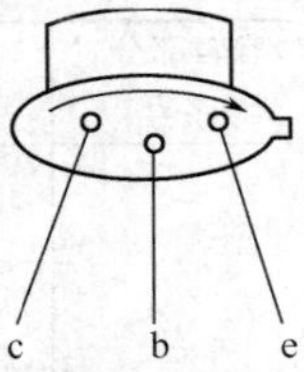 c b e	 b e c 定位销	面对管底，由定位标志起，按顺时针方向，引脚依次为 e、b、c
	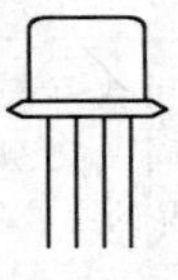	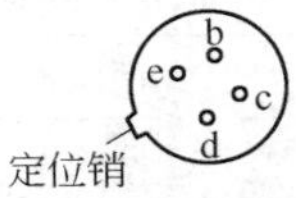 b e c d 定位销	面对管底，由定位标志起，按顺时针方向，引脚依次为 e、b、c、接地线 d，其中 d 与金属外壳相连，起屏蔽作用
	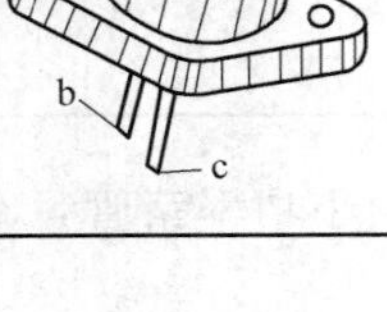 e b c	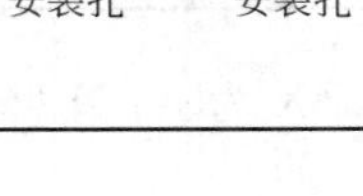 e b 安装孔　安装孔	面对管底，使引脚均位于左侧，下面的引脚是 b、上面的引脚为 e，管壳为 c，管壳上两个安装孔用来固定晶体管

① 由于晶体管管脚排列有很多形式，使用者若不知其管脚排列时，应查阅产品手册或相关资料，不可主观臆断，更不可凭经验。

② 安装晶体管时一定要先检测一下晶体管的三个电极，避免装错返工

二、三极管的检测

用万用表的电阻挡判测三极管的基极就是测PN结的单向导电性。由三极管的结构知道，NPN型三极管的基极是接在内部P区，而发射极和集电极则接在内部的N区。PNP型管则是基极接在N区，发射极和集电极接在P区。

（1）基极的判别

对于1W以下的小功率管，选用万用表的$R\times100$或$R\times1k$挡，对于测量1W以上的大功率管，则选用$R\times1$或$R\times10$挡。

首先，仍选一管脚假设其为基极，将万用表的黑表笔接触此脚，再将万用表的红表笔分别接触另外两管脚，若两次测得电阻值都小，再交换表笔，即红表笔接所设基极，而用黑表笔分别接触其余两管脚，两次测得阻值都大，则所设基极是基极，如图2-54所示。若在上面两次测试中有一次阻值“一大一小”，则所设电极就不是基极，需再另选一电极并设为基极继续进行测试，直至判出基极为止。

测出基极的同时，还判别出管型。若用万用表的黑表笔接触基极，再用万用表的红表笔分别接触另外两脚，若两次测得电阻值小（或红表笔接基极，而用黑表笔分别接触其余两管脚，两次测得电阻值大），则管子是NPN型；若用万用表的黑表笔接触基极，再用万用表的红表笔分别接触另外两脚，若两次测得电阻值大（或红表笔接基极，而用黑表笔分别接触其余两管脚，两次测得电阻值小），则所测管子为PNP型。

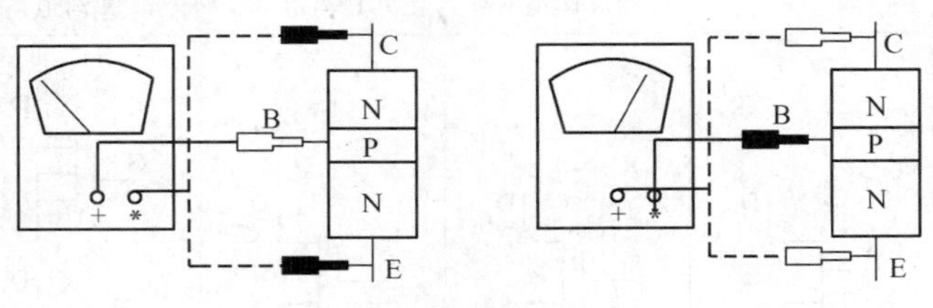

图2-54　基极的判别

（2）判别三极管的集电极和发射极

判别三极管的集电极和发射极的方法较多，这里介绍测放大倍数的方法，判测集电极和发射极。

以NPN型管为例，在已判出了基极和管型的情况下，假设余下两管脚中一脚为集电极，将万用的黑表笔接所设集电极，红表笔接另一脚。然后，在所设集电极和基极之间加上一人体电阻（如用握三极管手的一个指头，蘸上一点水将指头润湿，然后用指头接触C、B），如图2-55所示。这时注意观察表针的偏转情况，记住表针偏转的位置。交换表笔，设管脚中另一脚为集电极，仍在所设集电极和基极之间加上人体电阻，观察表针的偏转位置。两次假设中，指针偏转大的一次黑表笔所接电极是集电极，另一脚是发射极。

对于PNP型三极管，黑表笔接所设发射极，仍在基极和集电极之间加人体电阻，观察指针的偏转大小，指针偏转大的一次黑表笔接的是发射极。

对于一只三极管，在集电极和基极之间加上人体电阻时，指针偏转角度越大，可以粗略地说明三极管的电流放大倍数越大。指针偏转角度越小，电流放大倍数也就越小。

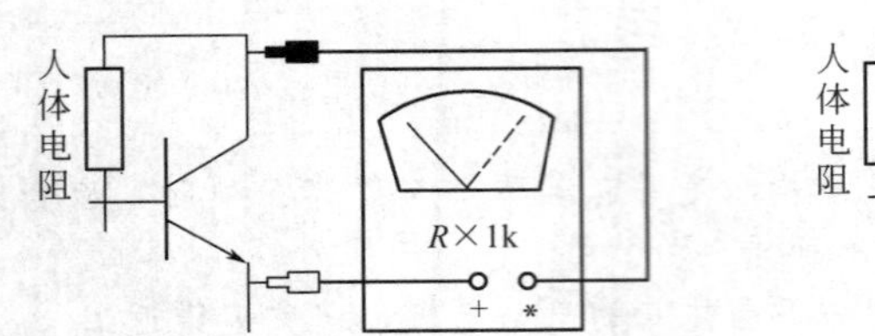

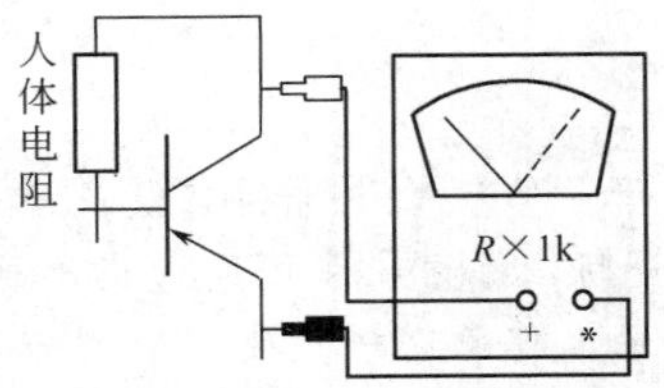

图 2-55　集电极和发射极的判别

三、场效应管的识别与检测

场效应管与晶体三极管一样具有三个电极，分别为 D（漏极）、S（源极）、G（栅极），在 G、S 和 G、D 极间分别形成两个 PN 结。由于场效应管具有很高的输入电阻（达数百兆欧，MOS 管比结型管还要高出几个数量级，达到 $10^{12}\Omega$），一般作电压控制器件。在高频、中频、低频、直流、混频、开关、阻抗变换等电路中都有广泛应用。

1. 场效应管的分类

场效应管分两类：一类是结型场效应管（JFET 管），另一类是绝缘栅场效应管（MOS 管）。MOS 管又有“耗尽型”与“增强型”之分。即栅、源之间的电压（U_{GS}）为零时，源、漏之间就存在导电的沟道，称为“耗尽型”。若在 $|U_{GS}|>0$ 时才存在导电沟道的，称为“增强型”。

场效应管其沟道（电流通道）为 N 型半导体（栅极必为 P 型）材料的，称“N 沟道场效应管”。反之，则为“P 沟道场效应管”。常见场效应管分类与电路符号如表 2-13 所示。

表 2-13　常见场效应管分类与电路符号

类别	结型场效应管		绝缘栅场效应管			
			耗尽型		增强型	
	N 沟道	P 沟道	N 沟道	P 沟道	N 沟道	P 沟道
电路符号	G D S	G D S	G D S	G D S	G D S G1 G2 D S 双极	G D S G1 G2 D S 双极
举例说明	3DJ1～3DJ9	FJ451 3CJ1～3CJ9	3D01～3D04		3D06 4D06	3C02 4C02

2. 场效应管的命名方法

① 第一种命名方法与双极型三极管相同：

第一位字母代表电极个数，用 3 表示；

第二位字母代表材料，D 是 P 型硅 N 沟道，C 是 N 型硅 P 沟道；

第三位字母 J 代表结型场效应管，O 代表绝缘栅场效应管。

例如，3DJ6D 是结型 N 沟道场效应三极管，3DO6C 是绝缘栅型 N 沟道场效应三极管。

② 第二种命名方法是 CS××＃：

CS 代表场效应管，××以数字代表型号的序号，＃用字母代表同一型号中的不同规格。

例如 CS14A、CS45G 等。

3. 常用场效应管

(1) 小功率场效应管

小功率场效应管具有输入阻抗极高、驱动电流小、噪声低等特点，适用于前置电压放大、阻抗变换电路、振荡电路及高速开关电路。常见的小功率场效应管如图 2-56 所示。

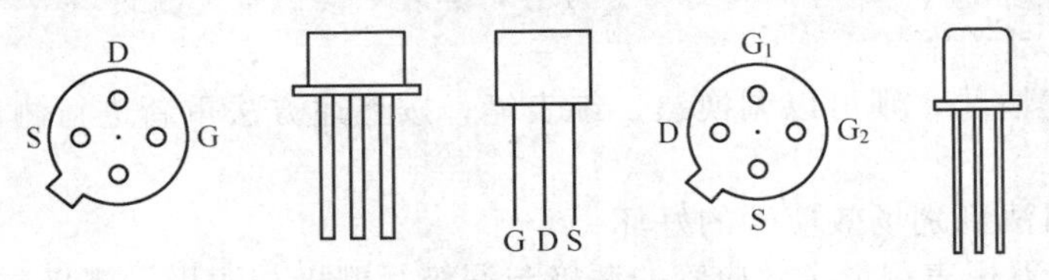

图 2-56　小功率场效应管

(2) 双栅场效应管

双栅场效应管有一个源极、一个漏极和两个栅极，其中两个栅极是相互独立的，使得它可以用来作高频放大器、混频器、解调器及增益控制放大器等。

4. 场效应管的使用常识

① 为保证场效应管安全可靠地工作，使用中不要超过器件的极限参数。

② 绝缘栅管保存时应将各电极引线短接，由于 MOS 管栅极具有极高的绝缘强度，因此栅极不允许开路，否则会感应出很高电压的静电，而将其击穿。

③ 焊接时应将电烙铁的外壳接地或切断电源趁热焊接。

④ 测试时仪表应良好接地，不允许有漏电现象。

⑤ 当场效应管使用在要求输入电阻较高的场合，还应采取防潮措施，以免它受潮气的影响使输入电阻大大降低。

⑥ 对于结型管，栅、源间的电压极性不能接反，否则 PN 结将正偏而不能正常工作，有时可能烧坏器件。

5. 场效应管的检测

(1) 用测电阻法判别结型场效应管的电极

根据场效应管的 PN 结正、反向电阻值不一样的现象，可以判别出结型场效应管的三个电极。

1) 方法一

① 选择万用表的欧姆挡。

② 万用表的量程一般选用 $R\times1k$ 挡。

③ 对万用表进行调零。

④ 任选两个电极，分别测出其正、反向电阻值。

当某两个电极的正、反向电阻值相等，且为几千欧姆时，则该两个电极分别是漏极 D 和源极 S。因为对结型场效应管而言，漏极和源极可互换，剩下的电极肯定是栅极 G。

2) 方法二

① 选择万用表的欧姆挡。

② 万用表的量程一般选用 $R\times1k$ 挡。

③ 对万用表进行调零。

④ 将万用表的黑表笔（红表笔也行）任意接触一个电极，另一支表笔依次去接触其余的两个电极，测其电阻值。

当出现两次测得的电阻值近似相等时，则黑表笔所接触的电极为栅极，其余两电极分别为漏极和源极。

若两次测出的电阻值均很大，说明是反向PN结，即都是反向电阻，可以判定是N沟道场效应管，且黑表笔接的是栅极；若两次测出的电阻值均很小，说明是正向PN结，即是正向电阻，判定为P沟道场效应管，黑表笔接的也是栅极。

若不出现上述情况，则可以调换黑、红表笔，按上述方法重新进行测试，直到判别出栅极为止。

（2）用测电阻法判别场效应管的好坏

测电阻法是用万用表测量场效应管的源极与漏极、栅极与源极、栅极与漏极、栅极G1与栅极G2之间的电阻值同场效应管手册标明的电阻值是否相符去判别管的好坏。具体步骤如下。

① 选择万用表的欧姆挡。

② 万用表的量程一般选用 $R\times10$ 或 $R\times100$ 挡。

③ 对万用表进行调零。

④ 将万用表的两个表笔接触源极和漏极，测量源极S与漏极D之间的电阻。

测出阻值通常在几十欧到几千欧范围（在手册中可知，各种不同型号的管，其电阻值是各不相同的）。

a. 如果测得阻值大于正常值，可能是由于内部接触不良；

b. 如果测得阻值是无穷大，可能是内部断极。

⑤ 然后把万用表置于 $R\times10\text{k}$ 挡，再测栅极G1与G2之间、栅极与源极、栅极与漏极之间的电阻值。

a. 若测得其各项电阻值均为无穷大，则说明管是正常的；

b. 若测得上述各阻值太小或为通路，则说明管是坏的。

四、晶闸管的识别与检测

晶闸管是一种以硅单晶为基本材料的P1N1P2N2四层三端器件。由于晶闸管最初应用于可控整流方面，所以又称为硅可控整流元件，简称为可控硅SCR。其外形如图2-57所示。

晶闸管因其导通压降小，功率大，易于控制，耐用，所以常用于各种整流电路、调压电路和大功率自动化控制电路上。

晶闸管有单向和双向之分：单向晶闸管只能导通直流，且G极需加正向脉冲时导通，若需要其截止，则必须接地或加负脉冲；双向晶闸管可导通交流和直流，只要在G极加入相应的控制电压即可。

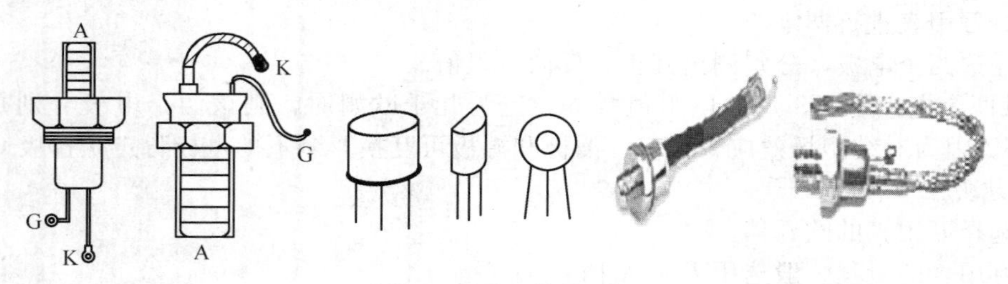

图2-57　晶闸管外形图

1. 晶闸管的分类

① 按关断、导通及控制方式可分为：普通晶闸管、双向晶闸管、逆导晶闸管、门极关断晶闸管（GTO）、BTG晶闸管、温控晶闸管和光控晶闸管等多种。

② 按引脚和极性可分为：二极晶闸管、三极晶闸管和四极晶闸管。

③ 按封装形式可分为：金属封装晶闸管、塑封晶闸管和陶瓷封装晶闸管三种类型。

④ 按电流容量可分为：大功率晶闸管、中功率晶闸管和小功率晶闸管。

⑤ 按关断速度：可分为普通晶闸管和高频（快速）晶闸管。

2. 国产晶闸管的型号命名方法

国产晶闸管的型号命名（JB1144-75 部颁发标准）主要由四部分组成，各部分的含义如下。

① 第一部分用字母“K”表示主称为晶闸管。

② 第二部分用字母表示晶闸管的类别。

③ 第三部分用数字表示晶闸管的额定通态电流值。

④ 第四部分用数字表示重复峰值电压级数。

3. 常用晶闸管

（1）单向晶体管

单向晶闸管是由三个 PN 结四层结构硅芯片和三个电极组成的半导体器件，如图 2-58 所示。

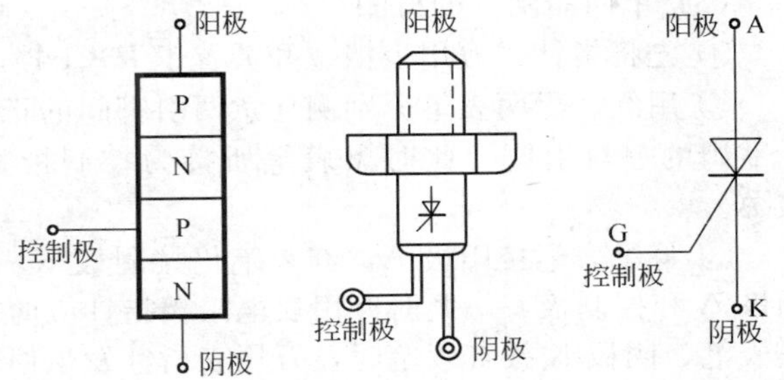

图 2-58　单向晶闸管结构及电路符号

晶闸管的三个电极分别为阳极（A）、阴极（K）和控制极（G）。当器件的阳极接负电位（相对阴极而言）时，PN 结处于反向，具有类似二极管的反向特性。当器件的阳极上加正电位时（若控制极不接任何电位），在一定的电压范围内，器件仍处于阻抗很高的关闭状态。但当正电压大于转折电压时，器件迅速转变到低阻导通状态。导通后撤去阳极电压，晶闸管仍导通，只有使器件中的电流减到低于某个数值或阴极与阳极之间的电压减小到零或负值时，器件才可恢复为关闭。

单向晶闸管的特点：只要控制极通过毫安级的电流就可以触发器件导通。器件中可以通过较大电流。利用这种特性可用于整流、开关、变频、调速、调温等自动控制电路中。

（2）双向晶闸管

双向晶闸管是由 N-P-N-P-N 五层半导体材料制成的，对外也有三个电极，如图 2-59 所示。

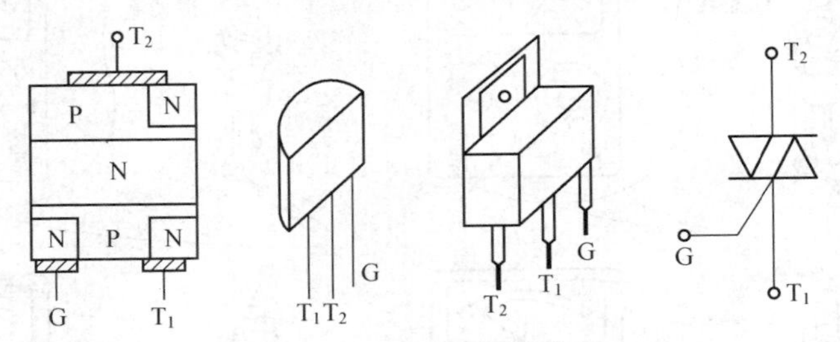

图 2-59　双向晶闸管结构及符号

双向晶闸管与单向晶闸管一样，也具有触发控制特性。不过，它的触发控制特性与单向晶闸管有很大的不同，即无论在阳极或阴极间接入何种极性的电压，只要在其控制极上加一个触发脉冲，也不管这个脉冲是什么极性的，都可以使双向晶闸管导通。

由于双向晶闸管在阳极、阴极间接任何极性的工作电压都可以实现触发控制，因此双向晶闸管的主电极也就没有阳极、阴极之分，通常把这两个主电极称为 T_1 电极和 T_2 电极，将接在 P 型半导体材料上的主电极称为 T_1 电极，将接在 N 型半导体材料上的电极称为 T_2 电极。

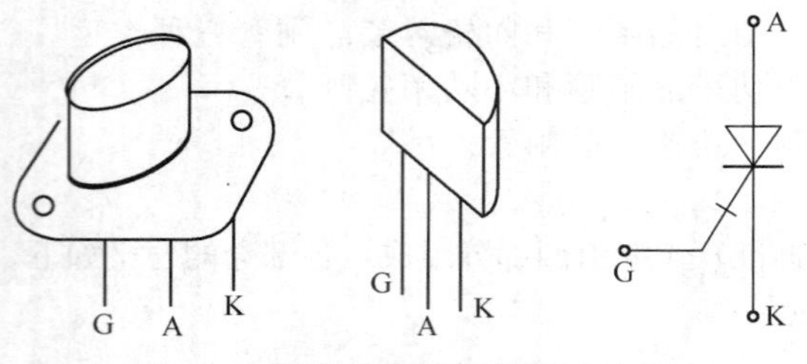

图 2-60 可关断晶闸管外形及符号

(3) 可关断晶闸管

可关断晶闸管也属于 PNPN 四层三端结构，其等效电路与普通晶闸管相同，如图 2-60 所示。

可关断晶闸管又称门控晶闸管。一般晶闸管在触发信号下一旦导通，去掉触发信号后，晶闸管仍会维持导通状态。而可关断晶闸管的特点是：当门极加负触发信号时，晶闸管能自动关断，它不仅保持了晶闸管控制大电流的闸流能力，又具有可控关断的能力，为其应用提供了更为方便、更宽的范围。目前，在电力控制柜上采用的大功率可关断晶闸管的电流容量已达 3000A/4500V 以上。

4. 晶闸管的检测

(1) 单向晶闸管的检测

① 先将指针式万用表挡位开关置于 $R\times1$ 挡，进行欧姆调零。

② 用红、黑两表笔分别测任意两引脚间的正反向电阻，如图 2-61 所示。找出读数为数十欧姆的一对引脚，此时黑表笔所接为控制极 G，红表笔所接为阴极 K，另一空脚为阳极 A。

③ 将黑表笔接阳极 A，红表笔仍接阴极 K，此时万用表指针应不动。用短线瞬间短接阳极 A 和控制极 G，此时万用表电阻挡指针应向右偏转，读数为 10Ω 左右。若当阳极 A 接黑表笔、阴极 K 接红表笔时，万用表指针发生偏转，则说明该单向晶闸管已击穿损坏。

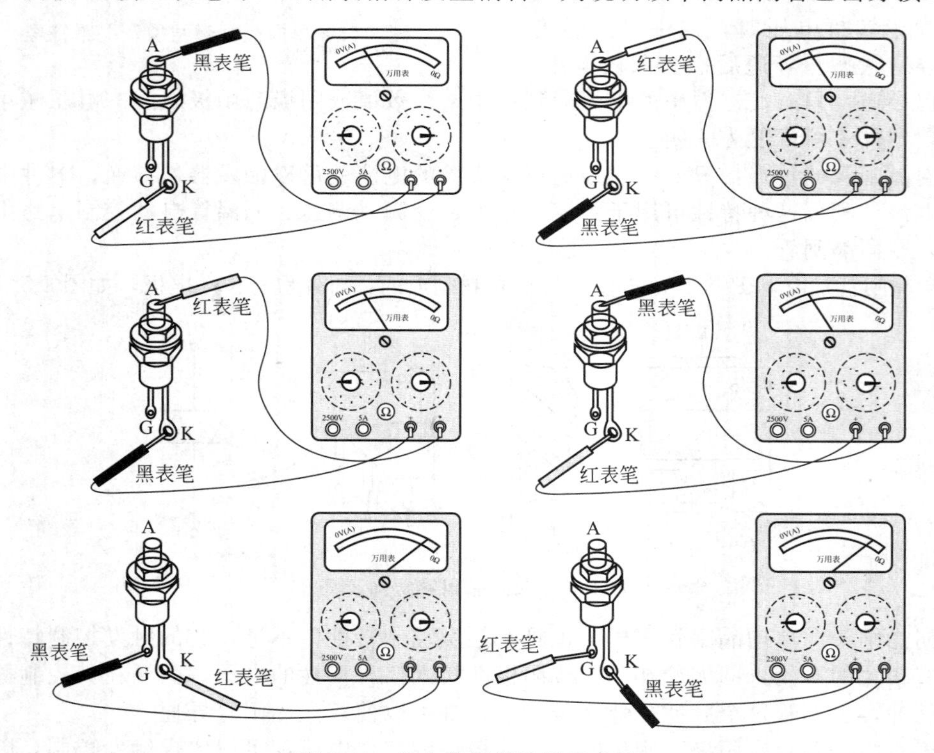

图 2-61 单向晶闸管检测示意图

(2) 双向晶闸管的检测

① 将指针式万用表挡位开关置于 $R\times1$ 挡，进行欧姆调零。

② 用红、黑两表笔分别测任意两引脚间的正反向电阻，其中两组读数为无穷大。若一组读数为数十欧姆，则该组红、黑表笔所接的两引脚为第一阳极 T_1 和控制极 G，另一空脚即为第二阳极 T_2。如图 2-62 所示。

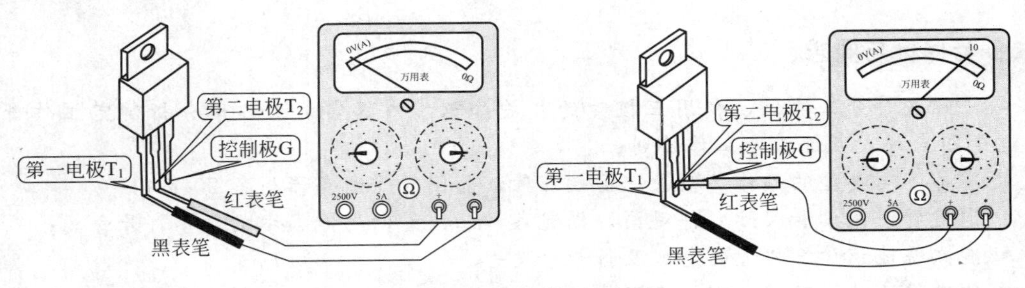

图 2-62　双向晶闸管检测示意图（一）

③ 测量 T_1、G 极间的正反向电阻，读数相对较小的那次测量的黑表笔所接引脚为第一阳极 T_1，红表笔所接引脚为控制极 G。

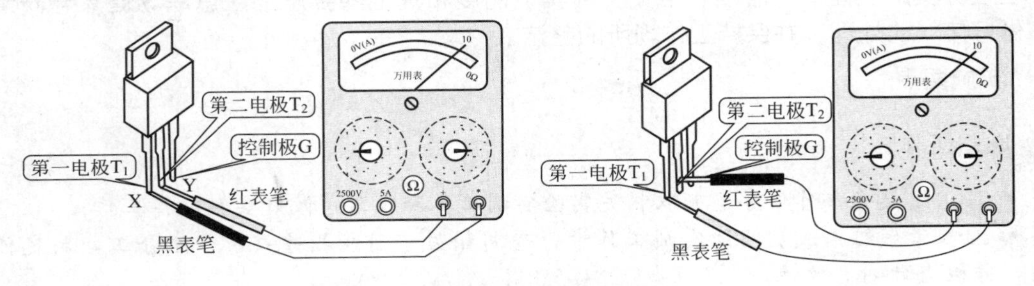

图 2-63　双向晶闸管检测示意图（二）

④ 将黑表笔接第二阳极 T_2，红表笔接第一阳极 T_1，此时万用表指针不应发生偏转，阻值为无穷大。再用短接线将 T_2、G 极间瞬间短接，给 G 极加上正向触发电压，T_2、T_1 间阻值约 10Ω 左右，随后断开 T_2、G 极间的短接线，万用表读数应保持为 10Ω 左右，如图 2-63 所示。

⑤ 互换红、黑表笔，红表笔接第二阳极 T_2，黑表笔接第一阳极 T_1，同样万用表指针不应发生偏转，阻值为无穷大。用短接线将 T_2、G 极间再次瞬间短接，给 G 极加上负的触发电压，T_1、T_2 间的阻值也是 10Ω 左右。随后断开 T_2、G 极间的短接线，万用表读数应保持为 10Ω 左右，如图 2-64 所示。

若符合以上规律，则说明被测双向晶闸管未损坏且三个引脚极性判断正确。

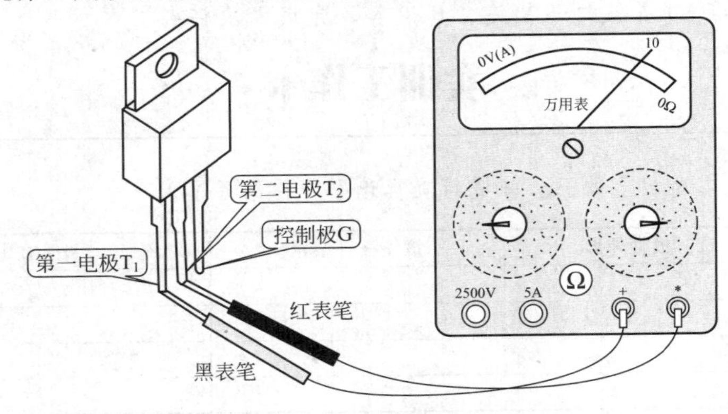

图 2-64　双向晶闸管检测示意图（三）

任务实施

实施要求

任务目标与要求

- 小组成员分工协作，利用三极管的相关知识，依据实训工作卡分析制定工作计划，并通过小组自评或互评检查工作计划；
- 准备不同类型的晶体三极管、场效应管、晶闸管等配套器材各20套；
- 通过资料阅读和实际器件观察，描述各种三极管的功能、参数及各符号含义；
- 能熟练地识读三极管的电极及符号含义；
- 能熟练地使用万用表测试三极管。

注意事项

在任务实施过程中严格遵守相关实验实训制度和规范的要求，注意职场健康与安全需求，做好废料的处理，并保持工作场所的整洁。

实施要点

准备工作

- 每小组接受工作任务，领取相关实验实训工具和仪器，做好实施准备工作；
- 组长带领组内成员阅读实训工作卡，查阅相关手册或指导书，合理分工，制定任务计划，并检查计划有效性。

实施步骤

- 依照实训工作卡的引导，观察认识，同时相互描述三极管的相关内容，并填写实训工作卡；
- 依照实训工作卡的引导，对各种三极管进行测量，并填写实训工作卡。

评估总结

- 回答指导教师提问并接受指导教师相关考核；
- 完成工作任务，对本次任务完成过程及效果进行自我评价和小组互评，完成实训工作卡填写；
- 清洁工作场所，清点归还相关工具设备，完成本次任务。

实训工作卡

1. 对实验箱或电路板上的三极管进行直观识别，将结果填入下表：

序号	该三极管外形	该三极管型号	该三极管在电路中的用途

2. 根据给出的晶体管型号，查阅资料并按表中要求填写。

型号	管型	材料	额定功率	最大集电极电流	管脚排列图特点	图形符号
3AD5						
3DG8						
S9013						
3CG22						
S9015						

3. 给出晶体管 9011、9012 和 3DG12 各 1 只，先判别晶体管的管型和管脚，画出管脚位置图及电路符号图，用万用表测试其管型、管脚、质量好坏及 β 值。

4. 用万用表 $R\times1\text{k}$ 挡分别测量晶闸管 BT151 的 A-K、A-G 正反向电阻；用 $R\times10$ 挡测量 G-K 间正反向电阻并记录；自己设计电路进行晶闸管导通和关断条件测试。

任务六　其他器件的识别与检测

能力标准

学完这一单元，　你应获得以下能力：

- 熟悉传声器及扬声器的作用；
- 掌握继电器分类、型号及其标注识别；
- 能使用万用表对电声器件及继电器进行检测。

任务描述

请以以下任务为指导，　完成对相关理论知识学习和任务实施：

- 以各种实际继电器为例认识继电器的外形、分类及标注；
- 熟悉电声器件的作用，能正确识别和检测不同种类的电声器件。

相关知识

其他器件的识别与检测

教学导入

电声器件、继电器、开关及各种接插件也是电子电路的重要组成部分。本单元将简单介绍其他常用器件的识别与检测。

理论知识

一、电声器件的识别与检测

电声器件是指电和声相互转换的器件，它是利用电磁感应、静电感应或压电效应等来完成电声转换的。常见的电声器件有传声器、扬声器、耳塞、蜂鸣器等。

1. 传声器

传声器是一种将声音信号转变为相应电信号的换能器，又称话筒、麦克风、送话器等，常见的传声器有动圈式话筒、驻极体话筒和压电陶瓷片等。

(1) 传声器的外形

常见传声器实物与电路符号如图 2-65 所示。

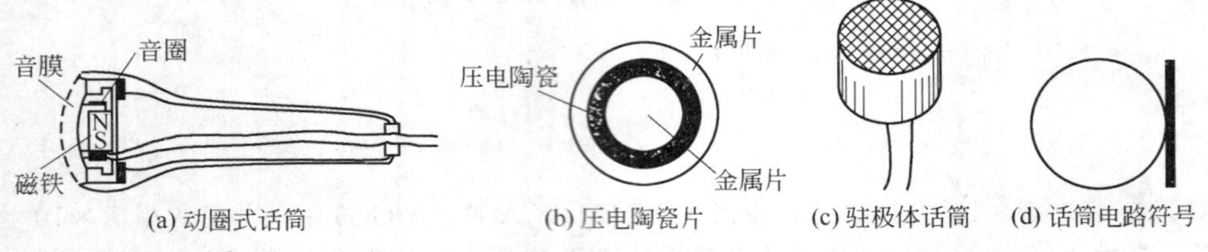

图 2-65 常见传声器实物与电路符号图

(2) 传声器的结构特点

1) 动圈话筒

① 动圈话筒的应用　由于频响特性好，噪声和失真都较小，是一种在录音、演讲、娱乐中广泛使用的传声器。

② 动圈话筒的结构　圆形的振动膜片外缘固定在送话器外壳上，振动膜片的中间粘连着一个线圈，线圈处于永久磁铁与极靴的间隙中，当膜片振动时，带动线圈沿磁铁轴向来回振动。其中线圈大多是无骨架的，用很细的漆包线自粘而成。漆包线是一层一层紧凑地排线，绕制的精度极高，线圈阻抗通常为 200～300Ω。动圈式话筒的结构如图 2-66 所示。

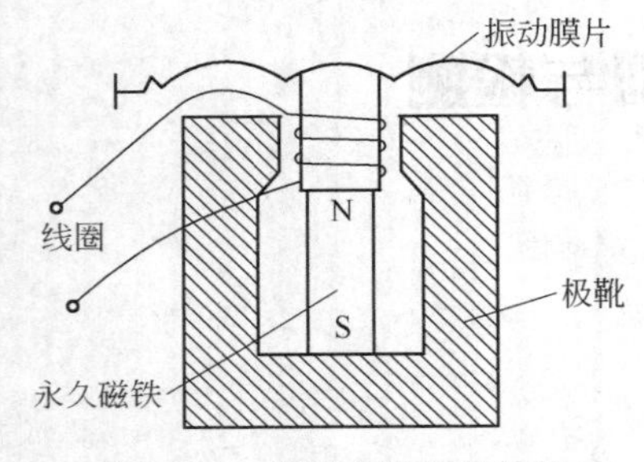

图 2-66　动圈式话筒的结构

2) 驻极体话筒

① 驻极体话筒的应用　具有体积小、结构简单、电声性能好、价格低的特点，广泛用于盒式录音机、无线话筒及声控等电路中。

② 驻极体话筒的结构　由声电转换和阻抗变换两部分组成。它的内部结构如图 2-67 所示。

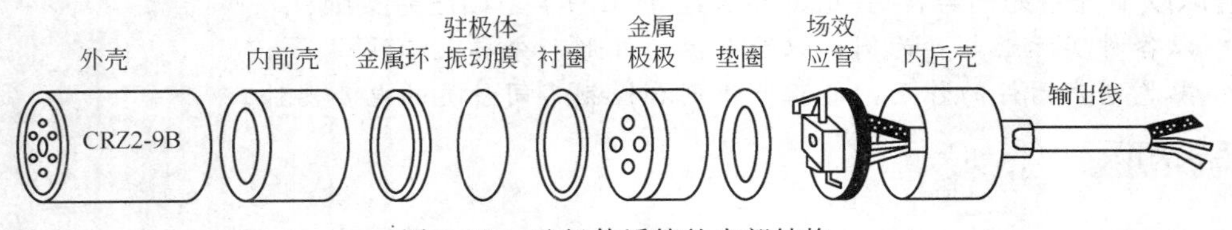

图 2-67　驻极体话筒的内部结构

声电转换的关键元件是驻极体振动膜。它是一片极薄的塑料膜片，在其中一面蒸发上一层纯金薄膜。然后再经过高压电场驻极后，两面分别驻有异性电荷。膜片的蒸金面向外，与金属外壳相连通。膜片的另一面与金属极板之间用薄的绝缘衬圈隔离开。这样，蒸金膜与金属极板之间就形成一个电容。当驻极体膜片遇到声波振动时，引起电容两端的电场发生变化，从而产生了随声波变化而变化的交变电压。

阻抗变换是通过在话筒内接入一只结型场效应管来进行的。因为驻极体膜片与金属极板之间的电容量比较小，一般为几十皮法，因而它的输出阻抗值很高，约几十兆欧以上。这样高的阻抗是不能直接与音频放大器相匹配的。

③ 驻极体话筒的引极　驻极体话筒有 2 个引极的，也有 3 个引极的，其引极对应如图 2-68 所示。

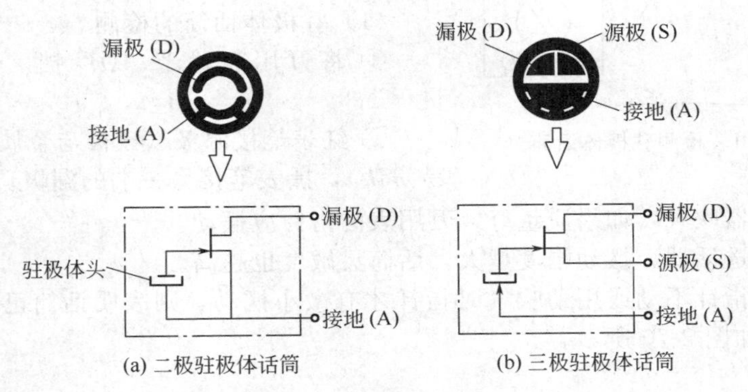

(a) 二极驻极体话筒　(b) 三极驻极体话筒

图 2-68　驻极体话筒引极图

2. 扬声器

扬声器是一种利用电磁感应、静电感应、压电效应等，将电信号转变为相应声音信号的换能器，又称喇叭、受话器等。常见的扬声器有气动式、压电式、电磁式和电动式等几种。

(1) 常见扬声器实物与电路符号

常见扬声器实物与电路符号如图 2-69 所示。

(2) 常见扬声器的结构特点

1) 气动式扬声器　它的频响单一，结构简单，在某些汽车或船舶上有使用这种扬声器。

2) 压电式扬声器　也称为蜂鸣器，它是由两块圆形金属片及之间的压电陶瓷片构成。当压电陶瓷片两边有声音时，两片金属片在压电陶瓷作用下，会产生音频电压。反过来，当在两片金属片之间加入音频电压时，压电陶瓷片又能发出声音。由于压电陶瓷片体积小，且频响较窄，偏向高频，作传声器使用时常用于各种声控电路，作扬声器使用时常用于电话、门铃、报警器电路中的发声器件，也有用作收录机工作高频扬声器的。

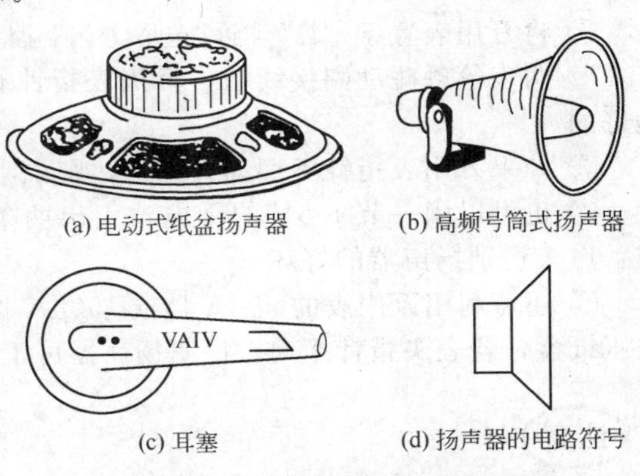

(a) 电动式纸盆扬声器　(b) 高频号筒式扬声器

(c) 耳塞　(d) 扬声器的电路符号

图 2-69　常见扬声器实物与电路符号图

3) 电磁式扬声器　由于其频响较窄，现在的使用率已很低。

4) 电动式扬声器　它的频响宽，结构简单，经济，是使用最广泛的一种扬声器。电动式扬声器又分为号筒式、组合式、纸盆式（有些扬声器已用其他材料代替了纸盆，如化纤等）等。

① 号筒式扬声器　它的电声转换率高，但低频响应差，常在大型语言广播中使用，也用于制作高性能高频扬声器。由于其功率大，常与大功率低频扬声器组合成大功率的音箱。

② 组合式扬声器　由于单个扬声器实现全频段（20Hz～20kHz）发音较为困难，从而出现了组合式扬声器，即在一个低频扬声器的上方再固定一个高频扬声器，实现全频段发音。组合式扬声器还有另一种结构形式，叫同轴型扬声器，它在高、低频都有极佳表现，相位失真小，是一种真正全频段扬声器，常在较高档音箱中使用。

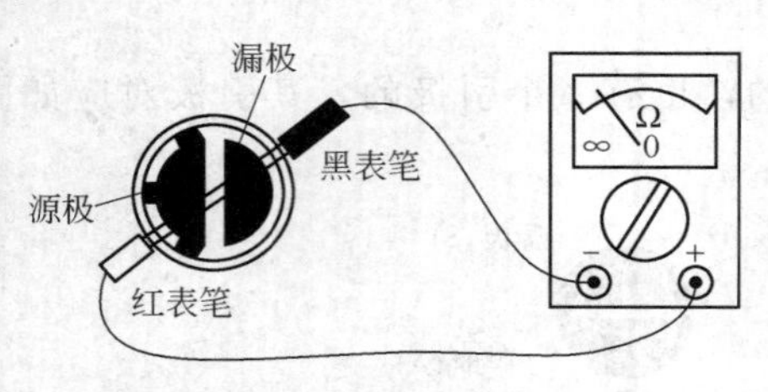

图 2-70　万用表检测驻极体话筒

③ 纸盆式扬声器　纸盆式扬声器是电动扬声器的代表，用途最为广泛。

3. 电声器件的检测

（1）驻极体话筒的检测

① 将万用表置于“Ω”挡，选取 $R\times100$ 挡量程。

② 红表笔接源极（该极与金属外壳相连，很容易辨认），黑表笔接另一端的漏极。

③ 对着送话器吹气，如果质量好，万用表的指针应摆动。

④ 比较同类送话器，摆动幅度越大，话筒灵敏度也越高。

⑤ 在吹气时指针不动或用劲吹气时指针才有微小摆动，则表明话筒已经失效或灵敏度很低。具体操作如图 2-70 所示。

如测试的是三端引线的驻极体话筒，只要先将源极与接地端焊接在一起，然后可按上述同样的方法进行测试。

（2）扬声器的检测

① 将万用表置于“Ω”挡，选取 $R\times1$ 挡量程。

② 两表笔触碰动圈接线柱，万用表指针有指示而且发出“喀喀”的声音，则表示动圈是好的。

③ 如果万用表指针不摆动又无声，则说明动圈已断线。

④ 也可以用一节 1.5V 的干电池引出两条线头触碰一下动圈接线柱，同样从有无“喀喀”声来辨别扬声器的好坏。

⑤ 还可利用万用表的 50μA 挡或 100μA 挡，将两表笔并于扬声器的接线极片上，迅速按压纸盆，若表头指针摆动，说明扬声器可正常工作。

对于灵敏度低或声音失真等性能变差的扬声器只能用专用设备检测。

（3）压电式扬声器的检查

① 将万用表置于“Ω”挡，选取 $R\times10\text{k}$ 挡量程。

② 先将一支表笔接在器件的一端，用另一表笔快速触碰另一端，同时注意观察表针的摆动。

③ 正常情况下，在表笔刚接通瞬间指针应有小的摆动，然后返回到∞，如果需要多次观察充放电情况，每次测试都应改换一下表笔极性。

④ 如没有以上充放电现象，表明内部有断路障碍；如万用表指针摆动后不复原，则是

内部有短路障碍或被高压击穿。

⑤ 也可将音频信号发生器的输出信号直接加到扬声器的两端上进行试听，好的压电式扬声器应能听到清晰的音频声音，如无声音、声音小或发哑则表明损坏。

二、继电器的识别与检测

继电器是一种电子控制器件，具有控制系统（又称输入回路）和被控制系统（又称输出回路），通常应用于自动控制电路中。继电器实际上是用较小的电流去控制较大电流的一种“自动开关”，故在电路中起着自动调节、安全保护、转换电路等作用。常用继电器如图2-71所示。

图 2-71 常用继电器

1. 继电器的分类

一般把继电器分为直流电磁继电器、交流电磁继电器、舌簧继电器、时间继电器和固态继电器五种。

① 按照用途来分 有启动继电器、中间继电器、步进继电器、过载继电器、限时继电器以及温度继电器等。

② 按照功率来分 将功率在 25W 以下的继电器称为小功率继电器，把功率在 25～100W 之间的继电器称为中功率继电器，功率在 100W 以上的继电器则称为大功率继电器。

③ 按继电器动作的时间来分 把动作时间小于 50ms 的继电器称为快速继电器，动作时间在 50ms～1s 之间的继电器称为标准继电器，动作时间大于 1s 的继电器称为延时继电器。

2. 继电器的型号命名方法

一般国产继电器的型号命名由四部分组成。

① 第一部分用字母表示继电器的主称类型。

JR——小功率继电器；

JZ——中功率继电器；

JQ——大功率继电器；

JC——磁电式继电器；

JU——热继电器或温度继电器；

JT——特种继电器；

JM——脉冲继电器；

JS——时间继电器；

JAG——干簧式继电器。

② 第二部分用字母表示继电器的形状特征。

W——微型；

X——小型；

C——超小型。

③ 第三部分用数字表示产品序号。

④ 第四部分用字母表示防护特征。

F——封闭式；

M——密封式。

例如：JRX-13F 表示封闭式小功率小型继电器。其中，JR 表示小功率继电器；X 表示小型；13 表示序号；F 表示封闭式。

3. 继电器的检测

(1) 测量触点电阻

用万用表的电阻挡，测量常闭触点与动点电阻，其阻值应为 0；而常开触点与动点的阻值为无穷大。由此可以区别出哪组是常闭触点，哪组是常开触点。

(2) 测量线圈电阻

可用万用表的 $R\times10$ 挡测量继电器线圈的阻值，从而判断该线圈是否存在开路现象。

(3) 测量吸合电压和吸合电流

用可调稳压电源和电流表，给继电器输入一组电压，且在供电回路中串入电流表进行监测。慢慢调高电源电压，听到继电器的吸合声时，记下该吸合电压和吸合电流。为了准确，可以多试几次而求平均值。

(4) 测量释放电压和释放电流

像上述测量吸合电压和吸合电流那样连接测试，当继电器发生吸合后，再逐渐降低供电电压，当听到继电器再次发生释放声音时，记下此时的电压和电流，即释放电压和释放电流，亦可多做几次取得平均的释放电压和释放电流。一般情况下，继电器的释放电压约为吸合电压的 10%～50%。如果释放电压太小（小于 1/10 的吸合电压），则继电器不能正常使用。

三、开关的识别与检测

1. 开关的种类及外形

开关在电路或电气设备中是不可缺少的重要元件之一，它一般由活动触头、静止触头、手柄及外壳等几部分组成。开关的“极”（习惯称“刀”）是开关的活动触头，开关的“位”（习惯称“掷”）是开关的静止触头。

开关分为两类：一类为通断型开关，即触头原来呈闭合状态，一旦动作，其触头变为断开状态；另一类为闭合型开关，即触头本身呈断开状态，一旦动作，其触头变为闭合接通状态。

开关的电路符号如图 2-72 所示。

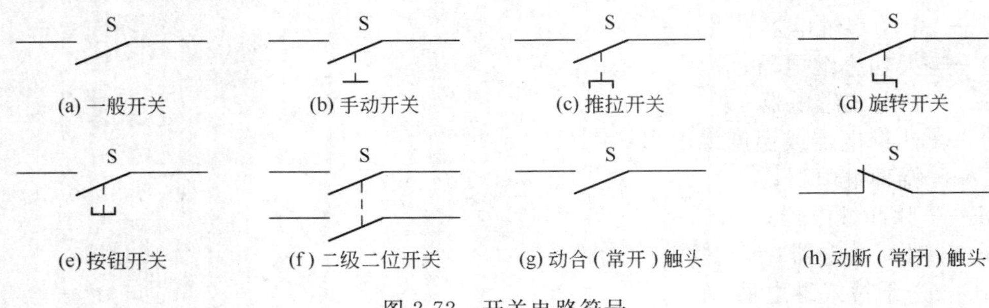

图 2-72　开关电路符号

常见的开关外形如图 2-73 所示。

选用开关不仅要根据使用的具体场合、具体用途来选择其类型，更要考虑开关的额定电压、额定电流、绝缘电阻等参数，现在开关的额定电压、额定电流应为实际工作电压、实际工作电流的 1～2 倍，绝缘电阻应为 100MΩ 以上。

2. 开关的检测

(1) 外观检查

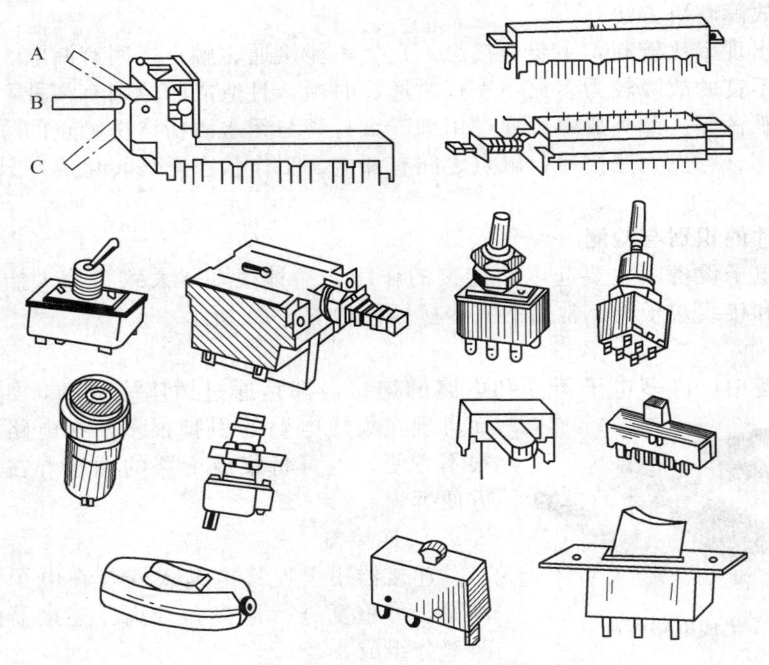

图 2-73 常见的开关外形图

观察开关的手柄是否活动自如，是否有松动现象，能否转换到位。观察引脚是否折断，紧固螺丝是否有松动现象。

(2) 测量开关的接通电阻值

将万用表置于 $R\times1$ 挡，一支表笔接开关的“极”触点的引脚，另一支表笔接开关的“位”触点的引脚，并将开关处于接通状态，此时所测的阻值为 0.5Ω 以下；若大于 0.5Ω，表明触点之间有接触不良的故障。

(3) 测量开关的断开电阻

将万用表置于 $R\times10$k 挡，一支表笔接开关的“极”触点的引脚，另一只表笔接开关的“位”触点的引脚，让开关处于断开状态，此时所测的阻值为∞，如果小于几百欧时，表明开关触点之间有漏电现象。

(4) 测量各触点之间的电阻

用万用表 $R\times10$k 挡测量各组独立触点之间的电阻值，其阻值为∞，各触点与外壳之间的电阻值也应为∞。若测出有一定阻值，则表明有漏电现象。

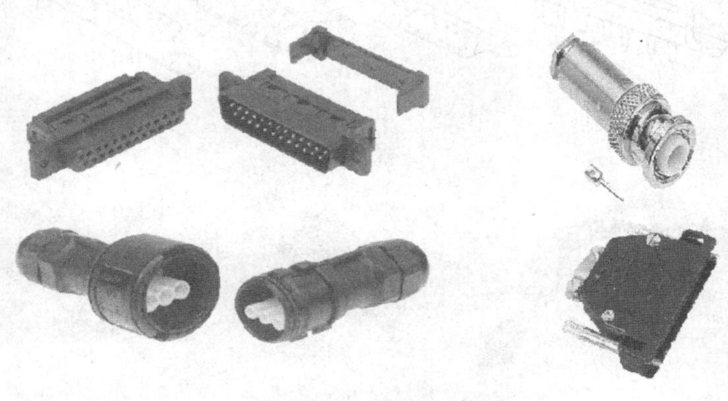

图 2-74 常用接插件

(5) 开关故障解决方法

开关故障出现率比较高，主要是接触不良、不能接通、触点之间有漏电、工作状态无法转化等。接触不良的故障较为多见，表现时通、时断，且造成的原因有多种，其中有触点氧化、触点表面脏污等。此类故障可通过用细砂纸打磨与无水酒精清洗触点的方法来解决。对因触点打火损坏、触点元法接通、触点之间有漏电、工作状态无法转化等，只能通过调换来解决。

四、接插件的识别与检测

接插件在电子设备中主要起电路连接的作用，品种很多，大致可分为插座类、连接器类、接线板类和接线端子类。常用的一些接插件如图 2-74 所示。

1. 插座类

在电子设备中，许多电子器件和电路的连接，都是通过插座完成的，如图 2-75 所示。而且现在集成电路的引脚很多，在电路板上进行拆换很不方便，也可将集成电路的插座焊在电路板上，以方便拆焊。

图 2-75　集成电路插座

2. 连接器

连接器用于连接电缆或安装在电子设备上起连接作用，可重复进行连接和分离。连接器由插头和插座两部分组成。

(1) 同芯连接器

同芯连接器是小型的插头座式连接器，其体积小，有开关功能，适用于低频电路，多用于耳机、话筒及外界电源的连接，如图 2-76 所示。

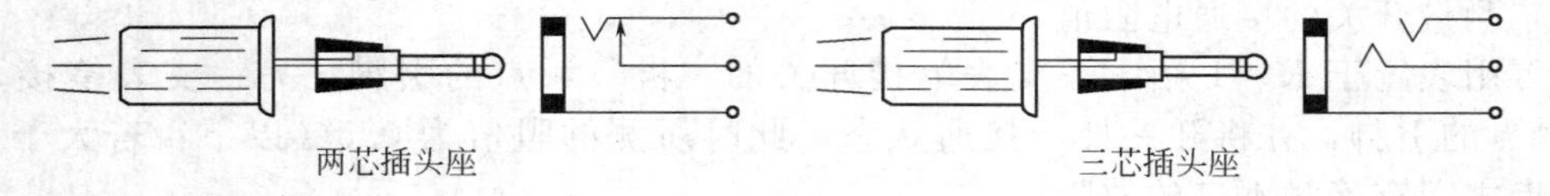

图 2-76　同芯连接器

(2) 印制板连接器

印制板连接器也叫印制板接插件，主要用于直接连接印制电路板。结构形式有直接型、线绕型、间接型等；型号可分为单排、双排两种；引线数目从 7 到一百多；在计算机的主机板上最容易见到。其外形如图 2-77 所示。

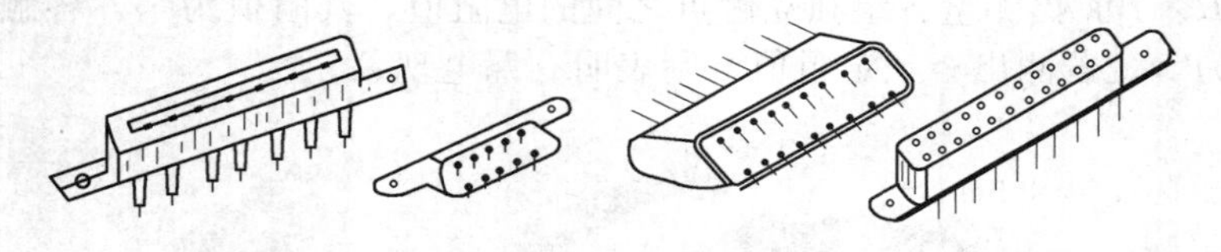

图 2-77　印制板连接器

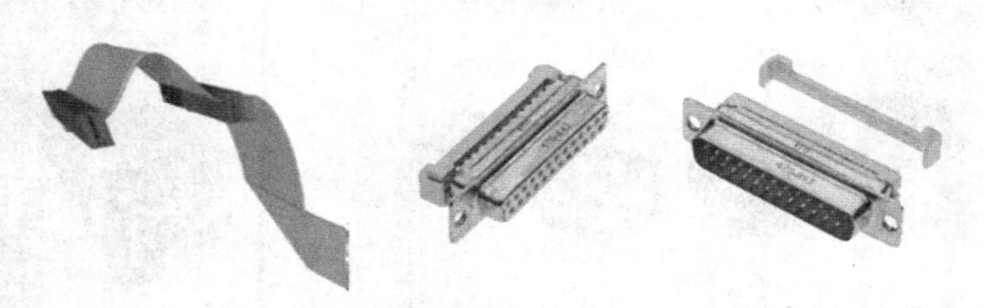

图 2-78　带状电缆连接器

(3) 带状电缆连接器

带状电缆是一种扁平电缆，从外观上看像是几十根塑料导线并排黏合而成。带状电缆占用空间小，轻巧柔韧，布线方便，不易混淆。

带状电缆的插头是电缆两端的连接器，它与电缆的连接不用焊接，而是靠压力使连接端内的刀口刺破电缆的绝缘层实现电气连接的，工艺简单可靠，如图 2-78 所示。带状电缆接插件的插座部分直接装配焊接在印制电路板上。

图 2-79 圆形连接器

(4) 圆形连接器

圆形连接器也叫航空插头、插座，如图 2-79 所示。它有一个标准的螺旋锁紧机构，接点多，插拔力较大，连接方便，抗振性极好，容易实现防水密封剂电磁屏蔽的要求，适用于大电流的连通，应用于不需要经常插拔的电路板和设备。

(5) 矩形连接器

矩形连接器的体积较大，电流容量也较大，而且其矩形排列能充分利用空间。矩形连接器用于电子设备、智能仪器仪表及电子控制设备的电气连接，如图 2-80 所示。

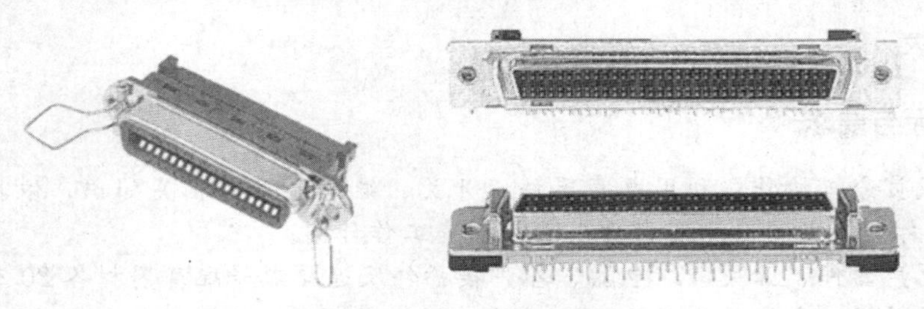

图 2-80 矩形连接器

(6) 射频同轴连接器

射频同轴连接器是一种小型螺纹连接锁紧式连接器，具有体积小、重量轻、使用方便的特点，适用于无线电设备和电子仪器的高频电路中，如图 2-81 所示。

图 2-81 射频同轴连接器

3. 接线端子

接线端子与导线连接后，可直接固定在接线柱或接线板上与电路进行连接，如图 2-82 所示。

4. 连接器检测

连接器的主要故障是接触点之间的接触不良而造成的断开，另外就是引脚断开故障。因此可采用如下检测方法。

(1) 直观检查

查看引线和引线相碰的故障，对于可以旋开外壳的连接器，检查其是否有引线相碰或引线断线故障。

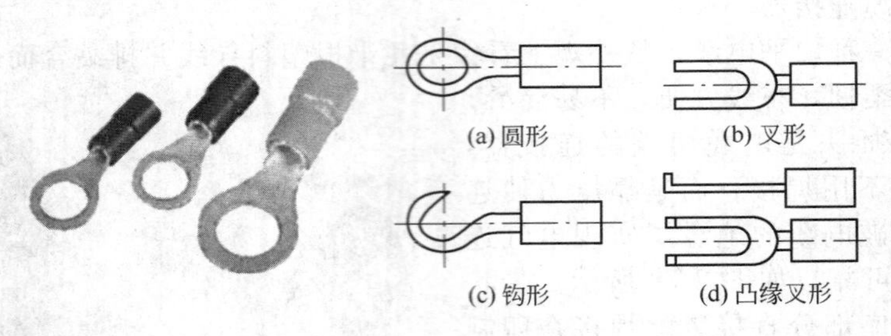

图 2-82　接线端子

（2）接触点通断检测及故障解决方法

用万用表查看接触点的断开电阻和接触电阻。接触点的断开电阻阻值应为∞；若断开电阻值为零，说明有短路处。接触点的接触电阻值应该小于 0.5Ω；若大于 0.5Ω，说明有接触不良故障。当连接器出现接触不良故障时，对于非密封型连接器，可以用细砂纸打磨触点，也可以用尖嘴钳修整插座的簧片弧度，使其接触良好。对于密封型的插头，插座一般无法进行修理，只能采用更换的方法解决。

任务实施

实施要求

任务目标与要求

- 小组成员分工协作，利用电声器件、开关、继电器等的相关知识，依据实训工作卡分析制定工作计划，并通过小组自评或互评检查工作计划；
- 准备电声器件、开关、继电器、各种接插件及连接器等配套器材各 20 套；
- 通过资料阅读和实际元器件观察，描述各种元器件的功能及各自符号的含义；
- 能熟练地识别继电器、开关、接插件、连接器、扬声器、话筒、蜂鸣器等；
- 能熟练地使用万用表测试继电器、开关及电声器件。

注意事项

在任务实施过程中严格遵守相关实验实训制度和规范的要求，注意职场健康与安全需求，做好废料的处理，并保持工作场所的整洁。

实施要点

准备工作

- 每小组接受工作任务，领取相关实验实训工具和仪器，做好实施准备工作；
- 组长带领组内成员阅读实训工作卡，查阅相关手册或指导书，合理分工，制定任务计划，并检查计划有效性。

实施步骤

- 依照实训工作卡的引导，观察认识，同时相互描述继电器、开关及各电声器件的功能及参数，并填写实训工作卡；
- 依照实训工作卡的引导，对继电器、开关及各电声器件进行测量，并填写实训工作卡。

评估总结

- 回答指导教师提问并接受指导教师相关考核；
- 完成工作任务，对本次任务完成过程及效果进行自我评价和小组互评，完成实训工作卡填写；
- 清洁工作场所，清点归还相关工具设备，完成本次任务。

实训工作卡

1. 什么是电声器件？常见的电声器件有哪些？各有何作用？

2. 开关件有何作用？如何检测其好坏？

3. 由教师分发各种类型的开关若干只，要求用万用表检测并区分其动合与动断端，并说明开关的类型，将识别、测量结果填入表中。

编号	类型	动合与动断的对数	检测结果(质量好坏)
1			
2			
3			

4. 查阅资料，根据继电器命名方法解释下列继电器：

JZX-13F/012～2Z12　　AC220V5A

J ______；Z ______；X ______；13 ______；F ______；/012 ______；～2Z ______；1 ______；2 ______；AC220V ______；5A ______指的是接点负荷，使用时要注意______参数，否则将会造成接点______、______或______，会影响接点电阻及其寿命。

5. 根据实物叙述继电器测试步骤，画出接线图。

(1) 测触点电阻：

(2) 测线圈电阻：

(3) 画接线图：

任务七　表面安装元器件（SMC/SMD）的识别

能力标准

学完这一单元，你应获得以下能力：

- 熟悉表面安装元器件的特点；
- 掌握片状电阻、电容及电感的标注识别。

任务描述

请以以下任务为指导，完成对相关理论知识学习和任务实施：

- 以各种实际片状元器件为例认识表面安装元器件的外形、特点及分类；
- 熟悉片状电阻、片状电容及片状电感，并能识别其标注。

相关知识

表面安装元器件的识别

教学导入

表面安装元器件（SMC/SMD）又叫片状元器件，近年来，其已广泛应用于计算机、通信设备和音视频产品中。手机、数码相机、数码录像机、MP4、CD 随身听、Play Station 等数码电子产品功能越来越强大，体积越来越小，片状元件的采用起着决定性作用。

理论知识

一、片状元器件的分类与特点

片状元器件是一种无引线或短引线的小型元件，它可直接贴装在印制板上，是用于表面组装的专用器件。片状元件具有尺寸小、重量轻、安装密度高、可靠性好、高频特性好、抗干扰能力强等特点，是电子产品小型轻量化发展的主要方向，也是电子产品发展的必然趋势。

1. 片状元器件的分类

这里所说的片状是个广义的概念，从结构形状上说，包括薄片矩形、圆柱形、扁平形等；也可以从功能上分类为无源器件、有源器件和机电器件三类，片状无源器件如表 2-14 所示，片状有源器件如表 2-15 所示，片状机电器件如表 2-16 所示。

表 2-14　片状无源器件

元件名称	形状	特点及说明
片状电阻	R022	厚膜电阻器、薄膜电阻器、热敏电阻器，阻值一般直接标注在电阻其中一面，黑底白字
片状电容		铝、钽电解电容器：多层陶瓷、云母、有机薄膜、陶瓷微调电容器等，片状矩形电容都没有印刷标注，贴装时无朝向性，电解电容标注打在元件上，有横标端为正极

续表

元件名称	形状	特点及说明
片状电位器(矩形)		电位器,微调电位器,高频特性好,使用频率可超过 100MHz,最大电流为 100mA
片状电感(矩形)		绕线电感器、叠层电感器、可变电感器,电感内部采用薄片形印刷式导线,呈螺旋状
片状复合元件(滤波器)		电阻网络,多层网络滤波,谐振器

表 2-15　片状有源器件

元件名称	形　状	特点及说明
片状二极管		模型稳压、模型整流、模型开关、模型齐纳管、模型变容二极管,根据管内所含二极管的数量及连接方式,有单管、对管之分;对管中又分为共阳、共阴和串接等方式
片状三极管		模塑型 NPN、PNP 晶体管,模塑型场效管,模塑无极晶体管,有普通管、超高频管及达林顿管多种类型
片状集成电路		有双列扁平封装、方形扁平封装、塑封有引线芯片载体和针栅与焊球阵列封装,注意利用标注来确定管脚的排列方法

表 2-16　片状机电器件

元件名称	形　状	特点及说明
继电器		线圈电压 DC4.5～4.8V，额定功率 200W，触点电压 AC125V，2A
开关（旋转式）		开关电压 15V，寿命 2000 步，电流 30mA
连接器（芯片插座）		引线数 68～132

2. 片状元器件的特点

① 片状元器件无引脚或引脚很短，装配方式有所不同。

② 片状元器件体积很小，故又称微型元件，常见的片状电阻器、片状电容器的体积为 2mm×0.7mm，片状二极管的体积为 2.9mm×2.8mm×1.25mm，可见体积之小，所以，这类元件主要用于一些体积很小的电子设备中。

③ 片状元器件适合自动化装配、焊接（采用贴片机装配）。

二、片状电阻器的识读

片状电阻器又称 LL 电阻，它可分为薄膜型和厚膜型两种，厚膜型电阻一般应用较多。片状电阻器的外形结构如图 2-83 所示。

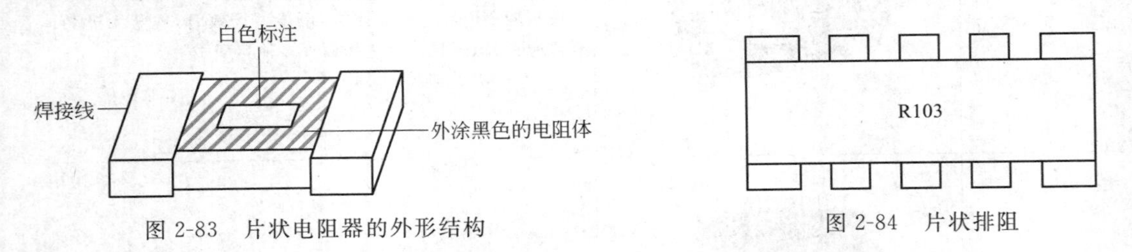

图 2-83　片状电阻器的外形结构　　图 2-84　片状排阻

一般来讲，当片式电阻阻值精度为 5%时，通常采用 3 个数字表示：跨接线记为 000；阻值小于 10Ω 的，在两个数字之间补加“R”；阻值在 10Ω 以上的，则最后一个数值表示增加的零的个数。

例如，4.7Ω 记为 4R7，100Ω 记为 101，2.21kΩ 记为 2211，56kΩ 记为 563。

当片式电阻阻值精度为 1%时，采用 4 个数字表示：前面 3 个数字为有效数，第 4 位表示增加的零的个数；阻值小于 10Ω 的，仍在第 2 位补加 “R”；阻值为 100Ω，则在第 4 位补 “0”。

例如，4.7Ω 记为 4R70，100Ω 记为 1000，1MΩ 记为 1004，10Ω 记为 10R0。

还有一种是将多个电阻器按一定电路规律封装在一起的元件，叫作片状排阻，又称网络电阻，如图 2-84 所示。片状排阻内的各电阻器其阻值大小相等。片状排阻用于一些电路结构相同、电阻值相同的电路中。

三、片状电容器的识读

片状电容器又称 LL 电容，它是一种小型无引线电容。其电容介质、加工工艺等均很精密，其介质主要由有机膜或瓷片构成，外形为矩形或圆柱形，如图 2-85 所示。耐压一般小于等于 63V，由于体积小，允许误差与其耐压均不作标注。

标注 (a)　　标注 (b)

图 2-85　片状电容器

片状电容器的识别方法有以下三种：

1. 数码法

数码法的标注方法通常用于有机薄膜电容器和陶瓷电容器。如 100 表示 100pF，105 表示 100nF，333 表示 33000pF=33nF=0.033μF。

2. 本体颜色加一个字母标注

在 LL 电容体表面涂红、黑、蓝、白、黄、绿等某一种颜色，再标注一个字母。体表面颜色表示电容器的数量级，字母表示电容量的数值。从表 2-17 中可以查出对应的电容器。识别实例如图 2-86 所示。

表 2-17　片状电容器用本体颜色加一个字母标注

字母	红色/pF	黑色/pF	蓝色/pF	白色/pF	绿色/pF	黄色/pF
A	1	10	100	0.001	0.01	0.1
C	2	12	120			
E	3	15	150	0.0015	0.015	
G	4	18	180			
J	5	22	220	0.0022	0.022	
L	6	27	270			
N	7	33	330	0.0033	0.033	
Q	8	39	390			
S	9	47	470	0.0047	0.047	
U		56	560	0.0056	0.056	
W		68	680	0.0068	0.068	
Y		82	820		0.082	

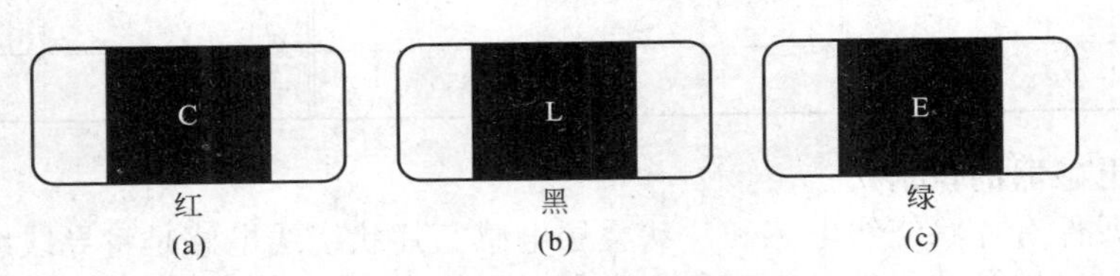

图 2-86　片状电容器识别实例（一）

图 2-86(a) 本体颜色红色，字母 C，经查表知该电容器容量为 2pF；图 2-86(b) 本体颜

色黑色，字母 L，经查表知该电容器容量为 27pF；图 2-86(c) 本体颜色绿色，字母 E，经查表知该电容器容量为 0.015pF。

3. 一个字母加一个数字标注

在 LL 电容体表面标注一个字母，再在字母后标一个数字，即完整地表示一个电容器的标称值。这种标注方法常用于云母电容器、陶瓷电容器的标注，如表 2-18 所列，识别实例如图 2-87 所示。

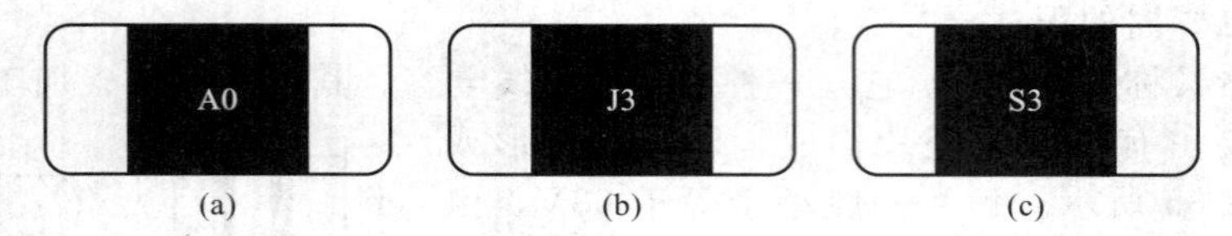

图 2-87　片状电容器识别实例（二）

图 2-87(a) A0，经查表知该电容器容量为 1pF；图 2-87(b) J3，经查表知该电容器容量为 2200pF；图 2-87(c) S3，经查表知该电容器容量为 4700pF。

表 2-18　片状电容器用一个字母加一个数字标注

字母＋数字	电容标称值	字母＋数字	电容标称值	字母＋数字	电容标称值
A0	1	W1	68	J3	2200
H0	2	Y1	82	N3	3300
M0	3	X1	91	S3	4700
D0	4	A2	100	U3	5600
F0	5	C2	120	W3	6800
J0	6	E2	150	Y3	8200
N0	7	G2	180	X3	9100
T0	8	J2	220	A4	0.01
Y0	9	L2	270	E4	0.0015
A1	10	N2	330	J4	0.0022
C1	12	Q2	390	N4	0.0033
E1	15	S2	470	S4	0.0047
J1	22	U2	560	U4	0.056
L1	27	W2	680	W4	0.068
N1	33	Y2	820	Y4	0.082
Q1	39	X2	910	X4	0.091
S1	47	A3	1000	A5	0.1
U1	56	E3	6500		

四、片状电感器的识别

片状电感元件有片状绕线电感和片状叠层电感。片状绕线电感是将导线绕制在磁芯或瓷芯上并用引脚引出焊盘的元件。表面印有丝印，元件本身无极性。其表面丝印有两种：数字丝印和色点丝印。当片状绕线电感丝印为数字标记时，其单位为 μH；当片状绕线电感丝印为色点标记时，其单位为 nH。如图 2-88 所示。

(a)

(b)

图 2-88　片状电感器的识别实例

图（a）中，电感丝印为 100，读取其元件值：第一、二位为有效数字，第三位为倍乘，即 $10\times1=10\mu H$；图（b）中电感丝印为红红红，读取其元件值：第一、二位为 22，第三位为 2，即 $22\times100=2200nH=2.2\mu H$。

有时小功率电感标注时往往用 N 或 R 表示小数点，分别表示 nH 和 μH 两个单位。例如，标注为 4N7 的电感，其电感量为 4.7nH；标注为 10N 的电感，其电感量为 10nH；标注为 6R8 的电感，其电感量为 6.8μH。

大功率电感上印有 680K、220K 字样，分别表示 68μH 和 22μH。

五、其他片状元件

其他片状元件如图 2-89 所示。

(a) 贴片二极管

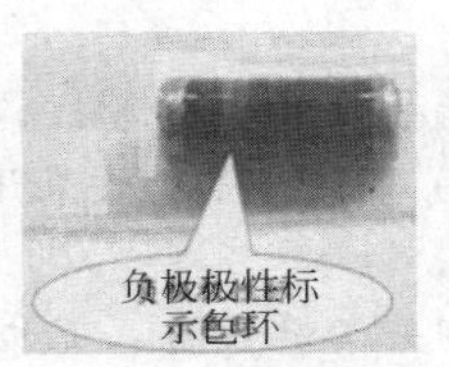

(b) 贴片二极管

(c) 贴片光耦

(d) QFP IC(四方形贴片集成块)

(e) BGA IC(底部锡球贴片集成块)

图 2-89　其他片状元件

任务实施

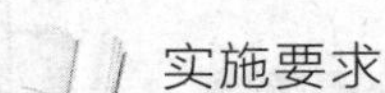

实施要求

任务目标与要求

- 小组成员分工协作，利用表面安装元器件的相关知识，依据实训工作卡分析制定工作计划，并通过小组自评或互评检查工作计划；
- 准备万用表、不同类型的表面安装元器件等配套器材各 20 套；
- 通过资料阅读和实际元器件观察，描述表面安装元器件的特点、分类及外形；
- 能熟练地识读表面安装式电阻、表面安装式电容及表面安装式电感的参数。

注意事项

在任务实施过程中严格遵守相关实验实训制度和规范的要求，注意职场健康与安全需求，□好废料的处理，并保持工作场所的整洁。

实施要点

准备工作

- 每小组接受工作任务，领取相关实验实训工具和仪器，做好实施准备工作；
- 组长带领组内成员阅读实训工作卡，查阅相关手册或指导书，合理分工，制定任务计划，并检查计划有效性。

实施步骤

- 依照实训工作卡的引导，观察认识，同时相互描述表面安装式元器件的相关内容，并填写实训工作卡；
- 依照实训工作卡的引导，对表面安装式电阻的阻值、表面安装式电容的容量及表面安装式电感的电感值进行识读，并填写实训工作卡。

评估总结

- 回答指导教师提问并接受指导教师相关考核；
- 完成工作任务，对本次任务完成过程及效果进行自我评价和小组互评，完成实训工作卡的填写；
- 清洁工作场所，清点归还相关工具设备，完成本次任务。

实训工作卡

1. 读出下列片状电阻的参数，并说明其标注方法属于哪一类？

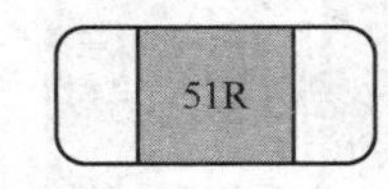

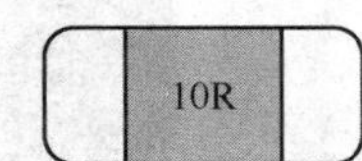

2. 读出下列片状电感的参数，并说明其标注方法属于哪一类？

3. 表面安装元器件一般用在哪些场合？它与传统的插针式元器件相比具有什么特点？

4. 查阅资料说明 SMC、SMD、SMT、SMB 各自的含义。

5. 查阅资料说明 SMT 包括了哪些技术？

知识拓展

整流桥堆的识别与检测

整流桥堆就是由两个或四个二极管组成的整流器件。桥堆有半桥和全桥两种，半桥又有正半桥和负半桥两种，堆桥的文字符号为 UR。

全桥由四只二极管组成，有四个引出脚。两只二极管负极的连接点是全桥直流输出端的“正极”，两只二极管正极的连接点是全桥直流输出端的“负极”。

半桥由两只二极管组成，有三个引出脚。正半桥两边的管脚是两个二极管的正极，即交流输入端；中间管脚是两个二极管的负极，即直流输出端的“正极”。负半桥两边的管脚上两个二极管的负极，即交流输入端；中间管脚是两个二极管的正极，即直流输出端的“负极”。一个正半桥和一个负半桥就可以组成一个全桥，一个半桥也可以组成变压器带中心抽头的全波整流电路。

整流桥堆产品是由四只整流硅芯片作桥式连接，外用绝缘塑料封装而成，只引出四个引脚，四个引脚中，两个直流输出端标有“+”、“−”，两个交流输入端标有“～”。大功率整流桥在绝缘层外添加锌金属壳包封，增强散热。整流桥品种多，有扁形、圆形、方形、板凳形（分直插与贴片）等，有 GPP 与 O/J 结构之分。最大整流电流从 0.5～100A，最高反向峰值电压从 50～1600V。常见整流桥堆的外形如图 2-90 所示。

有些整流桥上有一个孔，是加装散热器用的。

一般整流桥命名中有三个数字，第一个数字代表额定电流（单位为 A），后两个数字代

图 2-90 常见整流桥堆的外形

表额定电压（数字×100，单位为 V）。如型号为 KBL410 的整流桥的额定电流为 4A，额定电压为 1000V；型号为 RS507 的整流桥的额定电流为 5A，额定电压为 700V。

根据半桥组件的结构特点，只要测量出其正、反向电阻值，即可很方便地判定半桥组件的极性和好坏。其测试过程如下：将万用表置于 $R\times1\text{k}$ 挡，依次测量半桥组件各引脚间的电阻值；如图 2-91 所示，黑表笔接②脚，红表笔分别接①、③引脚时，若测得阻值均为低值，约为几千欧，其余接法测得阻值均为无穷大，则判定该组件为共阳组件，②引脚为公共阳极，①、③引脚为阴极。

判定全桥组件是否正常时，可以用检测普通二极管的方法，测量全桥组件中每个二极管的正反向电阻，然后根据表 2-19 判断其好坏（其中①、②、③、④为全桥组件的引脚）。

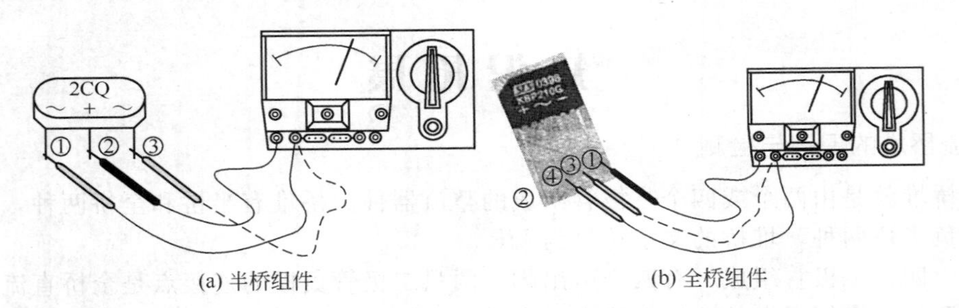

图 2-91 半桥、全桥组件检测示意图

表 2-19 判断全桥组件

表笔接法		万用表量程	测得阻值
黑表笔	红表笔		
①	③	$R\times1\text{k}$	几千欧
①	④	$R\times1\text{k}$	几千欧
③	①	$R\times10\text{k}$	∞
④	①	$R\times10\text{k}$	∞
②	③	$R\times10\text{k}$	∞
②	④	$R\times10\text{k}$	∞
③	②	$R\times1\text{k}$	几千欧
④	②	$R\times1\text{k}$	几千欧

项目评价表

项目	考核内容	配分	评分标准	得分
电阻识别与检测	①色环电阻的识读； ②用万用表检测电阻阻值	15分	①不认识电阻扣5分； ②不能正确识读电阻色环，错一只扣1分； ③不能正确使用万用表检测电阻，扣5分； ④不能准确测量电阻阻值，错一只扣1分	
电容识别与检测	①识别电容器的容量与极性； ②用万用表检测电容器极性、质量好坏	15分	①不认识电容器扣5分； ②不能正确识读电容器的容量、极性，错一只扣1分； ③不能正确使用万用表检测电容器的好坏、极性，扣5分	
变压器的检测	用万用表测量判断中频变压器的好坏	5分	①量程选择错误，扣2分； ②不能判断变压器好坏，错一只扣5分	
二极管识别与检测	①识别二极管的型号及极性； ②用万用表测试二极管的极性及性能； ③用万用表测试发光二极管	15分	①不认识二极管的极性扣3分； ②不明白二极管的型号含义扣3分； ③不能正确检测二极管的极性扣2分； ④不能正确检测二极管的质量好坏扣2分； ⑤不会正确检测发光二极管扣3分	
三极管识别与检测	①识别三极管的型号及电极； ②用万用表测试三极管的电极及性能	15分	①不会估计三极管的电极扣3分； ②不明白三极管的型号含义扣3分； ③不能正确检测三极管的电极扣2分； ④不能正确检测三极管的类型扣3分； ⑤不能正确检测三极管的质量好坏扣2分	
电声器件的检测	驻极体话筒、电动式纸盆扬声器、电动式耳机、压电蜂鸣器	5分	①不会检测每样扣2分； ②检测结果错误，错一只扣1分	
开关及插接件的识别与检测	波段开关、按键开关、拨动开关、印制板连接器	10分	①不认识开关扣5分； ②不会检测开关扣3分； ③不会检测连接器扣3分； ④测量结果不正确扣2分	
片状元件的识别	①片状电阻的识读； ②片状电容的识读； ③片状电感的识读	10分	①不认识电阻扣3分； ②不认识电容扣3分； ③不认识电感扣3分； ④不能正确识读电阻、电容、电感读数，错一只扣1分	
安全文明生产	严格遵守操作规程	10分	①损坏、丢失元件，扣1～5分； ②物品随意乱放，扣1～5分； ③违反操作规程，酌情扣1～10分	
合计		100分		

能力鉴定表

<table>
<tr><td>实训项目</td><td colspan="6">项目二　电子元器件的识别与检测</td></tr>
<tr><td>姓名</td><td colspan="2"></td><td>学号</td><td></td><td>日　期</td><td></td></tr>
<tr><td>组号</td><td colspan="2"></td><td>组长</td><td></td><td>其他成员</td><td></td></tr>
<tr><td>序号</td><td>能力目标</td><td colspan="2">鉴定内容</td><td>时间(总时间80分钟)</td><td>鉴定结果</td><td>鉴定方式</td></tr>
<tr><td>1</td><td rowspan="4">专业技能</td><td colspan="2">电阻器、电容器及电感器的识别与检测</td><td rowspan="2">60分钟</td><td rowspan="2">□具备
□不具备</td><td rowspan="4">教师评估
小组评估</td></tr>
<tr><td>2</td><td colspan="2">半导体器件、开关的识别与检测</td></tr>
<tr><td>3</td><td colspan="2">电声器件、继电器的识别与检测</td><td>10分钟</td><td>□具备
□不具备</td></tr>
<tr><td>4</td><td colspan="2">片状元件的识读</td><td>10分钟</td><td>□具备
□不具备</td></tr>
<tr><td>5</td><td rowspan="3">学习方法</td><td colspan="2">是否主动进行任务实施</td><td rowspan="3">全过程记录</td><td>□具备
□不具备</td><td rowspan="8">小组评估
自我评估
教师评估</td></tr>
<tr><td>6</td><td colspan="2">能否使用各种媒介完成任务</td><td>□具备
□不具备</td></tr>
<tr><td>7</td><td colspan="2">是否具备相应的信息收集能力</td><td>□具备
□不具备</td></tr>
<tr><td>8</td><td rowspan="5">能力拓展</td><td colspan="2">团队是否配合</td><td rowspan="5">全过程记录</td><td>□具备
□不具备</td></tr>
<tr><td>9</td><td colspan="2">调试方法是否具有创新</td><td>□具备
□不具备</td></tr>
<tr><td>10</td><td colspan="2">是否具有责任意识</td><td>□具备
□不具备</td></tr>
<tr><td>11</td><td colspan="2">是否具有沟通能力</td><td>□具备
□不具备</td></tr>
<tr><td>12</td><td colspan="2">总结与建议</td><td>□具备
□不具备</td></tr>
<tr><td rowspan="2">鉴定结果</td><td>合格</td><td>□</td><td rowspan="2">教师意见</td><td rowspan="2"></td><td>教师签字</td><td></td></tr>
<tr><td>不合格</td><td>□</td><td>学生签名</td><td></td></tr>
</table>

注：1. 请根据结果在相关的□内画√。

2. 请指导教师重点对相关鉴定结果不合格的同学给予指导意见。

信息反馈表

实训项目：电子元器件的识别与检测　　组号：________

姓　　名：____________　　日期：________

请你在相应栏内打钩	非常同意	同意	没有意见	不同意	非常不同意
1　这一项目给我很好地提供了各种电子元器件的识别与检测？					
2　这一项目帮助我掌握了用万用表测试各电子元器件的参数及性能？					
3　这一项目帮助我掌握了阻抗类元器件及半导体元器件的选择及使用？					
4　这一项目帮助我熟悉了一些常用的特殊元器件的功能？					
5　该项目的内容适合我的需求？					
6　该项目在实施中举办了各种活动？					
7　该项目中不同部分融合得很好？					
8　实训中教师待人友善愿意帮忙？					
9　项目学习让我做好了参加鉴定的准备？					
10　该项目中所有的教学方法对我学习起到了帮助的作用？					
11　该项目提供的信息量适当？					
12　该实训项目鉴定是公平、适当的？					
你对改善本科目后面单元的教学建议：					

项目三　集成电路的识别与检测

项目概述

随着技术的进步，人们对电子设备的小型化和可靠性的要求越来越高，为了适应现代化生产和军事上的需要，出现了半导体集成电路技术。集成电路的普遍推广使得电子产品的体积和重量减小，同时降低了成本，而且也大大地提高了电路工作的可靠性，减轻了组装和调试的工作量。本项目通过对集成电路的介绍，培养学生熟悉集成电路的外形、命名，熟练掌握模拟集成电路和数字集成电路的功能、特点，并能对各种集成电路进行检测。

任务一　集成电路的分类及型号命名方法

能力标准

学完这一单元，你应获得以下能力：

- 熟悉集成电路的分类及命名；
- 能正确识别集成块的外形、封装形式及引脚；
- 熟悉集成电路的特性参数及其使用注意事项。

任务描述

请以以下任务为指导，完成对相关理论知识学习和任务实施：

- 以不同集成块为例认识集成电路的命名、封装形式及引脚排列；
- 通过查阅手册熟悉集成电路的特性参数及使用。

相关知识

集成电路的分类及型号命名方法

教学导入

集成电路的英文名称为 Integreted Circuites，缩写为 IC，集成电路实现了元件、电路和系统的三结合。在一块极小的硅单晶片上，利用半导体工艺将许多二极管、三极管、电阻器、电容器等元件连接成完成特定电子技术功能的电子电路封装在一起的电子电路称为集成电路。

理论知识

一、集成电路的识别

集成电路是近几十年半导体器件发展起来的高科技产品，其发展速度异常迅猛，从小规模集成电路（含有十几个晶体管）发展到今天的超大规模集成电路（含有几千万个晶体管或近千万个门电路）。集成电路具有体积小，重量轻，引出线和焊接点少，寿命长，可靠性高，性能好等优点，同时成本低，便于大规模生产。它不仅在工、民用电子设备如收录机、电视机、计算机等方面得到广泛的应用，同时在军事、通信、遥控等方面也得到广泛的应用。用集成电路来装配电子设备，其装配密度比晶体管可提高几十倍至几千倍，设备的稳定工作时间也可大大提高。从某种意义上讲，集成电路是衡量一个电子产品是否先进的主要标志。常见集成电路的外形和封装形式如图 3-1 所示：

图 3-1　常见集成电路的外形和封装形式

二、集成电路的分类

集成电路的分类有很多种：按制造工艺分类、按基本单元核心器件分类、按集成度分类、按电器功能分类、按应用环境分类、按通用或专用的程度分类等。下面介绍几种常见的分类。

① 按其功能可分为模拟集成电路、数字集成电路、接口集成电路和特殊集成电路四大类。

a. 模拟集成电路又称线性集成电路，它是用来处理模拟信号的，其输入和输出端通常为连续变化的电压或电路信号。最常见的线性集成电路有集成运算放大器（简称线性组件）、集成稳压电路、集成功率放大电路以及其他专用集成电路（用于收音机、录音机、电视机等）。

b. 数字集成电路是由开关电路组成的逻辑电路，用来处理不连续的数字信号。数字集成电路中的晶体管通常都工作于开关状态，反映在电路的输入端和输出端上的电压不是高电平就是低电平。一般数字集成电路的通用性比较强，适合于大批量生产，它广泛应用于计算机技术和自动控制电路中。

模拟集成电路通常只有 1～2 个输入端，而数字集成电路通常有多个输入端。

c. 接口集成电路主要包括电平转换器、电压比较器、线驱动接收器和外围驱动器等；特殊集成电路指的是传感器、通信电路、机电仪器和消费类电路。对这两类集成电路，此处不再详细叙述。

② 按其集成度可分为小规模、中规模、大规模和超大规模集成电路三大类。

a. 小规模集成电路（SSI）。此类集成电路的一个集成块内部一般只包含 10 到几十个元器件，它们所占用的硅片面积约为 $1\sim3\ \mathrm{mm}^2$。

b. 中规模集成电路（MSI）。此类集成电路的一个集成块内部一般含有 100 到几百个元器件，所占硅面积约为 10 mm^2 左右。

c. 大规模集成电路和超大规模集成电路（LSI 和 VLSI）。其内部一般集成有 1000 个以上的元器件，它的显著特点是可以把一个系统集成在一个硅片上，甚至把一台计算机的中央处理器单元集成在一个硅片上。目前出现的超大规模集成电路每片已能集成 60 万个以上的元器件。

关于各种规模集成电路的界限，国内外还没有统一的规定，上面介绍的仅是一些流行的分法。

③ 按照制造工艺不同可分为半导体集成电路、薄膜集成电路、厚膜集成电路和混合集成电路四大类。

a. 半导体集成电路是采用半导体工艺，在硅片上制作包括电阻、电容、二极管、三极管等元器件并具有某种电路功能的集成电路。

b. 膜集成电路是在玻璃或陶瓷片等绝缘物体上，以"膜"的形式制作电阻、电容等无源器件。无源器件的数值范围可以做得很宽，精度可以做得很高。但目前的技术水平尚无法用"膜"的形式制作晶体二极管、三极管等有源器件，因而使膜集成电路的应用范围受到了很大的限制。根据膜的厚度不同，膜集成电路又分为厚膜集成电路（膜厚 1～10μm）和薄膜集成电路（膜厚 1μm 以下）两种。

c. 在实际应用中，多半是无源膜电路上外加半导体集成电路或分立元件的二极管、三极管等有源器件，使之构成一个整体，这便是混合集成电路。

在家电维修和一般性电子制作过程中，遇到的主要是半导体集成电路、厚膜集成电路及少量的混合集成电路。

④ 按照其导电类型的不同可分为单极型和双极型两大类。

a. 双极型集成电路的频率特性好，但功耗较大，而且制作工艺复杂，绝大多数模拟集成电路及数字集成电路中的 TTL、ECL、HTL、LST-TL、STTL 等均属于这一类型。

b. 单极型集成电路工作速度低，但输入阻抗高、功耗小、制作工艺简单，易于大规模集成，其主要产品为MOS 型集成电路，有 NMOS、PMOS、CMOS 等类型。NMOS 型集成电路是在半导体硅片上，以 N 型沟道 MOS 器件构成的集成电路，参加导电的是电子；PMOS 型集成电路是在半导体硅片上，以 P 型沟道 MOS 器件构成的集成电路，参加导电的是空穴；CMOS 集成电路是由 NMOS 管和 PMOS 管互补构成的集成电路，称为互补型 MOS 集成电路，简写为 CMOS 集成电路。

⑤ 按照通用或专用的程度分类可分为通用型、半专用型和专用型三大类。

a. 半专用集成电路也叫半定制集成电路（SCIC），是指那些由器件制造厂商提供母片，再经整机厂用户根据需要确定电气性能和电路逻辑的集成电路。常见的半专用集成电路有门阵列（GA）、标准单元器件（CSIC）、可编程逻辑器件（PLD）、模拟阵列和数字-模拟混合阵列。

b. 专用集成电路也叫定制集成电路（ASIC），是整机厂用户根据本企业产品的设计要求，从器件制造厂专门定制、专用于本企业产品的集成电路。

显然，从有利于采用法律手段保护知识产权、实现技术保密的角度看，ASIC 集成电路最好，SCIC 比通用集成电路好；从技术上讲，ASIC、SCIC 芯片的功能更强、性能更稳定，大批量生产的成本更低。

三、集成电路的外形特征

1. 封装外形

封装是一种将集成电路用金属、塑料或陶瓷等材料打包的技术。其起着安装、固定、密封、保护芯片等方面的作用。通常所说的封装形式是指安装半导体集成电路芯片用的外壳。

① 金属封装：这种封装散热性好，可靠性高，但安装使用不方便，成本高。一般高精密度集成电路或大功率器件均以此形式封装。按国家标准有 T 和 K 型两种。

② 陶瓷封装：这种封装散热性差，但体积小、成本低。陶瓷封装的形式可分为扁平型和双列直插型。

③ 塑料封装：这是目前使用最多的封装形式。

集成电路的封装形式如图 3-2 所示。

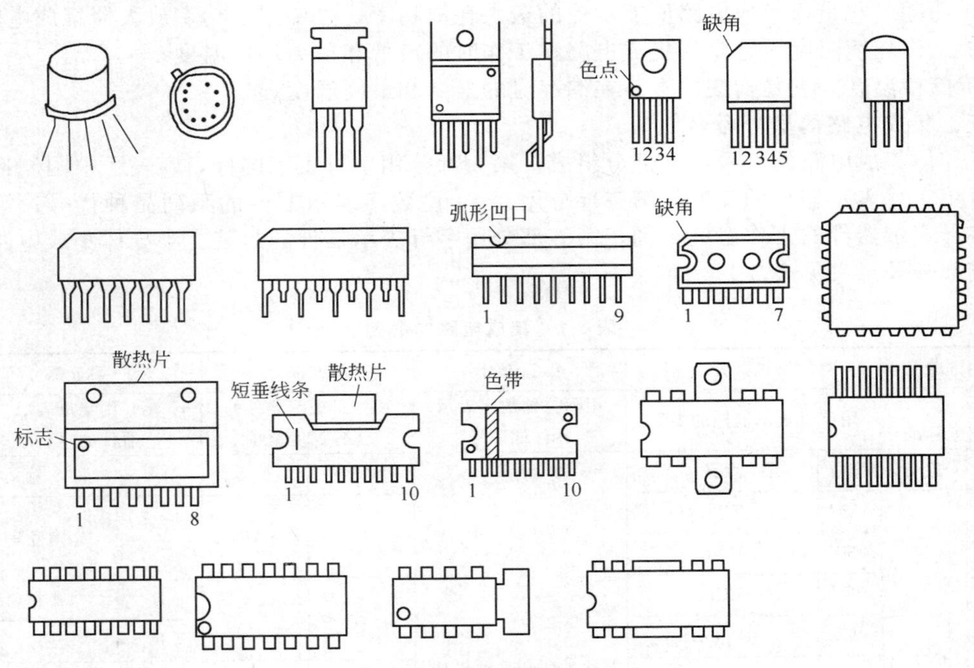

图 3-2 集成电路的封装形式

2. 引脚识别

① 圆形封装：将管底对准集成电路，引脚编号按顺时针方向排列（现应用较少）。

② 单列直插式封装（SIP）：集成电路引脚朝下，以缺口、凹槽或色点作为引脚参考标记，引脚编号顺序一般从左到右排列。

③ 双列直插式封装（DIP）：集成电路引脚朝上，以缺口或色点等标记为参考标记，引脚编号按顺时针方向排列；反之，引脚按逆时针方向排列。

④ 三脚封装：正面（印有型号商标的一面）朝向集成电路，引脚编号顺序自左向右方向。

四、集成电路的特性参数

集成电路的参数分为两大类：一是电参数；二是使用时的极限参数。

1. 电参数

各种用途的集成电路，其电参数的具体项目是不一样的，最基本的有以下几项（通常是在典型工作电压下测得）。

① 静态工作电流　它是指不给集成电路输入引脚加上输入信号的情况下，电源引脚回路中的电流大小，相当于晶体管的集电极静态工作电流。

② 增益　它是指集成电路放大器的放大能力，通常标出开环、闭环增益，也分典型值、最小值、最大值三项指标。

③ 最大输出功率　它是指在信号失真度为一定值时（通常为10%），集成电路输出引脚所输出的电信号功率，一般也给出典型值、最小值、最大值三项指标，这一参数主要针对功率放大器集成电路。

2. 极限参数

集成电路的极限参数主要有下列几项。

① 电源电压　它是指可以加在集成电路电源引脚与地端引脚之间电压的极限值，使用中不能超过此值。

② 功耗　它是指集成电路所能承受的最大耗散功率，主要用于功率放大器集成电路。

③ 工作环境温度　它是指集成电路在工作时的最低和最高环境温度。

④ 储存温度　它是指集成电路在储存时的最低和最高温度。

五、集成电路的型号命名

半导体集成电路的型号由五部分组成。第一部分用字母表示国标，C表示中国制造；第二部分用字母表示器件的类型；第三部分用3～4位数字表示器件的系列品种代号；第四部分用字母表示器件的工作温度范围；第五部分用字母表示器件的封装。半导体集成电路型号的组成部分及意义见表3-1。

表3-1　集成电路的命名

第一部分		第二部分		第三部分	第四部分		第五部分	
用字母表示器件符合国家标准		用字母表示器件的类型		用阿拉伯数字表示器件的序号	用字母表示器件的工作温度范围		用字母表示器件的封装形式	
符号	意义	符号	意义		符号	意义	符号	意义
C	中国制造	T	TTL	器件系列和品种代号，一般用阿拉伯数字表示	C	0～70℃	W	陶瓷扁平
		H	HTL					
		E	ECL		E	−40～−85℃	B	塑料扁平
		C	CMOS				F	全密封扁平
		F	线性放大器		R	−55～85℃	D	陶瓷双列直插
		D	音响电视电路				P	塑料双列直插
		W	稳压器		M	−55～125℃	J	黑瓷双列直插
		J	接口电路				K	金属菱形
		B	非线性电路				T	金属圆壳
		M	存储器					
		u	微机电路					

例：CT4020ED为低功耗肖特基TTL双4输入与非门，其中，C表示符合国家标准，T表示TTL电路，4020表示低功耗肖特基系列双4输入与非门，E表示−40～85℃，D表示陶瓷双列直插封装。

六、集成电路使用注意事项

集成电路使用时应特别注意以下几点。

① 在使用情况下的各项电性能参数不得超出该集成电路所允许的最大使用范围。
② 安装集成电路时要注意方向不要搞错。
③ 在焊接时，不得使用大于45W的电烙铁。
④ 焊接CMOS集成电路时要采用漏电流小的烙铁或焊接时暂时拔掉烙铁电源。
⑤ 遇到空的引出脚时，不应擅自接地。
⑥ 注意引脚承受的应力与引脚间的绝缘。
⑦ 对功率集成电路需要有足够的散热器，并尽量远离热源。
⑧ 切忌带电插拔集成电路。
⑨ 集成电路及其引线应远离脉冲高压源。
⑩ 防止感性负载的感应电动势击穿集成电路。

任务实施

实施要求

任务目标与要求

- 小组成员分工协作，利用集成电路的分类及型号命名方法相关知识，依据实训工作卡分析制定工作计划，并通过小组自评或互评检查工作计划；
- 准备万用表、不同类别及外形的集成电路等配套器材各20套；
- 通过资料阅读和实际器件观察，描述集成电路的分类、各集成块的外形、封装引脚排列功能及其型号命名各个字母的含义；
- 能熟练准确地识别集成电路。

注意事项

在任务实施过程中严格遵守相关实验实训制度和规范的要求，注意职场健康与安全需求，做好废料的处理，并保持工作场所的整洁。

实施要点

准备工作

- 每小组接受工作任务，领取相关实验实训工具和仪器，做好实施准备工作；
- 组长带领组内成员阅读实训工作卡，查阅相关手册或指导书，合理分工，制定任务计划，并检查计划有效性。

实施步骤

- 依照实训工作卡的引导，观察认识，同时相互描述所配发的集成块的相关内容，并填写实训工作卡；
- 依照实训工作卡的引导，对某些参数进行测量，并填写实训工作卡。

评估总结

- 回答指导教师提问并接受指导教师相关考核；
- 完成工作任务，对本次任务完成过程及效果进行自我评价和小组互评，完成实训工作卡填写；
- 清洁工作场所，清点归还相关工具设备，完成本次任务。

实训工作卡

1. 由教师配发不同的集成块，通过自己分析和小组讨论两种方式判断集成块的型号、功能、类别。

2. 通过自己分析和小组讨论两种方式判断“1”中的各集成块的外形、封装形式及其引脚。

3. 通过查阅手册及自己分析和小组讨论的方式判断“1”中的各集成块的特性参数及使用注意事项。

任务二　数字集成电路

能力标准

学完这一单元，你应获得以下能力：

- 熟悉 TTL 数字集成电路；
- 熟悉 CMOS 数字集成电路；
- 能正确识别和检测数字集成电路。

任务描述

请以以下任务为指导，完成对相关理论知识学习和任务实施：

- 以不同集成块为例认识 TTL 数字集成电路；
- 以不同集成块为例认识 CMOS 数字集成电路；
- 熟悉 TTL 数字集成电路和 CMOS 数字集成电路的区别，能正确检测数字集成电路的好坏。

相关知识

数字集成电路

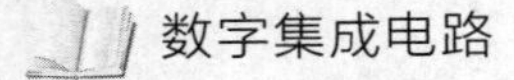

教学导入

在二进制数字计算系统中，可分别用一个确定的低电平和一个确定的高电平代表“0”和“1”，因此对数字量的运算处理就归结为对电量——低电平和高电平的运算和处理。而由此构成的电路称为数字电路，其用的最多的是数字集成电路。数字集成电路主要有两大类：TTL 数字集成电路和 CMOS 数字集成电路。

理论知识

一、TTL 数字集成电路

TTL 电路是晶体管-晶体管逻辑电路的英文缩写（Transister-Transister-Logic），是数字集成电路的一大门类。它采用双极型工艺制造，具有速度高、低功耗和品种多等特点。

(一) TTL 数字集成电路的主要系列与特点

这类集成电路的内部输入级和输出级都是晶体管结构，属于双极型数字集成电路。其主要系列如下。

1. 74 系列

74 系列是早期的产品，现仍在使用，但正逐渐被淘汰。

2. 74H 系列

74H 系列是 74 系列的改进型，属于高速产品。其“与非门”的平均传输时间达 10ns 左右，但电路的静态功耗较大，目前该系列产品使用越来越少，逐渐被淘汰。

3. 74S 系列

74S 系列是 TTL 的高速型肖特基系列。在该系列中，采用了抗饱和肖特基二极管，速度较高，但品种较少。

4. 74LS 系列

74LS 系列是当前 TTL 类型中的主要产品系列。品种和生产厂家都非常多。性能价格比较高，目前在中小规模电路中应用非常普遍。

5. 74ALS 系列

74ALS 系列是“先进的低功耗肖特基”系列。属于 74LS 系列的后继产品，速度（典型值为 4ns）、功耗（典型值为 1mW）等方面部有较大的改进，但价格比较高。

6. 74AS 系列

74AS 系列是 74S 系列的后继产品，尤其速度（典型值为 1.5ns）有显著的提高，又称“先进超高速肖特基”系列。

总之，TTL 系列产品向着低功耗、高速度方向发展。其主要特点如下。

① 不同系列同型号器件管脚排列完全兼容。

② 参数稳定，使用可靠。

③ 噪声容限高达数百毫伏。

④ 输入端一般有钳位二极管，减少了反射干扰的影响。输出电阻低，带容性负载能力强。

⑤ 采用+5V 电源供电。

(二) TTL 数字集成电路使用注意事项

1. 正确选择电源电压

TTL 集成电路的电源电压允许变化范围比较窄，一般在 4.5～5.5V 之间。在使用时更不能将电源与地颠倒接错，否则会因为过大电流而造成器件损坏。

2. 对输入端的处理

TTL 集成电路的各个输入端不能直接与高于+5.5V 和低于－0.5V 的低内阻电源连接。对多余的输入端最好不要悬空。虽然悬空相当于高电平，并不影响“与门、与非门”的逻辑关系，但悬空容易受到干扰，有时会造成电路的误动作。因此多余输入端要根据实际需要作适当处理。例如，“与门、与非门”的多余输入端可直接接到电源 V_{CC} 上，也可将不同的输入端共用一个电阻连接到 V_{CC} 上，或将多余的输入端并联使用。对于“或门、或非门”的多余输入端应直接接地。

对于触发器等中规模集成电路来说，不使用的输入端不能悬空，应根据逻辑功能接入适当的电平。

3. 对于输出端的处理

除“三态门、集电极开路门”外，TTL 集成电路的输出端不允许并联使用。如果将几个“集电极开路门”电路的输出端并联，实现线与功能时，则应在输出端与电源之间接入一个合适的上拉电阻。

集成门电路的输出更不允许与电源或地短路，否则可能造成元器件损坏。

(三) TTL 数字集成电路的管脚识别与检测

1. 电源端和接地端的识别

国产 TTL74 系列“与”、“或”、“与非”门等集成电路电源端和接地端的位置有两种：一种为左上角第一脚为电源端，右下角最边上的管脚为接地端。如图 3-3 所示。

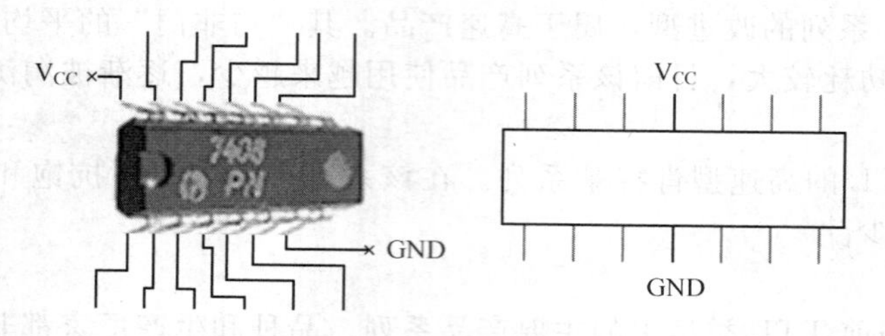

图 3-3　TTL74 系列集成电路电源和接地端识别

另一种为上边中间一脚为电源端，下边中间一脚为接地端，这种为老式产品，市场上已不多见。

所以当遇到 TTL74 系列集成电路时，可先根据上述规律初步判断。然后用指针式万用表的 $R\times1k$ 挡测量其电源-地之间的电阻值，当红表笔接电源端、黑表笔接地端时，测出的电阻值为几千欧姆，把黑、红表笔颠倒过来测，测出来的电阻值为十几千欧姆，则说明上述判断正确。若测量结果与上述不符，则应重新进行判断。

2. 输入和输出端的识别

国产 TTL74 系列“与”、“或”、“与非”门等集成电路因输入短路电流值不大于 2.2mA，输出低电平小于 0.35V，据此便可识别出它的输入端和输出端。将“与门”的电源接＋5V 电压，接地端按要求接地，如图 3-4 所示。然后依次测量各管脚与地之间的短路电流，若其值在 1～2.5mA 之间，则说明该脚为输入端，否则便是输出端。

3. 识别同一个“与非”门的输入、输出端

将“与非”门的电源接＋5V 电压，接地按要求正确接地。指针式万用表拨在直流 10V 挡上，黑表笔接地，红表笔接任一输出端，如图 3-5 所示。用一根导线，依次将输入端对地短路，观察输出端的电压变化，所有能使该输出端由低电平变为高电平（大于 2.7V）的输入端，便是同一个“与非门”的输入端。

二、CMOS 数字集成电路

CMOS（Complementary Metal Oxide Semiconductor）指由互补金属氧化物（PMOS 管和 NMOS 管）共同构成的互补型 MOS 集成电路制造工艺，它的特点是低功耗。由于 CMOS 中一对 MOS 组成的门电路在瞬间看，要么 PMOS 导通，要么 NMOS 导通，要么都截止，比线性的三极管（BJT）效率要高得多，因此功耗很低。

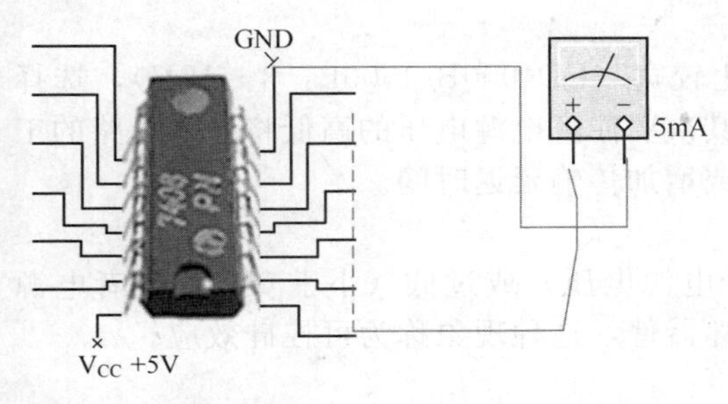

图 3-4 识别 TTL“与门”输入、输出端的电路图

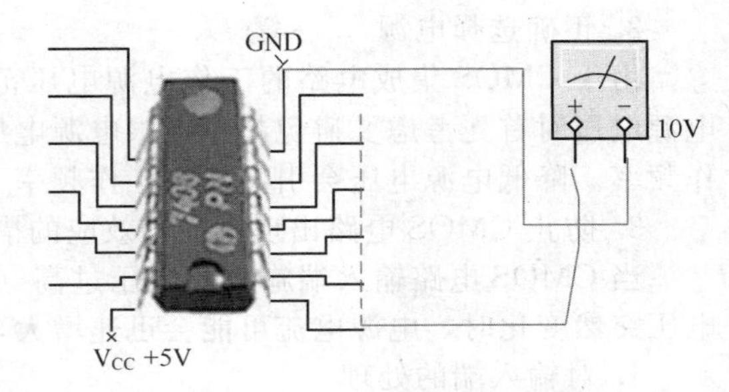

图 3-5 识别同一个“与非”门输入、输出端的电路图

(一) CMOS 数字集成电路的主要系列与特点

1. 标准型 4000B/4500B 系列

该系列是以美国 RCA 公司的 CD4000B 系列和 CD4500B 系列制定的，与美国 Motorola 公司的 MC14000B 系列和 MC14500B 系列产品完全兼容。该系列产品的最大特点是工作电源电压范围宽（3～18V）、功耗最小、速度较低、品种多、价格低廉，是目前 CMOS 集成电路的主要应用产品。

2. 74HC 系列

54/74HC 系列是高速 CMOS 标准逻辑电路系列，具有与 74LS 系列同等的工作速度和 CMOS 集成电路固有的低功耗及电源电压范围宽等特点。74HC×××是 74LS×××同型号的翻版，型号的最后几位数字相同，表示电路的逻辑功能、管脚排列完全兼容，故同序号的 74HC 和 74LS 可以相互替代。

3. 74AC 系列

该系列又称“先进的 CMOS 集成电路”，54/74AC 系列具有与 74AS 系列等同的工作速度和与 CMOS 集成电路固有的低功耗及电源电压范围宽等特点。

综上所述，CMOS 集成电路的主要特点如下。

① 具有非常低的静态功耗。在电源电压 V_{CC}＝5V 时，中规模集成电路的静态功耗小于 100μW。

② 具有非常高的输入阻抗。正常工作的 CMOS 集成电路，其输入保护二极管处于反偏状态，直流输入阻抗大于 100MΩ。

③ 宽的电源电压范围。CMOS 集成电路标准 4000B/4500B 系列产品的电源电压为 3～18V。

④ 扇出能力强。扇出能力是用电路输出端所能带动的输入端数来表示的。由于 CMOS 集成电路的输入阻抗极高，因此电路的输出能力受输入电容的限制，但是，当 CMOS 集成电路用来驱动同类型器件时，如不考虑速度，一般可以驱动 50 个以上输入端。

⑤ 抗干扰能力强。CMOS 集成电路的电压噪声容限可达电源电压值的 45%，且高电平和低电平的噪声容限值基本相等。

⑥ 逻辑摆幅大。CMOS 电路在空载时，输出高电平 $V_{OH}>V_{CC}-0.05$V，输出低电平 $V_{OL}\leqslant 0.05$V。

(二) CMOS 数字集成电路使用注意事项

1. 防止静电

CMOS 电路的栅极与基极之间有一层绝缘的二氧化硅薄层，厚度仅为 0.1～0.2μm。由于 CMOS 电路的输入阻抗很高，而输入电容又很小，当不太强的静电加在栅极上时，其电场强度将超过 105V/cm。这样强的电场极易造成栅极击穿，导致永久损坏。

2. 正确选择电源

由于CMOS集成电路的工作电源电压范围比较宽（CD4000B/4500B：3～18V），选择电源电压时首先考虑要避免超过极限电源电压。其次要注意电源电压的高低将影响电路的工作频率。降低电源电压会引起电路工作频率下降或增加传输延迟时间。

3. 防止CMOS电路出现可控硅效应的措施

当CMOS电路输入端施加的电压过高（大于电源电压）或过低（小于0V），或者电源电压突然变化时，电源电流可能会迅速增大，烧坏器件，这种现象称为可控硅效应。

4. 对输入端的处理

在使用CMOS电路器件时，对输入端一般要求如下。

① 应保证输入信号幅值不超过CMOS电路的电源电压。即满足 $V_{SS} \leqslant V_{I} \leqslant V_{CC}$，一般 $V_{SS}=0V$。

② 输入脉冲信号的上升和下降时间一般应小于数微秒，否则电路工作不稳定或损坏器件。

③ 所有不用的输入端不能悬空，应根据实际要求接入适当的电压（V_{CC} 或 0V）。由于CMOS集成电路输入阻抗极高，一旦输入端悬空，极易受外界噪声影响，从而破坏了电路的正常逻辑关系，也可能感应静电，造成栅极被击穿。

5. 对输出端的处理

① CMOS电路的输出端不能直接连到一起。否则导通的P沟道MOS场效应管和导通的N沟道MOS场效应管形成低阻通路，造成电源短路。

② 在CMOS逻辑系统设计中，应尽量减少电容负载。电容负载会降低CMOS集成电路的工作速度和增加功耗。

③ CMOS电路在特定条件下可以并联使用。当同一芯片上2个以上同样器件并联使用（例如各种门电路）时，可增大输出灌电流和拉电流负载能力，同样也提高了电路的速度。但器件的输出端并联，输入端也必须并联。

④ 从CMOS器件的输出驱动电流大小来看，CMOS电路的驱动能力比TTL电路要差很多，一般CMOS器件的输出只能驱动一个LS-TTL负载。但从驱动和它本身相同的负载来看，CMOS的扇出系数比TTL电路大得多（CMOS的扇出系数＞500）。CMOS电路驱动其他负载，一般要外加一级驱动器接口电路。更不能将电源与地颠倒接错，否则将会因为过大电流而造成器件损坏。

(三) CMOS数字集成电路的管脚识别与检测

1. 电源端和接地端的识别

CMOS集成电路电源端和接地端的位置一般规律为：左上角第一脚为电源端，右下角最边上的管脚为接地端，如图3-6所示。

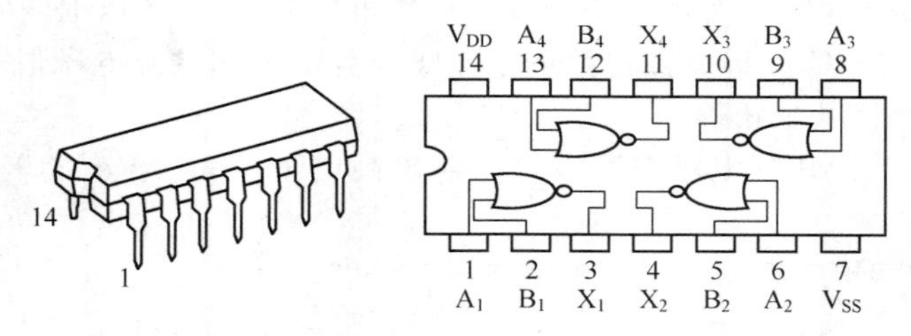

图3-6　TC4001B 2输入四与非门集成电路

2. 输入和输出端的识别

使用CMOS脉冲笔测试“与非”门输入和输出端，首先将“与非”门的电源接+5V电压，接地按要求正确接地。然后将CMOS脉冲笔的黑色鱼夹接地，红色鱼色接被测“与非”门的+5V电源端，然后将探头接触被测点后，观察CMOS脉冲笔三灯显示情况。如图3-7所示。绿灯“0”为低电平，红灯“1”为高电平，黄灯为脉冲灯。若三灯都不亮，表示CMOS集成电路接触不良，元件输入端悬空，元件损坏。

3. 其他检测方法

使用示波器检测，观察输入输出波形的变化，可以检测CMOS集成电路的好坏。此外还可以使用数字集成电路测试仪检测CMOS集成电路的好坏，如图3-8所示。

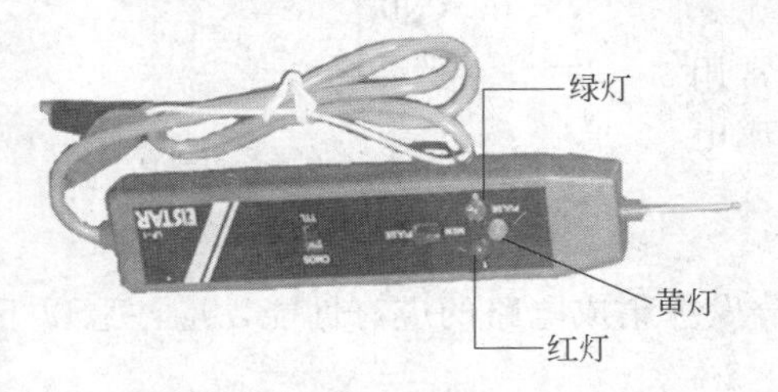

图3-7 输入端和输出端的识别

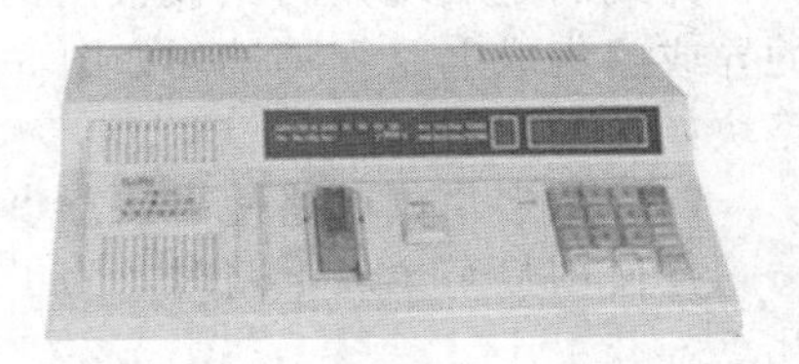

图3-8 数字集成电路测试仪

三、常用集成逻辑门电路

(一) 集成反相器与缓冲器

在数字电路中，反相器就是“非”门电路。其中74LS04是通用型六反相器。管脚排列如图3-9（a）所示。与该器件具有相同的逻辑功能且管脚排列兼容的器件有74HC04（CMOS器件）、CD4069（CMOS器件）等。74LS05也是六反相器，该器件的封装、引脚排列、逻辑功能均与74LS04相同，不同的是74LS05是集电极开路输出（简称OC门）。在实际使用时，必须在输出端至电源正端接一个1～3kΩ的上拉电阻。

缓冲器的输出与输入信号同相位，用于改变输入、输出电平及提高电路的驱动能力。图3-9（b）所示是集电极开路输出同相驱动器74LS07的管脚排列图。该器件的输出管耐压为30V，吸收电流可达40mA左右。与之兼容的器件有74HC07（CMOS）、74LS17。

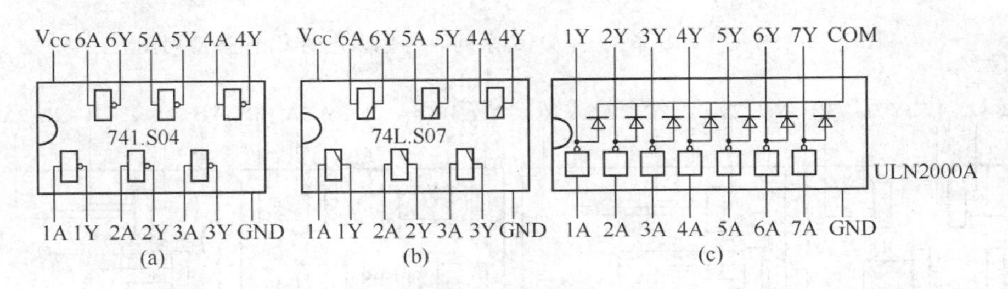

图3-9 常见反相器、驱动器管脚排列图

若需要更强驱动能力的门电路，则可采用ULN2000A系列。该系列包括ULN2001A～ULN2005A，其管脚排列如图3-9（c）所示，内部有7个相同的驱动门。ULN2000A系列的吸收电流可达500mA，输出管耐压为50V左右，故它们有很强的低电平驱动能力，用于小型继电器、微型步进电机的相绕组驱动。图3-10所示电路为ULN2000A驱动直流继电器的典型接法。

(二) 集成与门和与非门

常见的与门有2输入、3输入和4输入等几种；与非门有2输入、3输入、8输入及13

输入等几种。图 3-11 所示为常见 74LS 系列（74HC 系列）与门及与非门管脚排列图，图 3-12 所示为 CD40××B/MC1400B 系列管脚排列图。

(三) 集成或门和或非门

各种或门和或非门的管脚排列如图 3-13、图 3-14 所示。图 3-13 属于 74LS 和 74HC 系列，图 3-14 为 CD4000B/MC14000B 系列。

(四) 集成异或门

异或门是实现数码比较常用的一种集成电路。常用的异或门集成电路管脚排列如图 3-15 所示，实际集成电路块如图 3-16 所示。

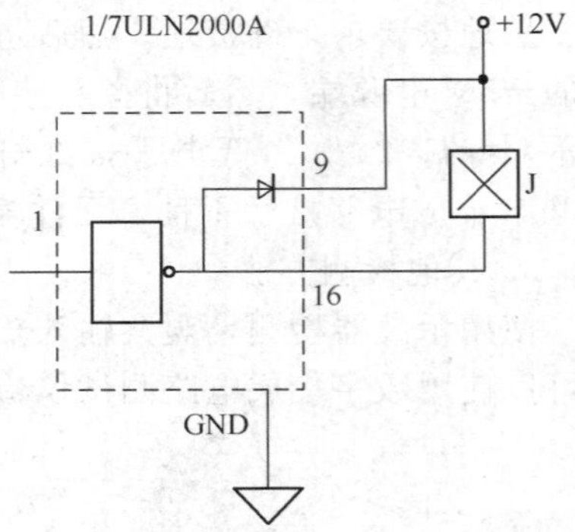

图 3-10　ULN2000A 驱动直流继电器的典型接法

四、数字集成电路使用注意事项

在使用数字集成电路时，为了不损坏器件，充分发挥集成电路的应有性能，应注意以下几点。

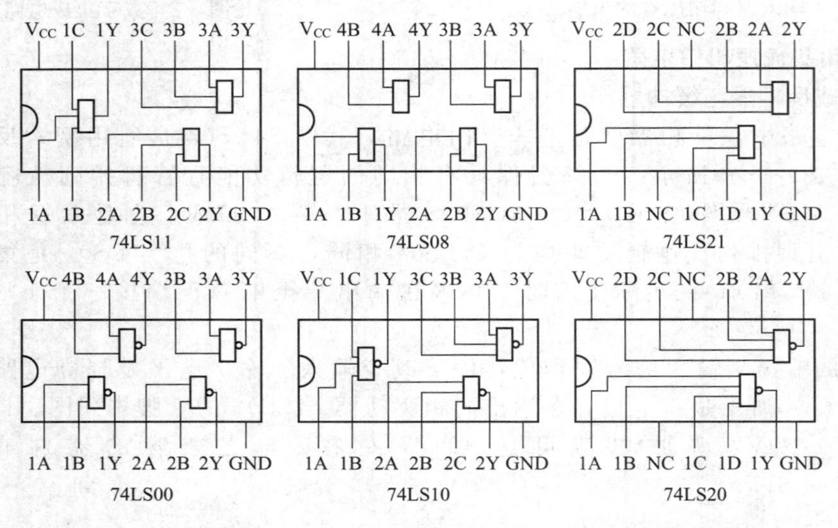

图 3-11　常见 74LS 系列（74HC 系列）与门及与非门管脚排列图

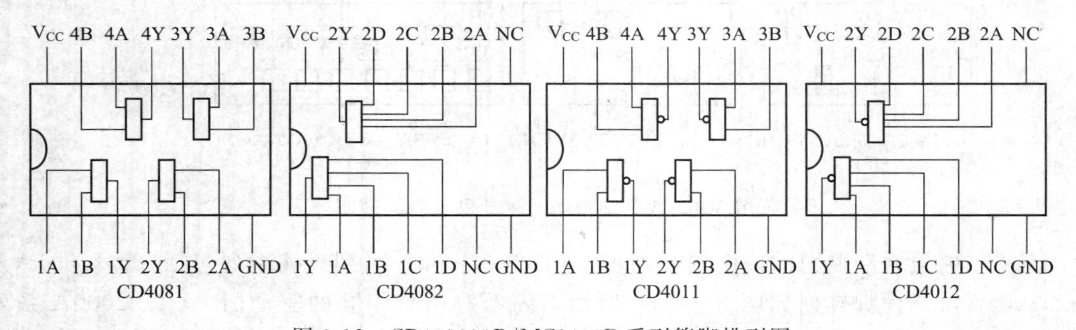

图 3-12　CD40××B/MC1400B 系列管脚排列图

① 认真查阅所用器件资料及手册。

② 注意电源电压的稳定性。

③ 采用合适的方法焊接数字集成电路。

④ 注意设计工艺，增强抗干扰措施。

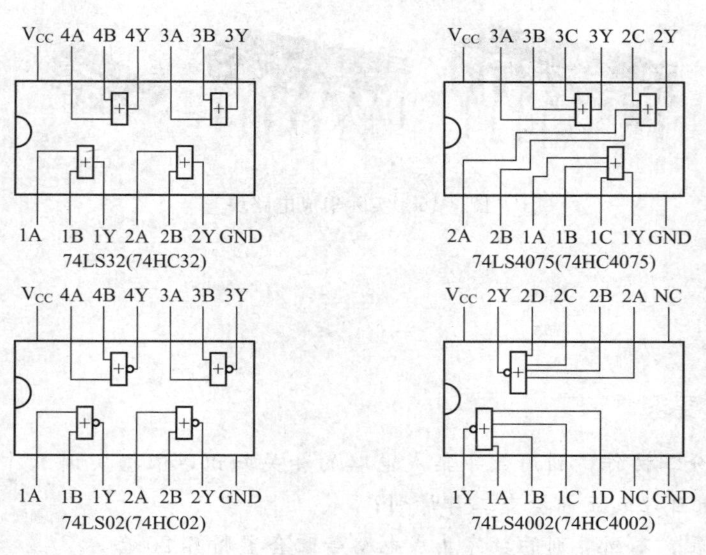

图 3-13　74LS 和 74HC 系列或门及或非门管脚排列图

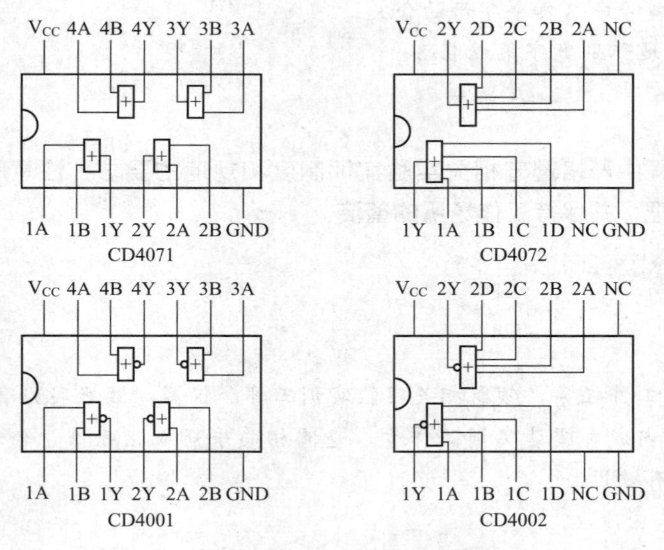

图 3-14　常用 CMOS 或门及或非门管脚排列图

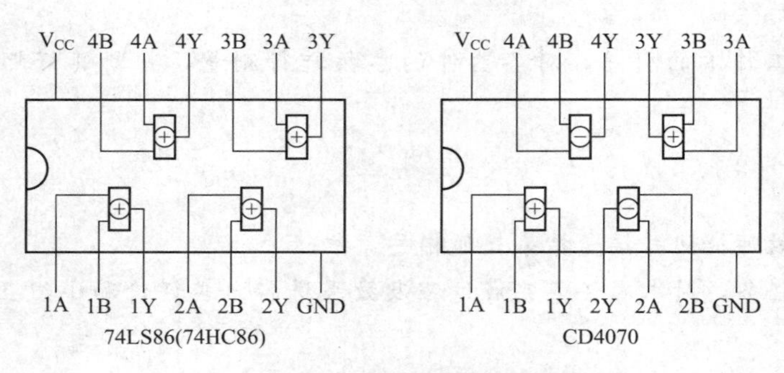

图 3-15　常用异或门管脚排列图

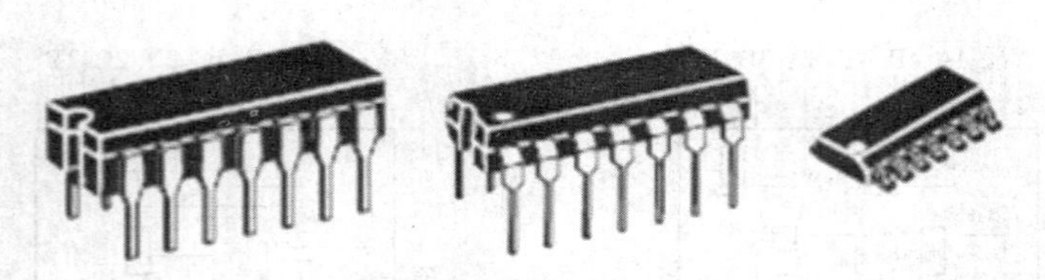

图 3-16 实际集成电路块

任务实施

实施要求

任务目标与要求

- 小组成员分工协作，利用数字集成电路的相关知识，依据实训工作卡分析制定工作计划，并通过小组自评或互评检查工作计划；
- 准备万用表、不同类别的数字集成电路等配套器材各20套；
- 通过资料阅读和实际器件观察，描述数字集成电路的分类、各集成块的外形、封装、引脚排列功能及其型号命名各个字母的含义；
- 能熟练准确地识别数字集成电路。

注意事项

在任务实施过程中严格遵守相关实验实训制度和规范的要求，注意职场健康与安全需求，做好废料的处理，并保持工作场所的整洁。

实施要点

准备工作

- 每小组接受工作任务，领取相关实验实训工具和仪器，做好实施准备工作；
- 组长带领组内成员阅读实训工作卡，查阅相关手册或指导书，合理分工，制定任务计划，并检查计划有效性。

实施步骤

- 依照实训工作卡的引导，观察认识，同时相互描述所配发的数字集成块的相关内容，并填写实训工作卡；
- 依照实训工作卡的引导，对各器件的参数进行测量，判断其好坏，并填写实训工作卡。

评估总结

- 回答指导教师提问并接受指导教师相关考核；
- 完成工作任务，对本次任务完成过程及效果进行自我评价和小组互评，完成实训工作卡填写；
- 清洁工作场所，清点归还相关工具设备，完成本次任务。

实训工作卡

1．(1) 选CC4069或74LS04六非门（反相器）若干块（编号），将六个非门首尾相连串接起来，如图所示（2-3脚、4-5脚、6-13脚、12-11脚、10-9脚相连）。1脚为输入端，接10Hz低频信号，8脚为输出端，14脚接+9V稳压电源（或叠层电池），7脚接稳压电源负极（接地）。如果选用74LS04 TTL电路，则电源电压改为+5V。

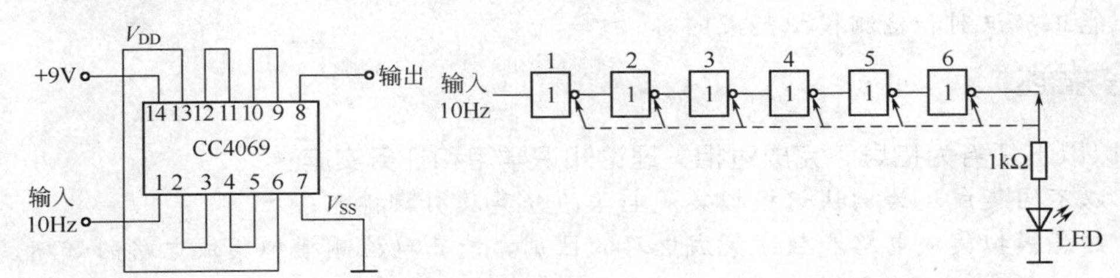

图　六非门测试接线图

(2) 用低频信号发生器输出10Hz低频信号，注入IC的1脚，其地线与7脚共地。

(3) 用发光二极管LED串接1kΩ电阻组成探笔，依次测量2脚、4脚、6脚、12脚、10脚、8脚，如果每一点LED都闪闪发光，则说明每一个非门都是好的。如果测到某一点LED不亮，则说明该点前一个非门已损坏。

(4) 某一门损坏后，可短接该门，继续往下测试，待全部测完，便可得知该IC哪几个非门是坏的。

将测量结果填入下表中：

六非门（反相器）测试表

IC型号			选用电源电压/V				低频信号输出频率/Hz			
测试点	2、3端		4、5端		6、13端		12、11端		8端	
LED指示	闪	不亮	闪	不亮	闪	不亮	闪	不亮	闪	不亮
IC编号	1									
	2									
	3									
	4									
	5									
	6									
测量中出现的问题										

2．配发74LS××系列、74AC××系列、CD4000B系列集成块各一块，试判断其好坏，并指出电源引脚。

任务三　模拟集成电路

能力标准

学完这一单元，你应获得以下能力：

- 熟悉模拟集成电路的分类及其功能；
- 掌握集成运算放大器及集成三端稳压器的使用；
- 能正确识别和检测模拟集成电路。

任务描述

请以以下任务为指导，完成对相关理论知识学习和任务实施：

- 以不同集成块为例认识模拟集成电路的分类及引脚排列；
- 熟悉模拟集成电路和数字集成电路的区别，能正确检测模拟集成电路的好坏。

相关知识

模拟集成电路

教学导入

前面讲过对数字量的运算和处理归结为对低电平和高电平的处理，而对非电量，则可用电压的高低或电流的大小相应模拟它们的大小，因此把这种用来代表非电量的电量称为模拟量。有了模拟量，各种电子仪表就可对各种非电量进行测量、计算和处理。模拟集成电路是以电压或电流为模拟量进行放大、运算和变换的集成电路。它包括数字集成电路以外的所有半导体集成电路。

理论知识

一、模拟集成电路概述

(一) 模拟集成电路的特点

从模拟集成电路的工作原理和功能要求考虑，与数字集成电路相比，概括起来它有以下特点。

① 电路所要处理的是连续变化的模拟信号。

② 除了需要功率输出的输出级电路外，电路中信号的电平值是比较小的。

③ 信号频率往往从直流延伸到高频。

④ 模拟集成电路具有多种多样的电路功能。以收音机用模拟集成电路为例，就包括高频放大、混频、中放、检波、前置放大和功率放大等功能。电路功能的多样化，使模拟集成电路的封装形式也是多种多样的。

⑤ 与数字集成电路相比，模拟集成电路一般总是要求在较高的电源电压下工作。

(二) 模拟集成电路的分类

模拟集成电路的分类方法是各种各样的。

按制造工艺的不同可以分为双极型模拟集成电路、MOS模拟集成电路和混合模拟集成电路。

按电路功能可以分成线性模拟集成电路、非线性模拟集成电路、功率集成电路和微波集成电路。

按照用途分类，可以分为运算放大器、电视机集成电路、音响集成电路、钟表集成电路、集成稳压器等。

(三) 模拟集成电路的结构

常用的模拟集成电路多为半导体结构方式。它的外形主要有金属外壳、陶瓷外壳和塑料外壳三种，目前使用最多的是后两种。从结构形式来看，目前多采用扁平形，少数是圆形。

圆形结构的集成电路，采用金属外壳封装，形状类似普通半导体三极管，但其管脚有3脚、5脚、8脚、10脚和12脚等多种。

扁平形直插式结构的集成电路，采用塑料或陶瓷封装。

集成电路的管脚引出线虽然数目很多，而且数量不等，但其排列次序有一定的规律。一般，从外壳顶部向下看，按逆时针方向读数，其中第一脚附近有参考标记。

二、集成运算放大器

集成运算放大器（Operational Amplifier）简称集成运放，是由多级直接耦合放大电路组成的高增益模拟集成电路。它的增益高（可达60～180dB），输入电阻大（几十千欧至百万兆欧），输出电阻低（几十欧），共模抑制比高（60～170dB），失调与漂移小，而且还具有输入电压为零时输出电压亦为零的特点，适用于正、负两种极性信号的输入和输出。

集成运算放大器是模拟集成电路的主要代表性电路，集成运算放大器也叫非线性放大器，我国以F000系列命名。它的种类很多，可分为通用运算放大器（F003、F007、F030）、高速运算放大器（F051B）、高精度运算放大器（F714）、高阻抗运算放大器（CF072）、低功耗运算放大器（F010）、双运算放大器（CF358）及四运算放大器（CF324）等。其中最典型、最普及的为F007（国外型号有μA741、μPC741）和四运算CF324（国外型号为LM324）。

1. 各系列集成运算放大器的性能特点和运算范围

（1）通用型

按其增益高低，通用型分为通用Ⅰ型、通用Ⅱ型和通用Ⅲ型三种。

通用Ⅰ型的特点是增益和输入阻抗低，共模信号范围小，正、负电源电压不对称，是集成运算放大器的早期产品，可用作高频放大器、窄带放大器、积分器、微分器、加法器和减法器等。

通用Ⅱ型的特点是增益较高，输入阻抗适中，输入幅度较大等，可作交直流放大器、电压比较器、滤波器等。

通用Ⅲ型的特点是增益高，共模和差模电压范围宽，无阻塞，工作稳定等，可作测量放大器、伺服放大器、变换电路、各种模拟运算电路等。

（2）低功耗型

低功耗型的特点是功耗低，电源电压低，增益高，工作稳定，共模范围宽，无阻塞等，可用在要求功耗低、耗电量小的航天、遥控、计算机和仪器仪表中。

（3）高精度型

高精度型的特点是增益高，共模抑制能力强，温漂小，噪声小，可用作测量放大器、传感器、交直流放大器和仪表中的积分器等。

（4）高速型

高速型的特点是转换速率高，频带较宽，建立时间快，输出能力强，可用作脉冲放大器、高频放大器、A/D或D/A转换器等。

（5）宽带型

宽带型的特点是增益高，频带宽，转换速率快等，可用作直流放大器、低频放大器、中频放大器、高频放大器、方波发生器、高频有源滤波器等。

(6) 高阻型

高阻型的特点是输入阻抗高，偏置电流小，转换速率高等，可用作采样-保持电路、A/D或D/A转换、长时间积分器、微电流放大、阻抗变换等。

(7) 高压型

高压型的特点是有高的工作电压、高的输出电压和高的共模电压等，可用作宽负载恒流源、高压音频放大器、随动供电装置、高压稳压电源等。

(8) 其他类型

主要指跨导集成运算放大器、程控运算放大器、电流型运算放大器及集成电压跟随器。

① 跨导集成运算放大器的功能是将输入电压转换为电流输出，并通过外加偏压控制运算放大器的工作电流，从而使其输出电流可在较大的范围内变化。该电路结构简单，便于使用，具有多种用途。

② 程控集成运算放大器的恒流源电路可由外部进行控制，以决定其工作状态。该类电路按电路封装分类，有单运放、双运放、四运放等。该类电路使用灵活，可用于测量电路、汽车电子电路和有源滤波电路等。

③ 电流型集成运算放大器是对电流进行放大，这类电路可在低压、单电源条件下工作，广泛用于放大级、缓冲级、波形发生器、逻辑转换电路等。

④ 集成电压跟随器是一种深度负反馈的单位增益放大器，专门用作电压跟随器。其性能比用运放作电压跟随器好得多，其输入阻抗高，转换速率快，在阻抗变换器/缓冲器、取样/保持电路、有源滤波电路等方面有广泛用途。

2. 集成运算放大器的型号命名方法

① 国内统一型号命名方法：运算放大器各个品种的型号由字母和阿拉伯数字组成，字母在首部，统一采用CF两个字母，C表示符合国际，F表示线性放大器。其后部的阿拉伯数字表示类型。

② 国内各生产厂的企标型号：国内各生产厂的企标型号也是由字母和阿拉伯数字组成的，不同生产厂家的字母部分不同，数字部分也无统一原则。不过近两年来，各生产厂生产的产品凡是能与国外同类产品直接互换使用的，则阿拉伯数字序号大多采用国外同类产品型号中的数字序号，以便于使用。

3. 集成运算放大器使用注意事项

① 集成运放类别、品种很多，使用者必须根据实际使用要求，合理选用，使性能价格比最高。

② 使用前要了解集成运放产品的类别及电参数，弄清楚封装形式、外引线排法、管脚接线、供电电压范围等。

③ 消振网络应按要求接好，在能消振的前提下兼顾带宽。

④ 集成运放是电子电路的核心，为了减少损坏，最好采取适当保护措施。

三、集成稳压电源

稳压集成电路又称集成稳压电源，其电路形式大多采用串联稳压方式。集成稳压器与分立元件稳压器相比，具有体积小、性能高、使用简便可靠等优点。集成稳压器有多端可调式、三端可调式、三端固定式及单片开关式集成稳压器等多种。

① 多端可调式集成稳压器精度高、价格低，但输出功率小，引出端多，给使用带来了不便。

多端可调式集成稳压器可根据需要加上相应的外接元件，组成限流和功率保护器。国内外同类产品的基本电路形式有区别，但基本原理相似。国产的有W2系列、WB7系列、WA7系列、BG11等。

② 三端可调式输出集成稳压器精度高，输出电压纹波小，一般输出电压为 1.25～35V 或 1.25～35V 连续可调。其型号有 W117、W138、LM317、LM138、LM196 等型号。

③ 三端固定输出集成稳压器是一种串联调整式稳压器，其电路只有输入、输出和公共三个引出端，使用方便。其型号有 W78 正电压系列、W79 负电压系列。

④ 开关式集成稳压器是一种新的稳压电源，其工作原理不同上述三种类型，它是由直流变交流，交流再变直流的变换器，输出电压可调，效率很高。其型号有 AN5900、HA17524 等，广泛用于电视机、电子仪器等设备中。

集成稳压电源是把稳压电路中的各种元器件（三极管、二极管、电阻、电容等）集成化做在一个硅片上，或者把不同芯片组装在一个管壳内而成的。它是模拟集成电路的一个重要分支。其品种很多，除了专用集成稳压电源外，按电压调整方式分为可调式和固定式两种；按输出电压极性可分为正电源和负电源两种；按引脚可分为三端式和多端式两种。

1. 集成稳压电源的型号命名方法

① 国标命名法：集成稳压电源的型号由两部分组成，一部分是字母，另一部分是阿拉伯数字。字母部分用“CW”表示，数字部分与国外同类产品的数字一样。

② 国内各生产厂的企标命名法：也是由字母和阿拉伯数字组成的。不同厂家规定了自己的字母部分，凡与国外某产品型号可互换的，则后续数字部分采用国外产品型号的数字。凡无国外同类产品的由生产厂家自行规定。

2. 集成稳压电源的选型及使用注意事项

① 集成稳压电源品种很多，每类产品都有其自身的特点和使用范围。因此在选用集成稳压电源时，要考虑设计的需要和可实施性及性能价格比，才能做到物尽其用，性能最佳。

② 在稳压电源使用中，为了适应各种负载要求，要设计各种保护电路。目前一些集成稳压电源已设置了短路保护、调整管安全工作区保护及过热保护电路，使用时可不另加保护电路，但在特殊使用时仍要加必要的保护。

③ 在使用中，注意各种封装的引线排列，防止接错烧毁。同时保证不要超出给定的极限参数值。

④ 集成稳压电源在使用时，要接一定的滤波电容器，这些电容器要按要求的规格连接，引线要短，最好接在集成电路块的引线部分。

四、时基电路

时基电路也叫定时电路，是非线性电路。因其型号后的数为 555，所以简称为“三五”电路。555 集成电路不仅作为定时器使用，还可以组成各种波形的振荡器、定时延时电路、双稳态触发电路、检测电路、电源变换电路、频率变换电路等，被广泛应用于自动控制、测量、通信等领域。

555 电路的前半部分是由模拟电路运算放大器和电压比较器组成，后半部分则由数字电路 R-S 触发器和反相器组成。555 电路有双极型（TTL）和互补金属氧化物半导体型（CMOS）集成电路两大类。

国产 555 时基电路的双极型型号有 CB555（5G1555、FD555、FX555），国外型号有 NE555、CA555、LM555、SL555；CMOS 型的有 CB7555（5G7555、CH7555），国外型号有 ICM7555、MPD5555。

五、专用集成电路

专用集成电路（ASIC）是指面向某一特定应用或某一用户特殊要求而定制的集成电路。按照设计风格的不同，可分为全定制和半定制两大类。

（1）全定制

全定制是基于晶体管级的芯片设计，从管子的尺寸、安放位置及管子间互连着手设计。

因此可实现最佳性能，即密度量高、速度最快、功耗最小，但开发周期最长，适合于大批量生产的集成电路芯片的设计，如微处理器芯片的设计。对于一些具有特殊要求的芯片也应考虑采用全定制设计方法。

（2）半定制

半定制主要是门阵列和标准单元。

① 门阵列用许多重复单元（这些单元可以是单管，也可以是一些门电路或触发器）排列成阵列的形式，各子阵列之间留有布线通道，四周排列输入输出电路和某些备用电路，电源和地线则呈网状或枝状遍布整个芯片。当用户提出制作新电路时，根据用户对功能的要求在CAD系统的辅助下进行布线设计，制作出布线掩膜板，并将库存半成品加工成符合要求的电路。门阵列法又分为块单元法、行单元法和无隙单元法。门阵列具有开发周期短、功能性较好、成本低等优点，适合于大批量生产。

② 标准单元方式使用预先设计好的具有一定逻辑功能的单元电路（可以使小规模电路，如各种门或寄存器；也可以是中/大规模电路，如RAM、ROM、PLA），进行布局、布线，以实现用户所需电路。这种设计方法是利用已有的单元库，设计出芯片的全套掩膜层版图。与门阵列相比，标准单元法开发周期长、成本高，但设计灵活性大，自动化程度较高，功能性好。

ASIC应用领域广泛，品种繁多，型号复杂，此处不作详细叙述。

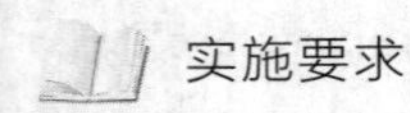

任务实施

实施要求

任务目标与要求

- 小组成员分工协作，利用模拟集成电路的相关知识，依据实训工作卡分析制定工作计划，并通过小组自评或互评检查工作计划；
- 准备万用表、不同类别及外形的模拟集成电路等配套器材各20套；
- 通过资料阅读和实际器件观察，描述模拟集成电路的分类、各集成块的外形、封装、引脚排列功能及其型号命名各个字母的含义；
- 能熟练准确地识别模拟集成电路。

注意事项

在任务实施过程中严格遵守相关实验实训制度和规范的要求，注意职场健康与安全需求，做好废料的处理，并保持工作场所的整洁。

实施要点

准备工作

- 每小组接受工作任务，领取相关实验实训工具和仪器，做好实施准备工作；
- 组长带领组内成员阅读实训工作卡，查阅相关手册或指导书，合理分工，制定任务计划，并检查计划有效性。

实施步骤

- 依照实训工作卡的引导，观察认识，同时相互描述所配发的模拟集成块的相关内容，并填写实训工作卡；

• 依照实训工作卡的引导，对各器件的某些参数进行测量，并填写实训工作卡。

评估总结

• 回答指导教师提问并接受指导教师相关考核；

• 完成工作任务，对本次任务完成过程及效果进行自我评价和小组互评，完成实训工作卡填写；

• 清洁工作场所，清点归还相关工具设备，完成本次任务。

实训工作卡

1. 由教师配发运算放大器，通过自己分析和小组讨论两种方式判断其外形、封装形式及其引脚。

2. 三端稳压器管脚的判定

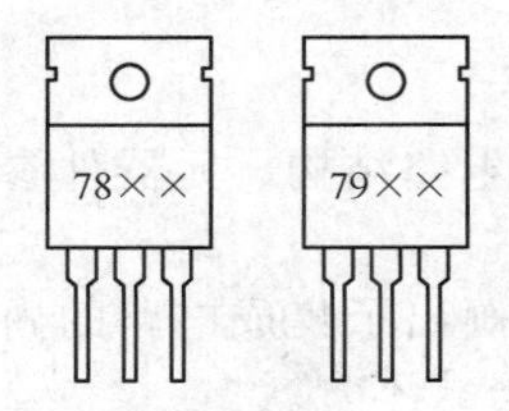

3. 给555集成电路标注引脚数码，并指出接地引脚和电源输入引脚。

4. 用万用表欧姆挡对555集成电路进行检测，并将检测结果填入表中：

各脚对地的电阻值/kΩ

脚位	1	2	3	4	5	6	7	8
对地电阻值(参考值)	0	10.2	8.9	9.5	8	∞	8.7	7.5
对地电阻值(黑表笔接地)								
对地电阻值(红表笔接地)								

任务四　集成电路应用电路识图及检测

能力标准

学完这一单元，你应获得以下能力：

• 熟悉集成电路应用电路图的功能及特点；

- 掌握集成电路应用电路图的识图方法及注意事项；
- 能正确识别和检测常用集成电路。

任务描述

请以以下任务为指导，完成对相关理论知识学习和任务实施：

- 以不同集成块应用电路图为例认识集成电路应用电路的功能及识图要点；
- 能正确检测常用集成电路。

相关知识

集成电路应用电路识图及检测

教学导入

在无线电设备中，集成电路的应用愈来愈广泛，对集成电路应用电路识图及其检测是一个重点，也是难点之一。

理论知识

一、集成电路应用电路识图

1. 集成电路应用电路图功能

① 它表达了集成电路各引脚外电路结构、元器件参数等，从而表示了某一集成电路的完整工作情况。

② 有些集成电路应用电路中，画出了集成电路的内电路方框图，这对分析集成电路应用电路是相当方便的，但这种表示方式不多。

③ 集成电路应用电路有典型应用电路和实用电路两种，前者在集成电路手册中可以查到，后者出现在实用电路中，这两种应用电路相差不大，根据这一特点，在没有实际应用电路图时可以用典型应用电路图作参考，这一方法修理中常常采用。

④ 一般情况集成电路应用电路表达了一个完整的单元电路，或一个电路系统，但有些情况下一个完整的电路系统要用到两个或更多的集成电路。

2. 集成电路应用电路图特点

① 大部分应用电路不画出内电路方框图，这对识图不利，尤其对初学者进行电路工作分析时更为不利。

② 对初学者而言，分析集成电路的应用电路比分析分立元器件的电路更为困难，这是对集成电路内部电路不了解的缘故，实际上识图也好、修理也好，集成电路比分立元器件电路更为方便。

③ 对集成电路应用电路而言，大致了解集成电路内部电路和详细了解各引脚作用的情况下，识图是比较方便的。这是因为同类型集成电路具有规律性，在掌握了它们的共性后，可以方便地分析许多同功能不同型号的集成电路应用电路。

3. 集成电路应用电路图识图方法和注意事项

（1）了解各引脚的作用是识图的关键

若想了解各引脚的作用可以查阅有关集成电路应用手册。知道了各引脚作用之后，分析各引脚外电路工作原理和元器件作用就方便了。例如，知道①脚是输入引脚，那么与①脚所串联的电容是输入耦合电容，与①脚相连的电路是输入电路。

（2）了解集成电路各引脚作用的三种方法

了解集成电路各引脚作用有三种方法：一是查阅有关资料；二是根据集成电路的内电路

方框图分析；三是根据集成电路的应用电路中各引脚外电路特征进行分析。对第三种方法，要求有比较好的电路分析基础。

（3）集成电路应用电路分析步骤如下。

① 直流电路分析。这一步主要是进行电源和接地引脚外电路的分析。注意，电源引脚有多个时要分清这几个电源之间的关系，如是否是前级、后级电路的电源引脚，或是左、右声道的电源引脚；对多个接地引脚也要这样分清。分清多个电源引脚和接地引脚，对修理是有用的。

② 信号传输分析。这一步主要分析信号输入引脚和输出引脚外电路。当集成电路有多个输入、输出引脚时，要搞清楚是前级还是后级电路的输出引脚；对于双声道电路还要分清左、右声道的输入和输出引脚。

③ 其他引脚外电路分析。例如，找出负反馈引脚、消振引脚等。这一步的分析是最困难的，对初学者而言要借助于器件资料或内电路方框图。

④ 有了一定的识图能力后，要学会总结各种功能集成电路的引脚外电路规律，并要掌握这种规律，这对提高识图速度是有用的。例如，输入引脚外电路的规律是，通过一个耦合电容或一个耦合电路与前级电路的输出端相连；输出引脚外电路的规律是通过一个耦合电路与后级电路的输入端相连。

⑤ 分析集成电路的内电路对信号放大、处理过程时，最好是查阅该集成电路的内电路方框图。分析内电路方框图时，可以通过信号传输线路中的箭头指示，知道信号经过了哪些电路的放大或处理，最后信号是从哪个引脚输出的。

⑥ 了解集成电路的一些关键测试点、引脚直流电压规律对检修电路是十分有用的。OTL 电路输出端的直流电压等于集成电路直流工作电压的一半；OCL 电路输出端的直流电压等于 0V；BTL 电路两个输出端的直流电压是相等的，单电源供电时等于直流工作电压的一半，双电源供电时等于 0V。当集成电路两个引脚之间接有电阻时，该电阻将影响这两个引脚上的直流电压；当两个引脚之间接有线圈时，这两个引脚的直流电压是相等的，不等时必是线圈开路了；当两个引脚之间接有电容或接 RC 串联电路时，这两个引脚的直流电压肯定不相等，若相等说明该电容已经击穿。

⑦ 一般情况下，不要去分析集成电路的内部工作原理，这是相当复杂的。

二、集成电路管脚识别方法

1. 扁平、双列直插、单列直插识别方法

集成电路通常有扁平、双列直插、单列直插等几种封装形式，不论是哪种集成电路的外壳上都有供识别管脚排序定位（或称第一脚）的标记。

对于扁平封装，一般在器件正面的一端标上小圆点（或小圆圈、色点）作标记。塑封双列直插式集成电路的定位标记通常是弧形凹口、圆形凹坑或小圆圈。进口 IC 的标记符号更多，有色线、黑点、方形色环、双色环等。

2. 识别数字 IC 管脚的方法

将 IC 正面的字母、代号对着自己，使定位标记朝左下方，则处于最左下方的管脚是第 1 脚，再按逆时针方向依次数管脚，便是第 2 脚、第 3 脚等。图 3-17(a) 所示是模拟 IC 的定位标记及管脚排序，其情况与数字 IC 相似。模拟 IC 有少部分管脚排序比较特殊，如图 3-17(b)、(c) 所示。

图 3-18 所示是各种单列直插式 IC 的管脚排序。识别管脚时把 IC 的管脚向下，这时定位标记在左面（与双列直插式一样），从左向右数，就能得到管脚的排列序号。

图 3-19 所示为单列直插式 IC 的常见标记方法。

3. 进口 IC 电路的管脚识别方法

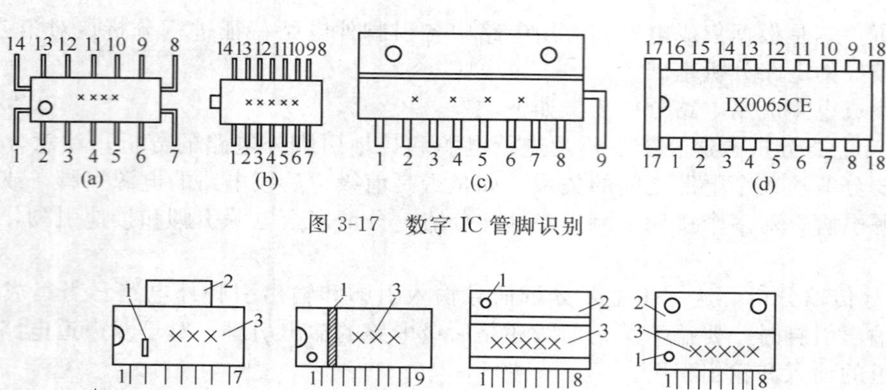

图 3-17　数字 IC 管脚识别

图 3-18　单列直插式 IC 的常见外形图

1—定位标记；2—散热片；3—型号

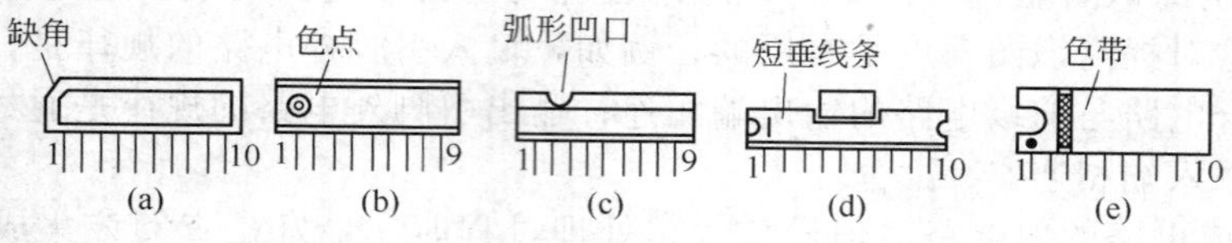

图 3-19　单列直插式 IC 的常见标记方法

有些进口 IC 电路的管脚排序是反向的。这类 IC 的型号后面带有后缀字母“R”。型号后面无“R”的是正向型管脚，有“R”的是反向型管脚，如图 3-20 所示。例如 M5115 和 M5115RP、HA1339A 和 HA1339AR、HA1366W 和 HA1366AR 等，前者是正向管脚型，而后者是反向管脚型。

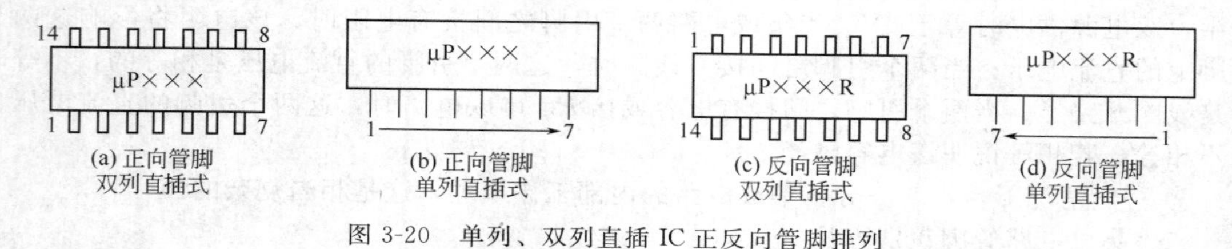

图 3-20　单列、双列直插 IC 正反向管脚排列

四列扁平封装式 IC 电路管脚很多，常为大规模集成电路所采用，其引脚的标记与排序如图 3-21 所示。

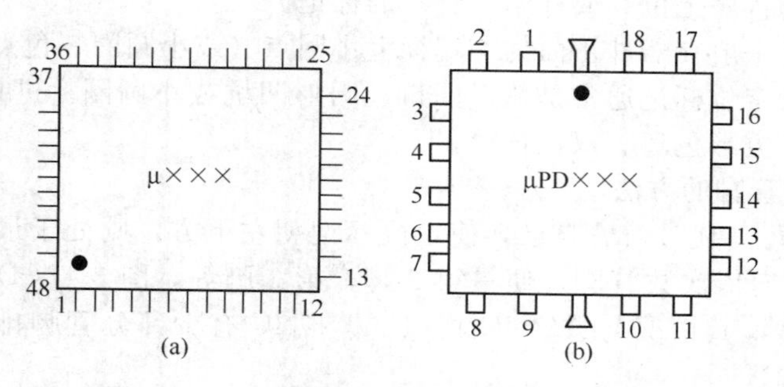

图 3-21　四列扁平封装式 IC 电路的管脚排列

4. 一般集成电路封装缩写字母含义

① BGA（Ball Grid Array）：球栅阵列，面阵列封装的一种，如图 3-22 所示。

② QFP（Quad Flat Package）：方形扁平封装，如图 3-23 所示。

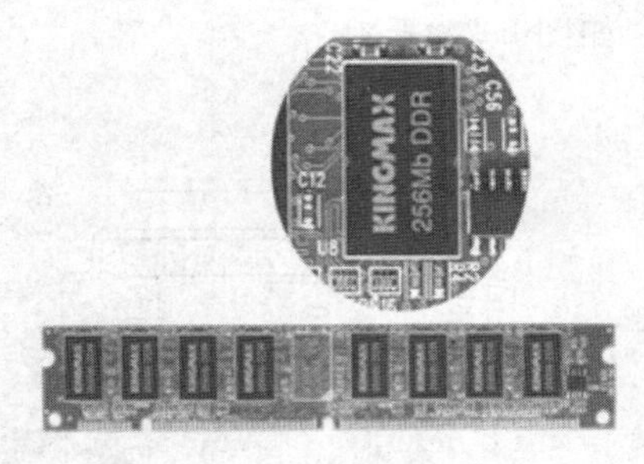

图 3-22 BGA 封装内存

图 3-23 QFP 封装的 80286

③ PLCC（Plastic Leaded Chip Carrier）：有引线塑料芯片载体，如图 3-24 所示。

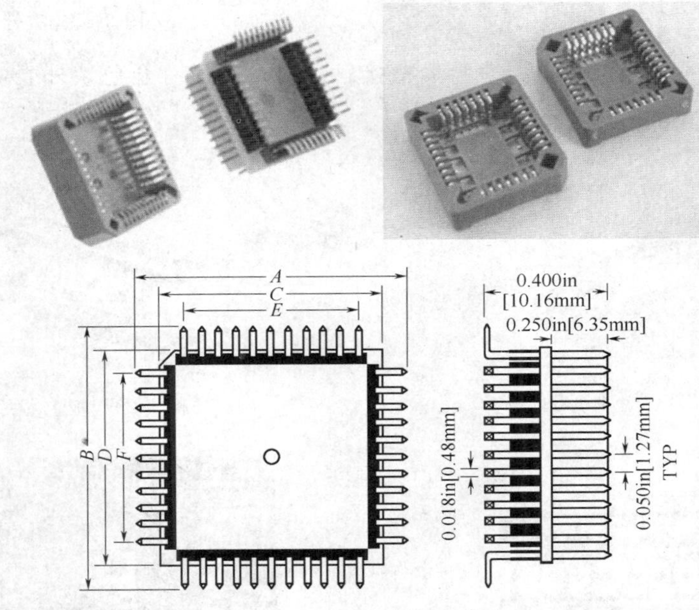

图 3-24 PLCC 封装与底座

④ DIP（Dual In-line Package）：双列直插封装，如图 3-25 所示。

⑤ SIP（Single In-line Package）：单列直插封装，如图 3-26 所示。

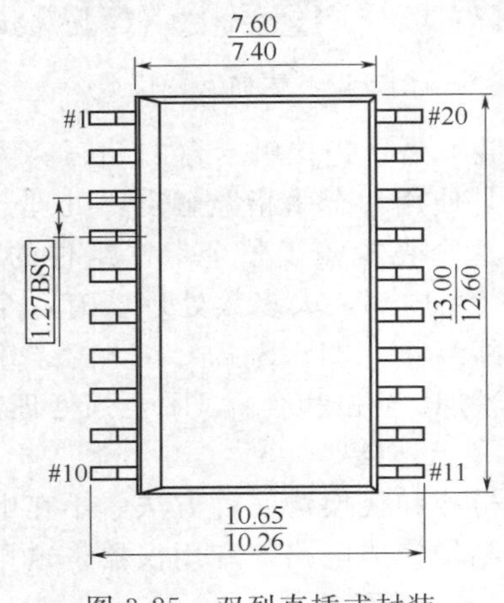

图 3-25 双列直插式封装

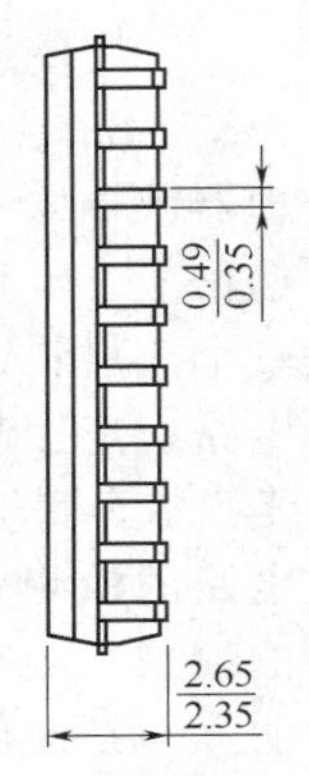

图 3-26 单列直插式封装

⑥ SOP（Small Out-line Package）：小外形封装，如图 3-27 所示。

⑦ SOJ（Small Out-line J-leaded Package）：J 形引线小外形封装。如图 3-28 所示。

⑧ COB（Chip on Board）：板上芯片封装，如图 3-29 所示。

⑨ THT（Through Hole Technology）：通孔插装技术，如图 3-30 所示。

⑩ SMT（Surface Mount Technology）：表面安装技术，如图 3-31 所示。

⑪ S. E. P.（Single Edge Processor）封装：是单边处理器的缩写。“S. E. P.”封装类似于“S. E. C. C.”或者“S. E. C. C. 2”封装，也是采用单边插入到 Slot 插槽中，以“金手指”与插槽接触，但是它没有全包装外壳，底板电路从处理器底部是可见的。“S. E. P.”封装应用于早期的 242 根“金手指”的 Intel Celeron 处理器。

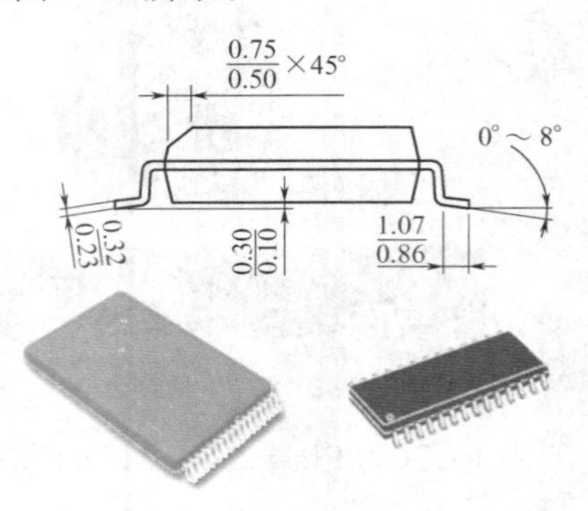

图 3-27　小外形封装

图 3-28　J 形引线小外形封装

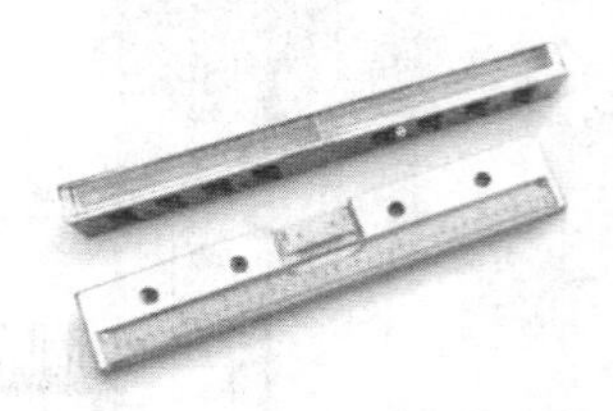

图 3-29　板上芯片封装

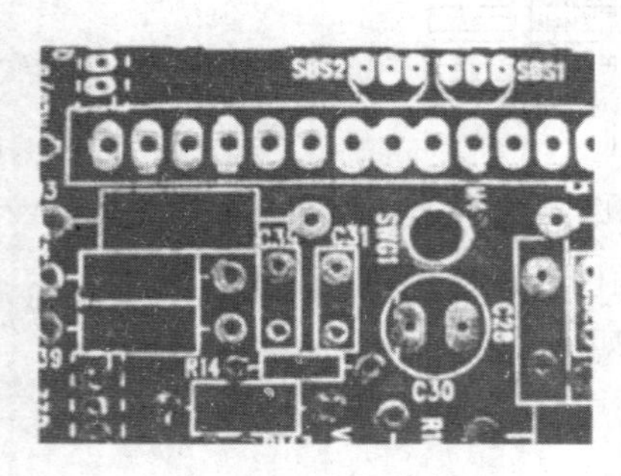

图 3-30　通孔插装技术

图 3-31　表面安装技术

⑫ S. E. C. C.（Single Edge Contact Cartridge）封装：是单边接触卡盒的缩写。为了与主板连接，处理器被插入一个插槽。它不使用针脚，而是使用“金手指”触点，处理器使用这些触点来传递信号。S. E. C. C. 被一个金属壳覆盖，这个壳覆盖了整个卡盒组件的顶端。卡盒的背面是一个热材料镀层，充当了散热器。S. E. C. C. 内部，大多数处理器有一个被称为基体的印刷电路板连接起处理器、二级高速缓存和总线终止电路。S. E. C. C. 封装用于有 242 个触点的英特尔奔腾 II 处理器和有 330 个触点的奔腾 II 至强和奔腾 III 至强处理器。

三、集成电路的检测方法

集成电路的检测一般有不在电路中检测、在电路中检测和代换法三种方法。不在电路中检测有两种方法：一是使用万用表检测，另一种是使用测量集成电路的专用仪器。这里重点介绍使用万用表检测的方法。

1. 不在电路中检测

这种方法是在IC未焊入电路时进行的，一般情况下可用万用表测量各引脚对应于接地引脚之间的正、反向电阻值，并和完好的IC进行比较。

2. 在电路中检测

这是一种通过万用表检测IC各引脚在路（IC在电路中）直流电阻、对地交直流电压以及总工作电流的检测方法。这种方法克服了代换法需要代换IC的局限性和拆卸IC的麻烦，是检测IC最常用的方法。

（1）在路直流电阻检测法

在路直流电阻检测法是一种用万用表欧姆挡，直接在线路板上测量IC各引脚和外围元件的正反向直流电阻值，并与正常数据相比较，来发现和确定故障的方法。测量时要注意以下三点。

① 测量前要先断开电源，以免测试时损坏电表和元件。

② 万用表电阻挡的内部电压不得大于6V，量程最好用$R\times100$或$R\times1k$挡。

③ 测量IC引脚参数时，要注意测量条件，如被测机型、与IC相关的电位器的滑动臂位置等，还要考虑外围电路元件的好坏。

（2）直流工作电压测量法

直流工作电压测量法即在通电情况下，用万用表直流电压挡对直流供电电压、外围元件的工作电压进行测量，检测IC各引脚对地直流电压值，并与正常值相比较，进而压缩故障范围，找出损坏的元件。测量时要注意以下几点。

① 万用表要有足够大的内阻，至少要大于被测电路电阻的10倍以上，以免造成较大的测量误差。

② 通常把各电位器旋到中间位置，如果是电视机，信号源要采用标准彩条信号发生器。

③ 表笔或探头要采取防滑措施，因任何瞬间短路都容易损坏IC。可采取如下方法防止表笔滑动：取一段自行车用气门芯套在表笔尖上，并长出表笔尖约0.5mm左右，这既能使表笔尖良好地与被测试点接触，又能有效防止打滑，即使碰上邻近点也不会短路。

④ 当测得某一引脚电压与正常值不符时，应根据该引脚电压对IC正常工作有无重要影响以及其他引脚电压的相应变化进行分析，才能判断IC的好坏。

⑤ IC引脚电压会受外围元器件影响。当外围元器件发生漏电、短路、开路或变值时，或外围电路连接的是一个阻值可变的电位器，则电位器滑动臂所处的位置不同，都会使引脚电压发生变化。

⑥ 若IC各引脚电压正常，则一般认为IC正常；若IC部分引脚电压异常，则应从偏离正常值最大处入手，检查外围元件有无故障，若无故障，则IC很可能损坏。

⑦ 对于动态接收装置，如电视机，在有无信号时，IC各引脚电压是不同的。如发现引脚电压不该变化的反而变化大，该随信号大小和可调元件不同位置而变化的反而不变化，就可确定IC损坏。

⑧ 对于多种工作方式的装置，如录像机，在不同工作方式下，IC各引脚电压也是不同的。

（3）交流工作电压测量法

为了掌握IC交流信号的变化情况，可以用带有dB插孔的万用表对IC的交流工作电压进行近似测量。检测时万用表置于交流电压挡，正表笔插入dB插孔；对于无dB插孔的万用表，需要在正表笔串接一只0.1～0.5μF隔直电容。该法适用于工作频率比较低的IC，如电视机的视频放大级、场扫描电路等。由于这些电路的固有频率不同，波形不同，所以所测的数据是近似值，只能供参考。

(4) 总电流测量法

总电流测量法是通过检测IC电源进线的总电流，来判断IC好坏的一种方法。由于IC内部绝大多数为直接耦合，IC损坏时（如某一个PN结击穿或开路）会引起后级饱和与截止，使总电流发生变化。所以通过测量总电流的方法可以判断IC的好坏。也可用测量电源通路中电阻的电压降，用欧姆定律计算出总电流值。

3. 代换法

代换法是用已知完好的同型号、同规格的集成电路来代换被测集成电路，以判断该集成电路是否损坏。

四、集成电路检测注意事项

(1) 检测前要了解集成电路及其相关电路的工作原理

检测集成电路前首先要熟悉所用集成块的功能、内部电路、主要电参数、各引出脚的作用，以及各引脚的正常电压、波形、与外围元件组成电路的工作原理。如果具备以上条件，那么进行检查分析就容易多了。

(2) 测试时不要使引脚间造成短路

电压测量或用示波器探头测试波形时，表笔或探头不要由于滑动而造成集成电路引脚间短路，最好在与引脚直接连通的外围印制电路上进行测量。任何瞬间的短路都容易损坏集成电路，在测试扁平型封装CMOS集成电路时更要加倍小心。

(3) 严禁在无隔离变压器的情况下，用已接地的测试设备去接触底板带电的设备

严禁用外壳已接地的仪器设备直接测试无电源隔离变压器的电视、音响和录像设备。虽然一般的收录机都具有电源变压器，但是当接触到较特殊的尤其是输出功率较大或对采用的电源性质不太了解的电视或音响设备时，首先弄清该机底盘是否带电，否则极易与底盘带电的电视、音响设备造成电源短路，波及集成电路，进而造成故障进一步扩大。

(4) 测试前人体先对大地放掉静电，IC不能放在易带静电的物体上

(5) 不要轻易判定集成电路的损坏

不要轻易判定集成电路已经损坏。因为集成电路绝大多数为直接耦合，一旦某一电路不正常，可能会导致多处电压变化，而这些变化不一定是集成电路损坏引起的。另外，在有些情况下测得各引脚电压与正常值相符或接近时，也不一定能说明集成电路是好的，因为有些软故障不会引起引脚直流电压的变化。

(6) 测试仪表内阻要大

测量集成电路各引脚直流电压时，应选用表头内阻大于20kΩ/V的万用表，否则对某些引脚电压会有较大的测量误差。

五、常用集成电路的检测

1. 微处理器集成电路的检测

微处理器集成电路的关键测试引脚是V_{DD}电源端、RESET复位端、XIN晶振信号输入端、XOUT晶振信号输出端及其他各线输入、输出端。在路测量这些关键脚对地的电阻值和电压值，看是否与正常值（可从产品电路图或有关维修资料中查出）相同。不同型号微处理器的RESET复位电压也不相同，有的是低电平复位，即在开机瞬间为低电平，复位后维持高电平；有的是高电平复位，即在开机瞬间为高电平，复位后维持低电平。

2. 开关电源集成电路的检测

开关电源集成电路的关键脚电压是电源端（V_{CC}）、激励脉冲输出端、电压检测输入端、电流检测输入端。测量各引脚对地的电压值和电阻值，若与正常值相差较大，在其外围元器件正常的情况下，可以确定是该集成电路已损坏。

内置大功率开关管的厚膜集成电路，还可通过测量开关管C、B、E极之间的正、反向

电阻值，来判断开关管是否正常。

3．音频功放集成电路的检测

检查音频功放集成电路时，应先检测其电源端（正电源端和负电源端）、音频输入端、音频输出端及反馈端对地的电压值和电阻值。若测得各引脚的数据值与正常值相差较大，其外围元件正常，则是该集成电路内部损坏。对引起无声故障的音频功放集成电路，测量其电源电压正常时，可用信号干扰法来检查。测量时，万用表应置于 $R\times1$ 挡，将红表笔接地，用黑表笔点触音频输入端，正常时扬声器中应有较强的“喀喀”声。

下面以音频功率放大器 IC602（TDA8944J）为例详细介绍音频功率放大器的检测。音频功率放大器在伴音电路中的引脚功能及实物外形图见图 3-32。

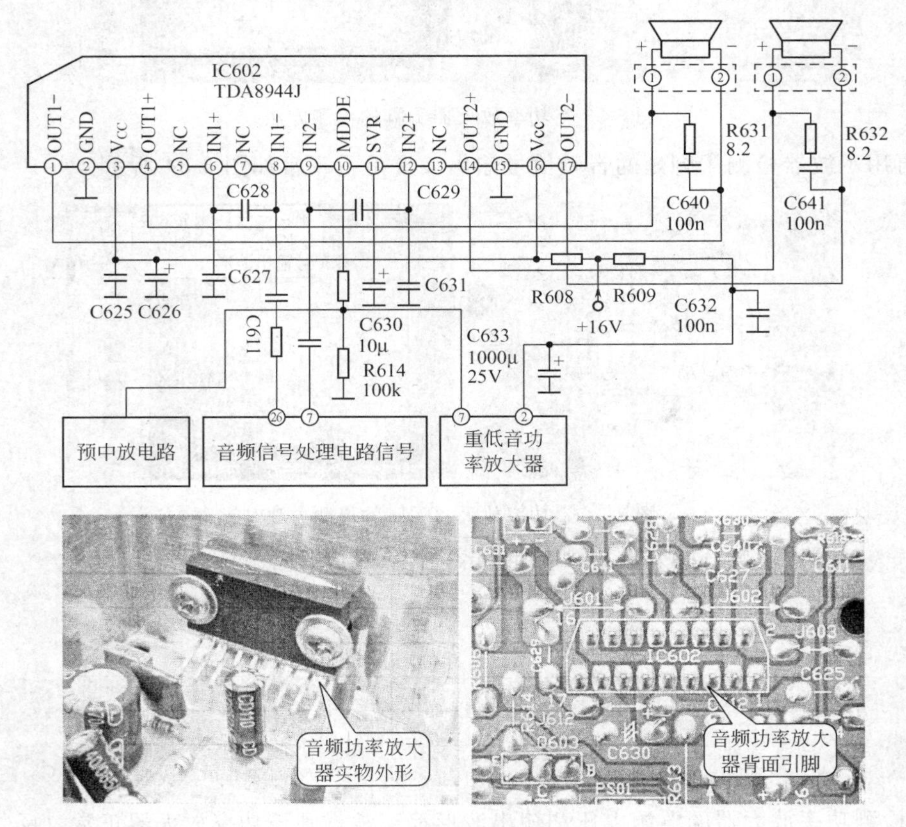

图 3-32　音频功率放大器在伴音电路中的引脚功能及实物外形图

音频功率放大器的③脚和⑯脚为电源供电端、①脚和④脚分别为左声道反相信号输出端、左声道同相信号输出端；⑰脚和⑭脚分别为右声道反相信号输出端、右声道同相信号输出端；⑧脚和⑥脚分别为左声道反相信号输入端、左声道同相信号输入端；⑫脚和⑨脚分别为右声道反相信号输入端、右声道同相信号输入端。这些引脚是音频信号主要检测点。除了音频信号的检测外，还有供电电压的检测。

功率放大器 IC602（TDA8944J）是否正常，首先要检查其工作电压是否正常，然后通过检测其输出的音频信号波形是否正常来判断功率放大器的好坏。

（1）将万用表量程选至直流电压挡，红表笔接③脚，黑表笔接接地端，检测其电压正常值应为 16V。

（2）检测音频功率放大器 IC602（TDA8944J）的工作电压正常后，可以进一步检测音频信号的输出波形是否正常。

1）根据 IC602 的标识找到功率放大器的接地端，并将其连接至探头的接地，用探头接①脚检测输出的音频波形。如图 3-33 所示。

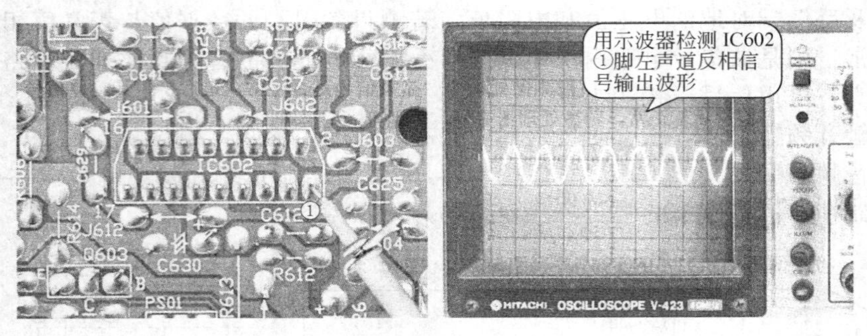

图 3-33　功率放大器①脚的检测方法

2）再用示波器检测④脚处的音频信号输出波形是否正常如图 3-34 所示。

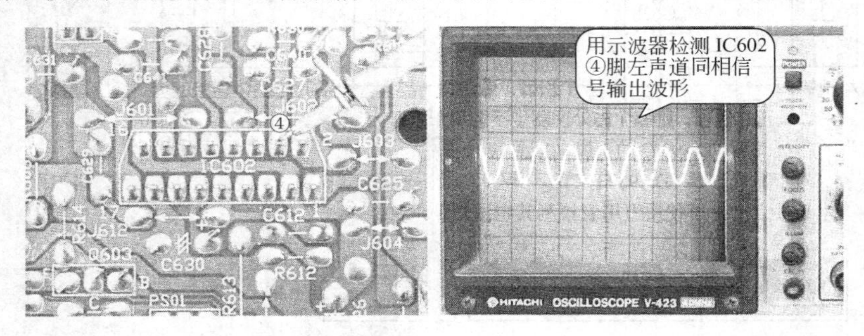

图 3-34　功率放大器④脚的检测方法

3）再依次分别检测⑭脚和⑰脚、⑥脚和⑧脚、⑨脚和⑫脚的音频信号波形。

① 其余脚音频信号波形检测方法与①脚和④脚的方法相同，波形近似。

② 由于声音高低的不同，输出的音频信号也不同。

若经检测功率放大器的电源电压和输出波形都正常，则该功率放大器正常，反之则可能损坏。

4. 运算放大器集成电路的检测

用万用表直流电压挡，测量运算放大器输出端与负电源端之间的电压值（在静态时电压值较高）。用手持金属镊子依次点触运算放大器的两个输入端（加入干扰信号），若万用表表针有较大幅度的摆动，则说明该运算放大器完好；若万用表表针不动，则说明运算放大器已损坏。

5. 时基集成电路的检测

时基集成电路内含数字电路和模拟电路，用万用表很难直接测出其好坏。可以用如图 3-35 所示的测试电路来检测时基集成电路的好坏。测试电路由

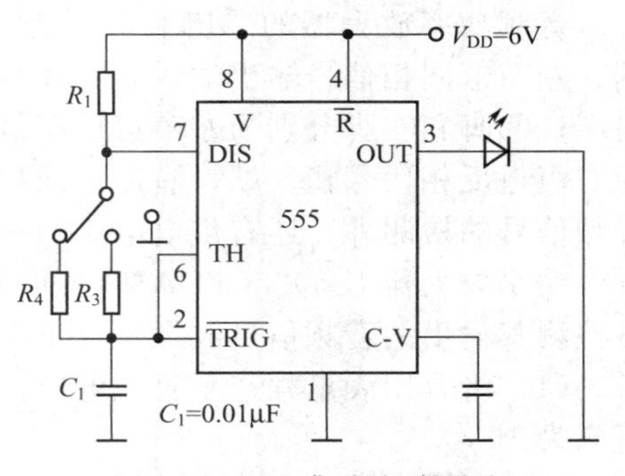

图 3-35　555 集成电路测试

阻容元件、发光二极管、6V直流电源、电源开关和8脚IC插座组成。将时基集成电路（例如NE555）插入IC插座后，按下电源开关，若被测时基集成电路正常，则发光二极管将闪烁发光；若发光二极管不亮或一直亮，则说明被测时基集成电路性能不良。

6. 三端稳压器管脚判断

在78××、79××系列三端稳压器中，最常用的是TO-220和TO-202两种封装。这两种封装的图形及引脚序号、引脚功能如图3-36所示。

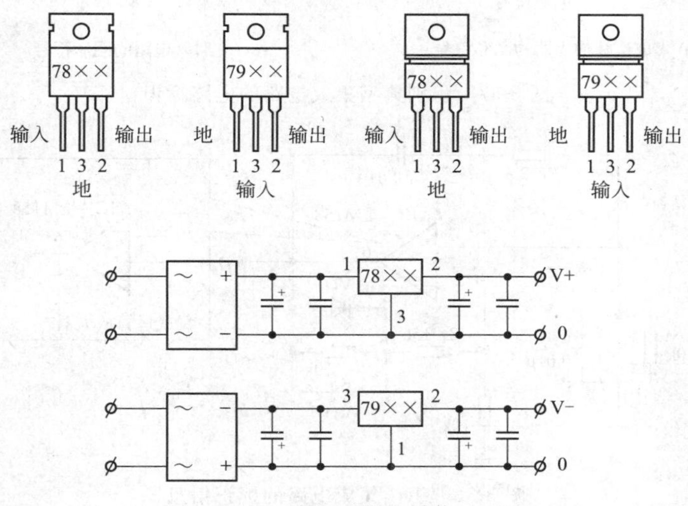

图3-36 三端稳压器的封装及测试

图中的引脚号的标注方法是按照引脚电位从高到低的顺序标注的，引脚①为最高电位，③脚为最低电位，②脚居中。从图中可以看出，不论78系列还是79系列，②脚均为输出端。对于78正压系列，输入是最高电位，为①脚，地端为最低电位，为③脚。对于79负压系列，输入为最低电位，自然是③脚，而地端为最高电位，为①脚，输出为中间电位，为②脚。

散热片总是和最低电位的③脚相连，这样在78系列中，散热片和地相连接，而在79系列中，散热片和输入端相连接。

用万用表判断三端稳压器的方法与三极管的判断方法相同，三端稳压器类似于大功率三极管。

六、集成电路的标识与代换

1. 识别集成电路的电路标识

集成电路在电子电路中有特殊的电路标识，集成电路种类不同，其电路标识也有所区别，在对电子电路识图时，通常会先从电路标识入手，了解集成电路的种类和功能特点。识别典型集成电路的电路标识见图3-37。

电路符号表明了集成电路的类型；引线由电路符号两端伸出，与电路图中的电路线连通，构成电子线路：标识信息通常提供了集成电路的类别、在该电路图中的序号以及集成电路型号等参数信息。

2. 识读集成电路的标识信息

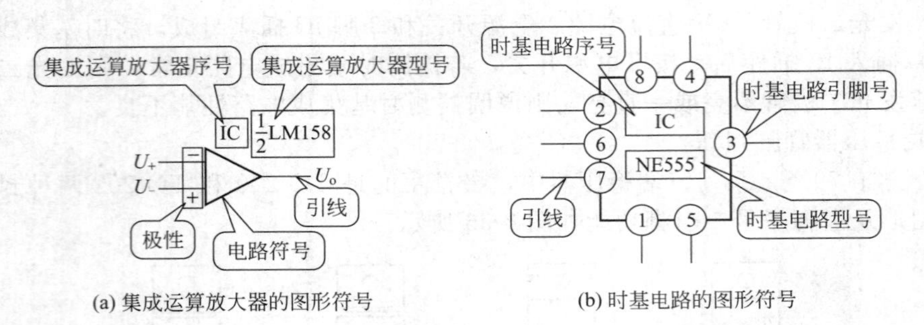

(a) 集成运算放大器的图形符号　　(b) 时基电路的图形符号

图 3-37　识别典型集成电路的电路标识

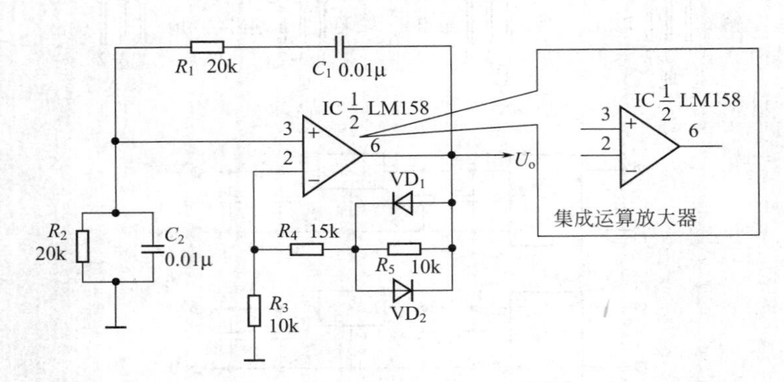

图 3-38　识读集成电路的标识信息

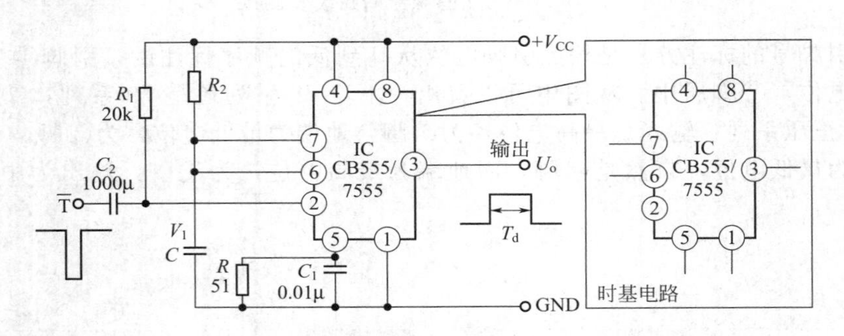

图 3-39　识读集成电路的标识信息

集成电路的标识主要有“产品名称”、“类型”等相关信息。识读集成电路的标识信息，对分析、检修电路十分重要。识读集成电路的标识信息见图 3-38 和图 3-39。

在图 3-38 中，“—▷—”在电路中表示集成运算放大器；IC 在电路中表示集成运算放大器的序号；$\frac{1}{2}$LM158 在电路中表示集成运算放大器的型号；“＋”、“－”在电路中表示集成运算放大器的极性；3、2、6 在电路中表示集成运算放大器的引脚号。

在图 3-39 中，—②IC③—（⑧、①）在电路中表示时基集成电路；IC 在电路中表示时基集成电路的序号；CB555/7555 在电路中表示时基集成电路的型号；①、②、③、④、⑤、⑥、⑦、⑧在电路中表示时基集成电路引脚号。

3. 集成电路的代换

集成电路一般采用分立式或贴片式的安装方式，焊接在电路板上，因此在对其进行代换时，应根据其安装方式的不同，采用不同的拆卸和焊接方式，下面就分别介绍一下这两种安装方式集成电路的代换方法。

分立式集成电路的代换方法在对分立式集成电路进行代换时，应采用电烙铁、吸锡器或焊锡丝进行拆卸和安装。首先对电烙铁通电，进行预热，待预热完毕后再配合吸锡器、焊锡丝等进行拆卸和焊接操作。

拆除集成电路的引脚焊点见图 3-40。

图 3-40　拆除集成电路的引脚焊点

使用电烙铁和吸锡器拆卸集成电路时，用电烙铁加热集成电路引脚焊点，并用吸锡器吸取多余焊锡，然后使用镊子查看集成电路引脚，使集成电路完全脱离电路板。

集成电路的引脚焊点拆除后，将集成电路在电路板上取下，并清理引脚焊点。取下集成电路的方法见图 3-41。

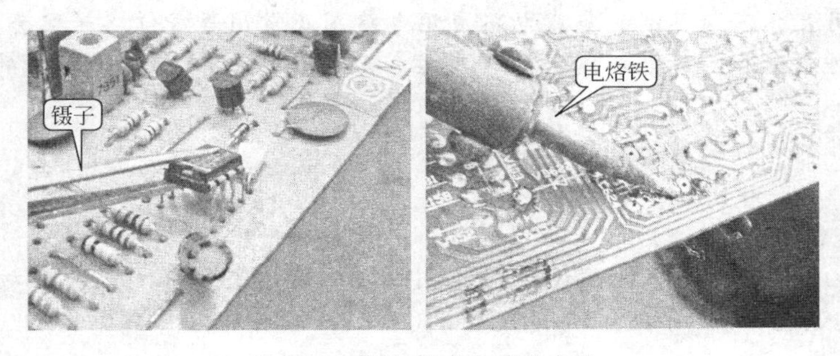

图 3-41　取下集成电路的方法

在电路板上取集成电路时，使用镊子夹住集成电路并取下，再用电烙铁清理集成电路的引脚，确保引脚焊点可以正常使用。

取下集成电路，对于需要代换的集成电路要做一些清洁并安到电路板中。

安装需代换的集成电路前，可以使用棉签清理集成电路引脚，确保可以正常使用，然后将其插入电路板。代换集成电路前的操作见图 3-42。

将集成电路安装到电路板后，需要对其各引脚进行焊接。使用电烙铁将焊锡丝熔化在集成电路的引脚上，待熔化后先抽离焊锡丝再抽离电烙铁，最后用镊子清理焊点之间残留的焊锡，以免造成连焊现象。焊接集成电路的方法见图 3-43。

任务实施

实施要求

任务目标与要求

- 小组成员分工协作，利用集成电路应用电路图的相关知识，依据实训工作卡分析制

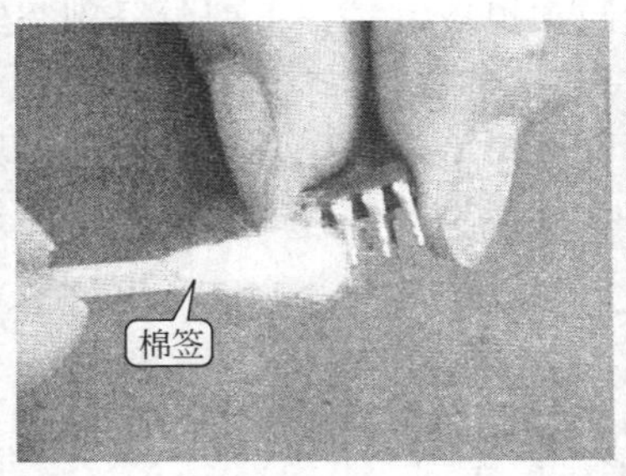

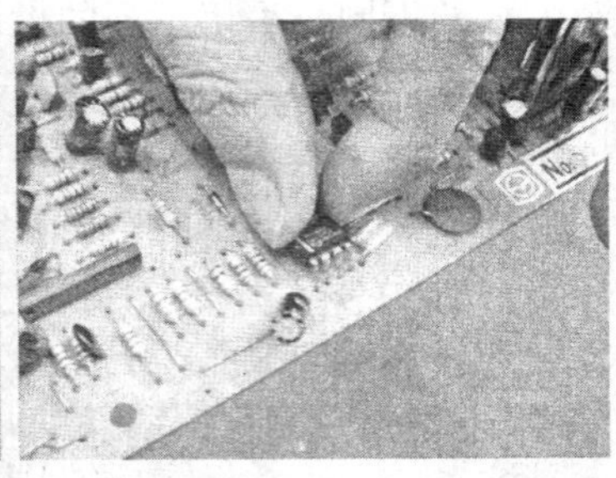

图 3-42　代换集成电路前的操作

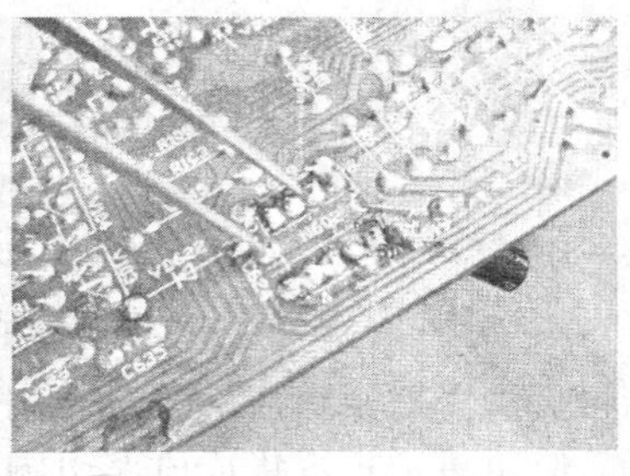

图 3-43　焊接集成电路的方法

定工作计划，并通过小组自评或互评检查工作计划；

- 准备万用表、不同类别的集成电路应用电路图及常用集成电路等配套器材各 20 套；
- 通过资料阅读和实际电路图及器件观察，描述集成电路应用电路图的功能、特点及其识图要点；
- 能熟练准确地检测常用集成电路。

注意事项

在任务实施过程中严格遵守相关实验实训制度和规范的要求，注意职场健康与安全需求，做好废料的处理，并保持工作场所的整洁。

实施要点

准备工作

- 每小组接受工作任务，领取相关实验实训工具和仪器，做好实施准备工作；
- 组长带领组内成员阅读实训工作卡，查阅相关手册或指导书，合理分工，制定任务计划，并检查计划有效性。

实施步骤

- 依照实训工作卡的引导，观察认识，同时相互描述所配发的集成块应用电路图的相关内容，并填写实训工作卡；
- 依照实训工作卡的引导，对常用集成电路的某些参数进行测量，并填写实训工作卡。

评估总结

- 回答指导教师提问并接受指导教师相关考核；

- 完成工作任务，对本次任务完成过程及效果进行自我评价和小组互评，完成实训工作卡填写；
- 清洁工作场所，清点归还相关工具设备，完成本次任务。

实训工作卡

1. 集成块应用电路识读（由教师分发两种难度适中的集成块应用电路图，请学生通过自己分析、小组讨论分析等两种方式，写出该集成块电路的识读方法及步骤、并说出该集成块应用电路的信号流程及周围元件的作用）

2. 专用集成电路的检测（由教师配发不同种类的专用集成电路进行检测，如单片机芯片、存储芯片等，请学生通过自己分析、小组讨论分析等两种方式，写出标称、用途、功能、好坏及检测方法）

3. 简述集成电路的检测方法有哪几种。

知识拓展

半导体音乐集成电路

随着集成电路工艺的发展和生产成本的大幅度降低，语音、音乐集成电路芯片相继问世，为手机、计算机、电话机、汽车语音提示及防盗提供了大量可以选用的发音源。在封装形式上除上述几种之外，又出现了一种软封装形式，如图 3-44 所示。

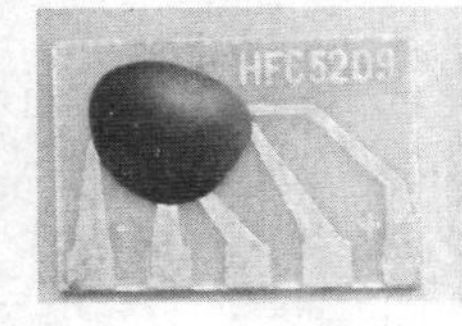

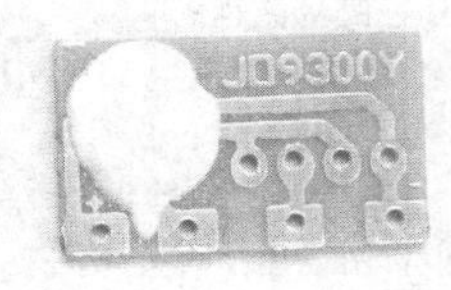

图 3-44　常见的软封装形式

图 3-45 所示是几种常见的树脂软封装语音、音乐集成电路。内部通常采用 CMOS 工艺制造，属于大规模集成电路。尤其是语音集成电路，其存储容量大且输出还需要数模转换，内部电路较复杂。但从使用上看，它只需外加几个元件，即可达到预想的效果。

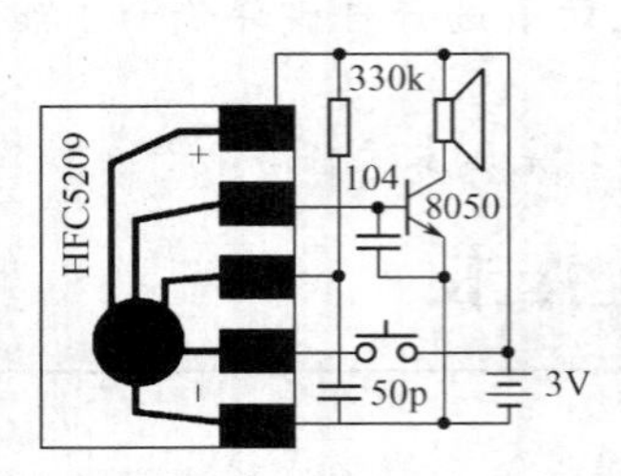

(a) HFC5209 倒车语音集成电路

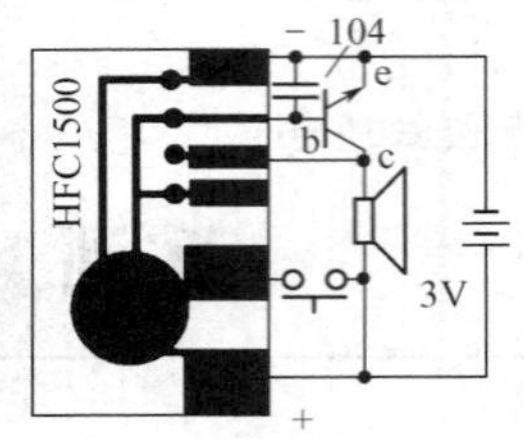

(b) HFC1500 叮咚、鸟叫、蟋蟀叫、电话铃音乐集成电路

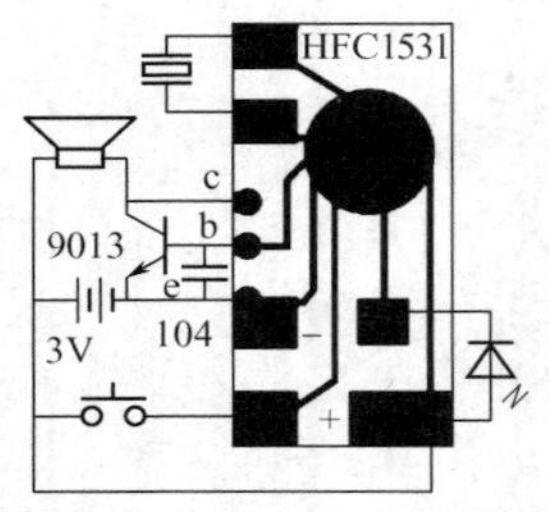

(c) HFC1531 音乐 - 闪光集成电路

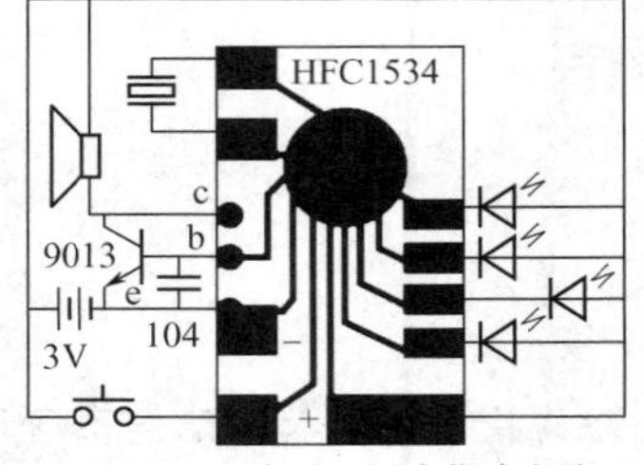

(d) HFC1534 音乐四闪光集成电路

图 3-45　几种常见的树脂软封装语音、音乐集成电路

项目评价表

任务	考核内容	配分	评分标准	得分
识读元件	① 元件型号识读正确； ② 元件外形及封装形式识读	20 分	① 不认识集成块的每个扣 5 分； ② 不能正确识读集成块元器件型号，错一只扣 1 分； ③ 不认识集成块的封装形式，每个扣 5 分	
分析集成电路块	① 正确判断集成电路块的引脚分布规律； ② 正确找出集成电路块的①脚	25 分	① 引脚判断错误一次扣 5 分； ② 引脚判断错误两次扣 10 分； ③ 引脚判断错误三次扣 20 分	
集成电路块的测量	① 测量方法和步骤正确； ② 正确判断故障现象	20 分	① 测量方法错误，扣 5 分； ② 测量步骤错误，酌情扣 3～8 分； ③ 故障结果判断错误，酌情扣 2～6 分	
集成块应用电路识读与检测	① 分析集成块应用电路的功能； ② 分析集成块电路的信号流程； ③ 知道电路周围各元件的作用； ④ 正确检测集成块应用电路	25 分	① 不知道该如何下手分析集成块应用电路的扣 10 分； ② 基本能分析电路功能，但不能分析电路信号流程，扣 5 分； ③ 基本能分析电路功能及信号流程，但对个别元件的作用不清楚，每个扣 3 分； ④ 不能正确检测该集成块电路，扣 5 分	
安全文明生产	严格遵守操作规程进行实训，保证人身和设备安全	10 分	① 损坏、丢失元件，扣 1～5 分； ② 物品随意乱放，扣 1～5 分； ③ 违反操作规程，酌情扣 1～10 分	
合计		100 分		

能力鉴定表

实训项目	项目三　集成电路的识别与检测				
姓名		学号		日　期	
组号		组长		其他成员	

序号	能力目标	鉴定内容	时间（总时间90分钟）	鉴定结果	鉴定方式
1	专业技能	集成电路型号命名的熟悉	30分钟	□具备 □不具备	教师评估 小组评估
2		集成电路外形的识别及其应用电路的识读			
3		数字集成电路的识别与检测	30分钟	□具备 □不具备	
4		模拟集成电路的识别与检测	30分钟	□具备 □不具备	
5	学习方法	是否主动进行任务实施	全过程记录	□具备 □不具备	小组评估 自我评估 教师评估
6		能否使用各种媒介完成任务		□具备 □不具备	
7		是否具备相应的信息收集能力		□具备 □不具备	
8	能力拓展	团队是否配合	全过程记录	□具备 □不具备	
9		调试方法是否具有创新		□具备 □不具备	
10		是否具有责任意识		□具备 □不具备	
11		是否具有沟通能力		□具备 □不具备	
12		总结与建议		□具备 □不具备	
鉴定结果	合格	□	教师意见	教师签字	
	不合格	□		学生签名	

注：1. 请根据结果在相关的□内画√。

2. 请指导教师重点对相关鉴定结果不合格的同学给予指导意见。

信息反馈表

实训项目：集成电路的识别与检测　　　　组号：________

姓　　名：________________　　　　日期：________

请你在相应栏内打钩	非常同意	同意	没有意见	不同意	非常不同意
1. 这一项目给我很好地提供了集成电路的分类、命名法及其使用？					
2. 这一项目帮助我掌握了数字集成电路的识别与使用？					
3. 这一项目帮助我掌握了模拟集成电路的识别与使用？					
4. 这一项目帮助我熟悉了集成电路应用电路识读方法？					
5. 该项目的内容适合我的需求？					
6. 该项目在实施中举办了各种活动？					

续表

请你在相应栏内打钩	非常同意	同意	没有意见	不同意	非常不同意
7. 该项目中不同部分融合得很好？					
8. 实训中教师待人友善愿意帮忙？					
9. 项目学习让我做好了参加鉴定的准备？					
10. 该项目中所有的教学方法对我学习起到了帮助的作用？					
11. 该项目提供的信息量适当？					
12. 该实训项目鉴定是公平、适当的？					
你对改善本科目后面单元的教学建议：					

项目四　电子电路的手工焊接

项目概述

在电子产品生产过程中，装配、焊接是电子设备制造中极为重要的一个环节，任何一个设计精良的电子装置，没有相应的工艺保证是难以达到技术指标的。从元器件选择、测试，直到装配成一台完整的电子设备，需经过多道工序。在专业生产线中，多采用自动化流水线。但在产品研制、设备维修乃至一些生产厂家，目前仍广泛应用手工装配焊接方法。

任务一　焊接材料及工具的选用

能力标准

学完这一单元，你应获得以下能力：

- 熟悉焊接基础知识；
- 认识焊接材料及焊接工具；
- 能熟练地使用及维护各种焊接工具。

任务描述

请以以下任务为指导，完成对相关理论知识学习和任务实施：

- 以实验室的焊接材料为例认识各种焊料及助焊剂；
- 以实验室的焊接工具为例认识焊接时使用的各种工具。

相关知识

焊接材料及工具的选用

教学导入

在电子产品装配过程中，焊接是利用加热或其他方式将组成产品的各电子元器件、导线、印制电路板等永久地牢固地连接在一起的基本方法。在电子产品生产装配过程中，锡焊技术应用最为广泛。它利用电烙铁将被焊电子元器件的引线、焊料与连接点处同时加热，待焊料熔化后，经冷却凝固，使电子元器件与电子线路牢固地连接在一起。

显然，焊接的可靠性是电工电子产品质量的主要因素。只有焊料完全浸润被焊金属，才能形成一个导电性能良好、具有足够机械强度、清洁美观的合格焊点。所以焊点的好坏取决于焊接材料的性能、被焊金属表面状态，同时也取决于焊接的工艺条件和操作方法。

理论知识

一、焊接材料的选用

焊接材料主要指连接被焊金属的焊料和清除金属表面氧化物的焊料。

1. 焊料

能熔合两种以上的金属使其成为一个整体，而且熔点较被焊金属低的金属或合金都可作焊料。用于电子产品焊接的焊料一般为锡铅合金焊料，称为“锡焊”。

锡（Sn）是种银白色、质地较软、熔点为232℃的金属，易与铅、铜、银、金等金属反应，生成金属化合物，在常温下有较好的耐腐蚀性。

铅（Pb）是一种灰白色、质地较软、熔点为327℃的金属，与铜、锌、铁等金属不相溶，抗蚀性强。

由于熔化的锡具有良好的浸润性，而熔化的铅具有良好的热流动性，把它们按适当的比例组成合金，就可作为焊料，使焊接面和被焊金属紧密结合成一体。根据锡和铅不同比例可以配置不同性能的锡铅合金材料。

其中共晶焊料配比（质量分数）为含锡61.9%，铅38.1%，熔化温度为183℃。这两种焊料因其熔点低、电气和力学性能良好，被广泛用于电子产品的组装焊接。

图 4-1　松香焊锡丝

在使用电烙铁焊接时，常采用焊锡丝。它由锡铅焊料组成，在焊锡丝中加入助焊剂，如松香等，称为松香焊锡丝。焊锡丝的直径有0.5mm、0.8～5.0mm等多种，松香焊锡丝如图4-1所示。

一般焊印制电路板时，选用1.2mm以下的焊锡丝。

2. 助焊剂

在焊接过程中，助焊剂的作用是为了净化材料、去除金属表面氧化膜，并防止焊料和被焊金属表面再次氧化，以保护纯净的焊接接触面。它是保证焊接顺利进行并获得高质量焊点必不可少的辅助材料。

助焊剂种类较多，分成无机类、有机类和以松香为主体的树脂类三大类。常用的树脂类助焊剂有松香酒精助焊剂和中性助焊剂等。

（1）松香酒精助焊剂

在常温下松香呈固态不易挥发，加热后极易挥发，有微量腐蚀作用，且绝缘性能好。配置时，一般将松香按3∶1比例溶于酒精溶液中，制成松香酒精助焊剂。

使用方法有两种：一是采用预涂覆法，将其涂于印制板电路表面以防止印制板表面氧化，这样既有利于焊接，又有利于印制板的保存；二是采用后涂覆法，在焊接过程中加入助焊剂与焊锡同时使用，一般制成固体状态加在焊锡丝中。

（2）中性助焊剂

中性助焊剂具有活化性强、焊接性能好的特点，而且焊接前不必清洗，能有效避免产生虚焊、假焊现象。它也可以制成固体状态加在焊锡丝中。

（3）选用助焊剂的原则

① 熔点低于焊锡熔点。

② 在焊接过程中有较高的活化性，黏度小于焊锡。

③ 绝缘性能好，无腐蚀性，焊接后残留物无副作用，易清洗。

常见的焊油、焊锡膏等无机助焊剂化学作用强，腐蚀作用大，锡焊性非常好，一般用于汽车钣金焊接。但由于其腐蚀性强，施焊后必须清洗干净。在电子产品焊接中严禁使用这种焊剂。

松香、焊锡膏如图 4-2 所示。

图 4-2　松香、焊锡膏

二、焊接工具

电子产品装配过程都离不开手工工具，制作简易电子产品时手工工具更显示出了它们的重要性。下面介绍部分常用工具的特点及使用方法。

(一) 电烙铁

电烙铁是手工焊接的基本工具，是根据电流通过发热元件产生热量的原理而制成的。它的作用是把足够的热量传送到焊接部位，以便熔化焊料而不熔化元件，使焊料和被焊金属连接起来。正确使用电烙铁是电子装接工必须具备的技能之一。

1. 电烙铁的分类

电烙铁的种类很多，尤其是随着焊接技术的不断提高，不同功能的新颖电烙铁相继出现。常用的电烙铁有外热式、内热式、恒温式、吸锡式、半自动送料电烙铁、超声波烙铁、充电烙铁等。下面对几种常用电烙铁的构造及特点进行介绍。

常用的电烙铁按其加热的方式不同可分为以下几类。

(1) 外热式电烙铁

外热式电烙铁又称为旁热式电烙铁，它由手柄、外壳、烙铁头、烙铁芯、电线及插头等组成，这种电烙铁的烙铁头安装在烙铁芯里面，故称为外热式电烙铁。烙铁头是电烙铁的工作部分，是用紫铜制成的，其作用是储存热量和传导热量，并用它直接加热被焊金属。外热式电烙铁的烙铁头长短可以调节，烙铁头愈短温度愈高。

烙铁芯是电烙铁的加热部件，它是将电热丝平行地绕制在一根空心瓷管上，中间用云母片绝缘，电热丝的两头与电源线连接。烙铁芯安装在外壳之内。

电烙铁的规格是用功率来表示的，常见的有 25W、75W 和 100W 等几种。功率越大，烙铁的热量越大，烙铁头的温度越高。在焊接印制电路板组件时，通常使用功率为 25W 的电烙铁。

（2）内热式电烙铁

内热式电烙铁由烙铁头、烙铁芯、弹簧夹、连接杆、手柄、电源线等部分组成。这种电烙铁的烙铁芯安装在烙铁头里面，故称为内热式电烙铁。内热式电烙铁具有发热快、热利用率高等优点，在电子产品装配中应用较为广泛。

内热式电烙铁的烙铁头也是用紫铜制成的。为适应被焊物的形状、大小、电子元器件装配密度等需要，常将烙铁头加工成凿式、尖锥式、圆斜式等形状，内热式电烙铁的烙铁芯是用镍铬电阻丝绕在瓷管上制成的。内热式电烙铁的规格有 20 W、25 W、50 W、75 W、100 W 等。20 W 的内热式电烙铁其电阻值约为 2.5 kΩ，烙铁头温度一般可达 350℃左右。内热式电烙铁的热利用率较高，20 W 内热式电烙铁的加热效率相当于 40 W 外热式电烙铁的加热效率。

（3）恒温电烙铁

目前使用的外热式和内热式电烙铁的温度一般都超过 300℃，这对焊接晶体管，集成电路等是不利的。在质量要求较高的场合，通常需要恒温电烙铁。恒温电烙铁有电控和磁控两种。

电控是用热电偶作为传感元件来检测和控制烙铁头的温度。

磁控恒温电烙铁是借助于软磁金属材料在达到某一温度（居里点）时会失去磁性这一特点，制成磁性开关来达到控温目的。如果需要不同的温度，可调换装有不同居里点的软磁金属的烙铁头，其居里点不同，失磁的温度也不同。烙铁头的工作温度可在 260～450℃范围内任意选取。

2. 电烙铁的选用及温度控制

（1）电烙铁的选用

选用电烙铁时，应考虑以下几个方面。

① 焊接集成电路、晶体管及其他受热易损元器件时，应选用 20W 内热式或 25W 外热式电烙铁。

② 焊接导线及同轴电缆时，应选用 45～75W 外热式电烙铁，或 50W 内热式电烙铁。

③ 焊接较大的元器件时，如大电解电容器的引脚、金属底盘接地焊片等，应选用 100W 以上的电烙铁。

④ 需满足焊接时所需的热量，即要求电烙铁升温快，热效率高，在连续操作时能保持一定的温度。

⑤ 电气和力学性能安全可靠。

⑥ 烙铁头形状要适合焊接空间的要求。

⑦ 操作使用舒适，其工作寿命长，维修方便。

（2）电烙铁的温度控制

控制电烙铁温度，是提高手工焊接质量，防止元器件过热损坏的重要措施。烙铁头温度过低，易发生“焊料堆”、“出棱角”、“焊点出尖”等现象；如果烙铁头温度过高，就容易引起焊料流淌、耐热性较弱的元器件损坏等情况。

控制电烙铁的温度可采用下列几种方法。

① 通过调整烙铁头伸出的长度来控制，适当拉出烙铁头可起到降低烙铁头温度的作用。此方法简单，但调温不够准确。

② 使用装有磁性开关的恒温电烙铁，它是在烙铁头上装有一个强磁性体传感器，用以吸附控制加热器中的永磁铁来控制温度，即借助于电烙铁内部的磁控开关自动控制通电时间而达到恒温的目的。

3. 电烙铁的正确使用方法

（1）烙铁头的防护

烙铁头一般用纯铜或合金材料制成，纯铜烙铁头在高温下表面容易氧化、发黑，其端部易被焊料浸蚀而失去原有形状。因此在使用过程中，尤其是初次使用时需要修整烙铁头。具体方法如下。

① 用锉刀清除烙铁头表面氧化层，使其露出铜色，并将烙铁头修整成适合焊接的形状。

② 接通电烙铁的电源，用浸水海绵或湿布轻轻地擦拭烙铁头，以清理加热后的烙铁头。

③ 将烙铁头加热到足以熔化焊料的温度。

④ 及时在清洁后的烙铁头上涂一薄层焊料，这有助于保持烙铁清洁和延长其使用寿命。

⑤ 在电烙铁空闲时，烙铁头上应保留少量焊料，这有助于保持烙铁清洁和延长其使用寿命。

为了提高焊接质量，延长烙铁头的使用寿命，目前大量使用合金烙铁头。在正常使用的情况下，其寿命比一般烙铁头要长得多。和纯铜烙铁头使用方法不同的是，合金烙铁头使用不得用砂纸或锉刀打磨烙铁头。

（2）电烙铁的常用握法

使用电烙铁的目的是为了加热被焊件而进行锡焊，绝不能烫伤、损坏导线和元器件，因此必须正确掌握电烙铁的握法。

手工焊接时，电烙铁要拿稳对准，可根据电烙铁的大小、形状和被焊件的要求等不同情况决定电烙铁的握法。电烙铁的握法通常有三种，如图 4-3 所示。

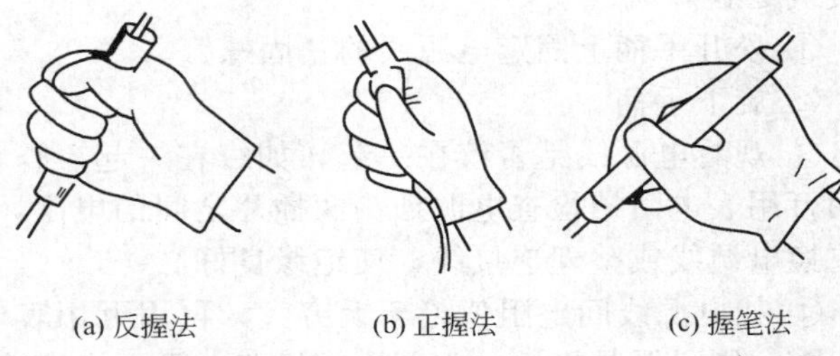
(a) 反握法　(b) 正握法　(c) 握笔法

图 4-3　电烙铁的握法

① 反握法　反握法是用五指把电烙铁柄握在手掌内。这种握法在焊接时动作稳定，长时间操作不易疲劳。它适用于大功率的电烙铁和热容量大的被焊件。

② 正握法　正握法是用五指把电烙铁柄握在手掌外。它适用于中功率的电烙铁或烙铁头弯的电烙铁。

③ 握笔法　握笔法类似于写字时拿笔一样，易于掌握，但长时间操作易疲劳，烙铁头会出现抖动现象，因此适用于小功率的电烙铁和热容量小的被焊件。

4. 电烙铁的拆装

（1）拆卸步骤

以内热式电烙铁为例来说明其拆装步骤。

① 松开柄上固定电源线的紧固螺钉；

② 旋下手柄；

③ 松开接线柱上的螺钉，取下电源线和铁芯引线；

④ 从烙铁连杆内取出烙铁芯；

⑤ 从烙铁连杆上拔下烙铁头。

（2）安装步骤

其顺序与拆卸相反，但在旋紧手柄时，要注意电源线不能随手柄旋转面扭动，否则会将电源线接头绞断，造成短路或断路。

5. 电烙铁的使用维护及故障处理

（1）电烙铁的使用维护

① 新烙铁在使用前的处理。新烙铁使用前必须先给烙铁头镀一层焊锡。具体方法是：首先把烙铁头锉成需要的形状，然后接上电源，当烙铁头温度升至能熔化锡时，将松香涂在

烙铁头上，再涂上一层焊锡直至烙铁头的刃面部挂上一层锡，便可使用。

② 电烙铁不使用时不宜长时间通电。因为这样容易使电热丝加速氧化而烧断，同时也将使烙铁头因长时间加热而氧化，甚至被烧“死”，不再“吃锡”。

③ 电烙铁在焊接时，最好选用松香焊剂，以保护烙铁头不被腐蚀。在烙铁架上，要轻拿轻放，不要将烙铁头上的焊锡乱甩。

④ 更换铁芯时要注意引线不要接错，因为电烙铁有三个接线柱，而其中一个是接地的，它直接与外壳相连，若接错引线，可能使电烙铁外壳带电，被焊件也会带电，这样就会发生触电事故。

⑤ 为延长烙铁头的使用寿命，首先应经常用湿布、浸水海绵擦拭烙铁头，以保持烙铁头良好的挂锡状态，并可防止残留助焊剂对烙铁头的腐蚀；其次应采用松香或弱酸性助焊剂；三是在焊接完毕时，将烙铁头上的残留焊锡应该继续保留，以防止再次加热时出现氧化层。

(2) 电烙铁的故障处理

1) 短路　这种情况只要接通电源就会烧保险，其短路点通常在连杆上的接头处或插头的接线处。

① 松开手柄上固定电源线的紧固螺钉。

② 旋下手柄。

③ 观看电源线是否绞在一起，如绞在一起，查看是否短路；如未绞在一起，取下电源线用万用表电阻挡检查电源插头两插片之间的电阻，如阻值趋于零，则说明是电源线短路。可更换电源线或整理连接线，使绝缘良好。

④ 如电源线间电阻值趋于无穷大，再用万用表电阻挡测烙铁芯的引出线，如阻值很小趋于零，则说明是烙铁芯内部匝间短路，可更换烙铁芯。

2) 断路　在电源供电正常的情况下，通电后电烙铁不发热，一般来讲是电烙铁的烙铁芯或电源线及有关接头部位有断路。

① 首先观察电源插头两插片的连接线是否脱焊。

② 松开紧固螺钉。

③ 旋开手柄，观察烙铁连杆的接线柱上的电源线和测烙铁芯的引出线是否接触良好。

④ 取下电源线。

⑤ 用万用表 $R\times100$ 挡测烙铁芯两接柱间的阻值。对于 20W 电烙铁，如测得阻值为 2kΩ 左右，说明烙铁芯完好。

⑥ 用万用表 $R\times100$ 挡分别测两根电源线，如某根电源线阻值趋于无穷大，则说明此电源线断路，可更换电源线或重新连接。

⑦ 如测得两接线柱间阻值趋于无穷大，而烙铁芯引线柱接触良好时，则一定是烙铁芯的电阻丝断路，可更换烙铁芯。

(二) 其他工具

1. 螺钉旋具

如果要紧固、拆卸螺钉和螺母，通常会选用螺钉旋具或扳手等紧固工具来完成。螺钉旋具俗称螺丝刀、改锥和起子，它有多种分类，按头部形状的不同，可分为一字形和十字形两种，按照手柄的材料和结构的不同，可分为木柄、塑料柄、夹柄和金属柄四种；按照操作形式可分为自动、电动和风动等形式。螺钉旋具外形如图 4-4 所示。

尺寸合适的螺钉旋具会填满螺钉的槽孔，同时把压力施加于四壁，如图 4-5 所示。

螺钉旋具使用时，旋杆必须与螺钉槽面垂直，用力平稳，推压和旋转要同时进行。

(1) 十字形螺丝刀

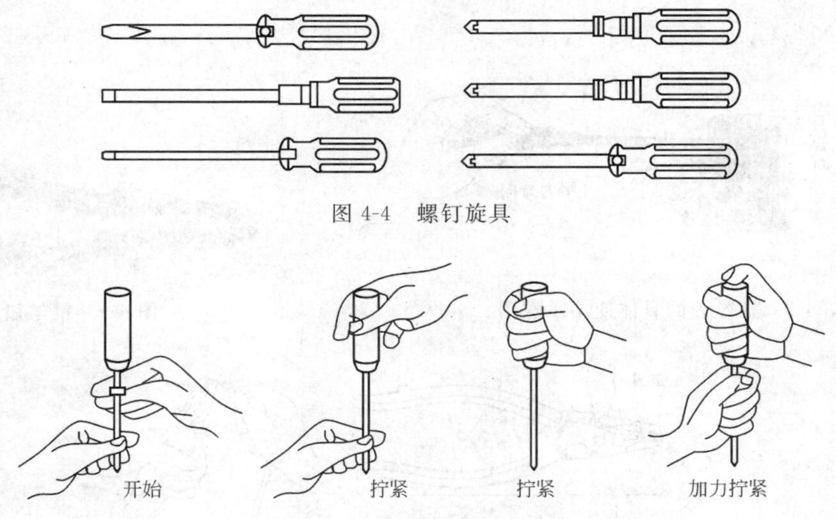

图 4-4　螺钉旋具

图 4-5　螺钉旋具使用示意图

十字形螺丝刀如图 4-6 所示，主要用来旋转十字槽形的螺钉、木螺钉和自攻螺钉等。产品有多种规格，通常说的大、小螺丝刀是用手柄以外的刀体长度来表示的，常用的有 100mm、150mm、200mm、300mm 和 400mm 等几种。

使用时应注意根据螺钉的大小选择不同规格的螺丝刀。使用十字形螺丝刀时，应注意使旋杆端部与螺钉槽相吻合，否则容易损坏螺钉的十字槽。

（2）一字形螺丝刀

一字形螺丝刀如图 4-7 所示，主要用来旋转一字槽形的螺钉、木螺钉和自攻螺钉等。产品规格与十字形螺丝刀类似，常用也是 100mm、150mm、200mm、300mm 和 400mm 等几种。使用时应注意根据螺钉的大小选择不同规格的螺钉刀。若用型号较小的螺丝刀来旋拧大号的螺钉很容易损坏螺丝刀。

图 4-6　十字形螺丝刀　　　　图 4-7　一字形螺丝刀

螺丝刀的具体使用方法如图 4-8 所示。当所旋螺钉不需用太大力量时，握法如图 4-8 左图；若旋转螺钉需较大力气时，握法如图 4-8 右图所示。上紧螺钉时，手紧握柄，用力顶住，使刀紧压在螺钉上，以顺时针的方向旋转为上紧，逆时针为下卸。穿心柄式螺丝刀，可在尾部敲击，但禁止用于有电的场合。

2. 钢丝钳

钢丝钳如图 4-9 所示，其主要用途是用手夹持或切断金属导线，带刃口的钢丝钳还可以用来切断钢丝。钢丝钳的规格有 150mm、175mm、200mm 三种，均带有橡胶绝缘套管，可适用于 500V 以下的带电作业。

图 4-10 所示为钢丝钳实物图及使用方法简图。

使用钢丝钳时应注意以下几点。

① 使用钢丝钳之前，应注意保护绝缘套管，以免划伤失去绝缘作用。绝缘手柄的绝缘性能良好是保证带电作业时的人身安全。

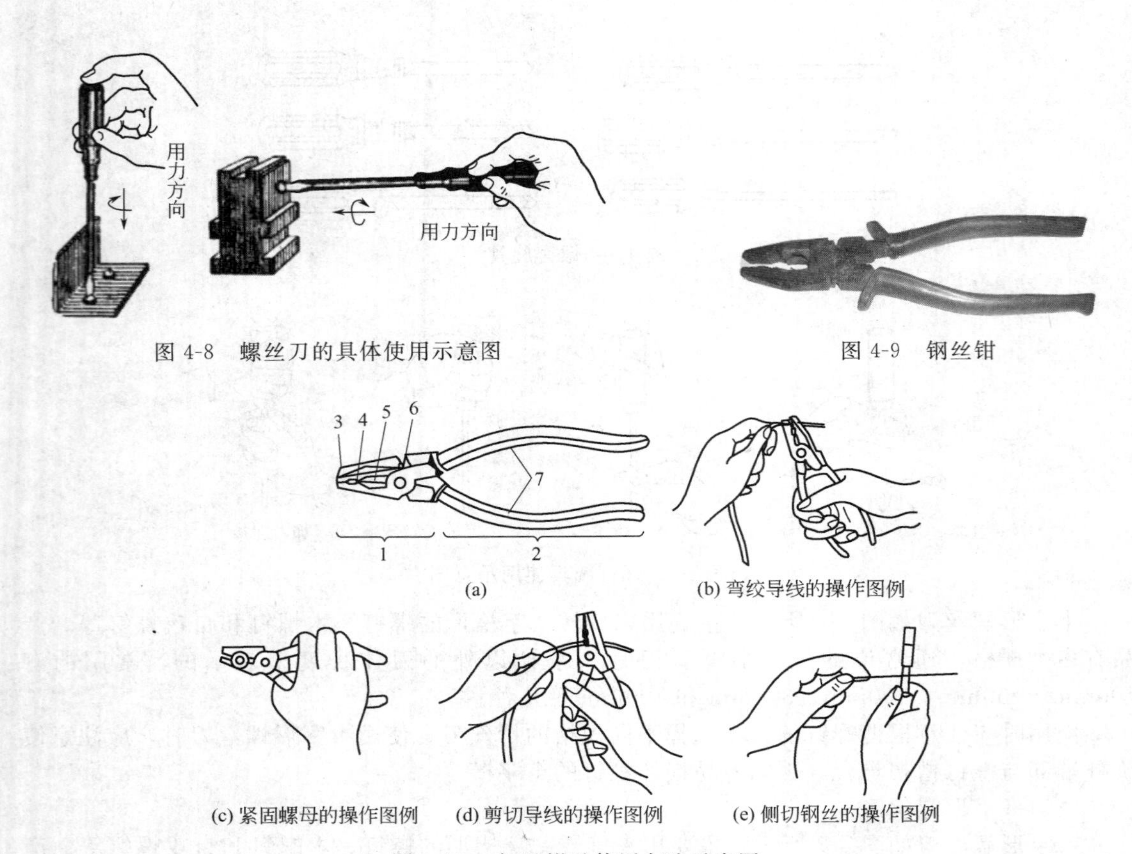

图 4-8　螺丝刀的具体使用示意图

图 4-9　钢丝钳

(a)

(b) 弯绞导线的操作图例

(c) 紧固螺母的操作图例

(d) 剪切导线的操作图例

(e) 侧切钢丝的操作图例

图 4-10　钢丝钳及使用方法示意图

1—钳头部分；2—钳柄部分；3—钳口；
4—齿口；5—刀口；6—铡口；7—绝缘套

② 用钢丝钳剪切带电导线时，严禁用刀口同时剪切相线和零线；或同时剪切两根相线，以免发生短路事故。

③ 不可将钢丝钳当锤使用，以免刃口错位、转动轴失圆，影响正常使用。

3．尖嘴钳

尖嘴钳如图 4-11 所示，也是电工（尤其是内线电工）常用的工具之一。尖嘴钳的主要用途是夹捏工件或导线，或用来剪切线径较细的单股与多股线以及给单股导线接头弯圈、剥塑料绝缘层等。尖嘴钳特别适宜于狭小的工作区域。规格有 130mm、160mm、180mm 三种。电工用的带有绝缘导管。有的带有刃口，可以剪切细小零件。使用方法及注意事项与钢丝钳基本类同。尖嘴钳的握法如图 4-12 所示。

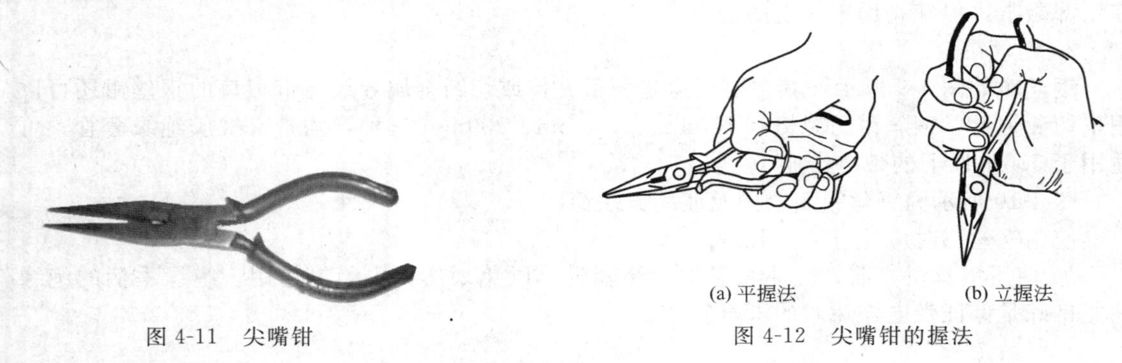

图 4-11　尖嘴钳

(a) 平握法

(b) 立握法

图 4-12　尖嘴钳的握法

4. 电工刀

电工刀如图 4-13 所示，其在电工安装维修中主要用来切削导线的绝缘层、电缆绝缘、木槽板等。普通的电工刀由刀片、刀刃、刀把、刀挂等构成。不用时，应把刀片收缩到刀把内。

电工刀的规格有大号、小号之分。六号刀片长 112mm；小号刀片长 88mm。有的电工刀上带有锯片和锥子，可用来锯小木片和锥孔。电工刀没有绝缘保护，禁止带电作业。

电工刀在使用时应避免切割坚硬的材料，以保护刀口。刀口用钝后，可用油石磨。如果刀刃部分损坏较重，可用砂轮磨，但需防止退火。

使用电工刀时，切忌面向人体切削，如图 4-14 所示。用电工刀剖削电线绝缘层时，可把刀略微翘起一些，用刀刃的圆角抵住线芯。切忌把刀刃垂直对着导线切割绝缘层，因为这

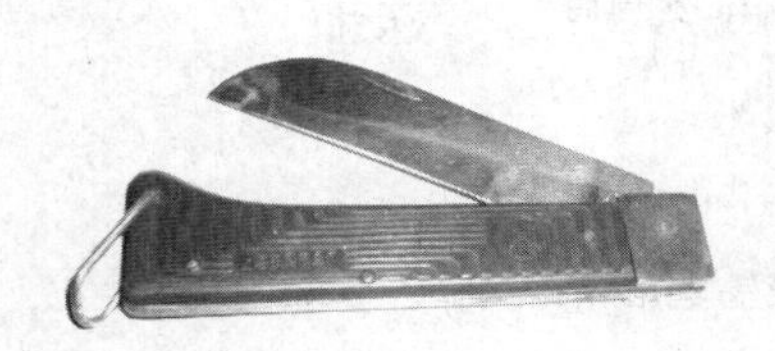

图 4-13　电工刀

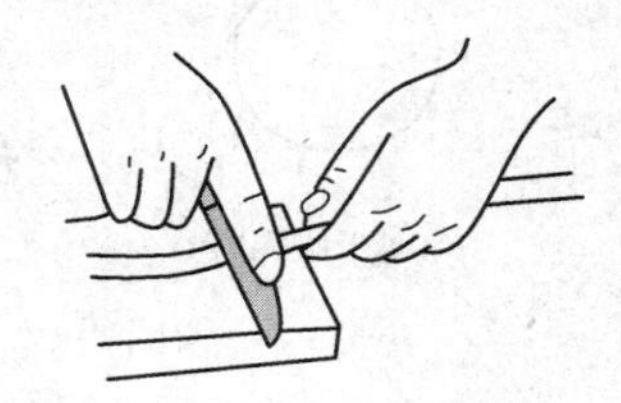

图 4-14　电工刀的使用

样容易割伤电线线芯。电工刀刀柄无绝缘保护，不能接触或剖削带电导线及器件。新电工刀刀口较钝，应先开启刀口然后再使用。电工刀使用后应随即将刀身折进刀柄，注意避免伤手。

5. 剥线钳

剥线钳如图 4-15 所示，是内线电工、电机修理、仪器仪表电工常用的工具之一。剥线钳适用于直径 3mm 及以下的塑料或橡胶绝缘电线、电缆芯线的剥皮。

剥线钳使用的方法是：将待剥皮的线头置于钳头的某相应刃口中，用手将两钳柄果断地一捏，随即松开，绝缘皮便与芯线脱开。

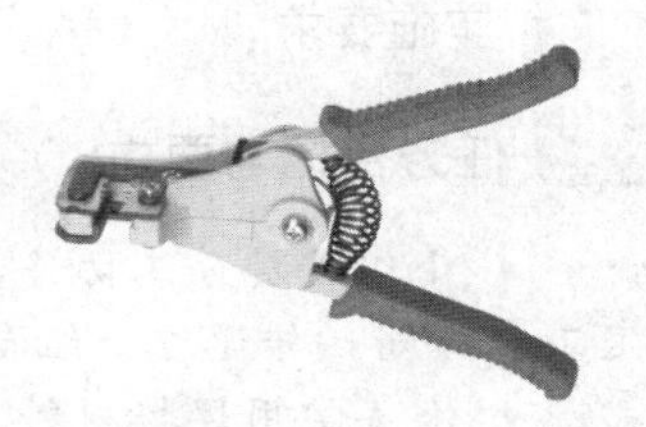

图 4-15　剥线钳

剥线钳由钳口和手柄两部分组成。剥线钳钳口分有 0.5～3mm 的多个直径切口，用于不同规格线芯线直径相匹配，剥线钳也装有绝缘套。

剥线钳在使用时要注意选好刀刃孔径，当刀刃孔径选大时难以剥离绝缘层，若刀刃孔径选小时又会切断芯线，只有选择合适的孔径才能达到剥线钳的使用目的。

6. 斜口钳

斜口钳用于剪焊后的线头，也可与尖嘴钳合用，剥导线的绝缘皮，如图 4-16(a) 所示。

7. 镊子

镊子分尖嘴镊子和圆嘴镊子两种：尖嘴镊子用于夹持较细的导线，便于装配焊接；圆嘴镊子用于弯曲元器件引线和夹持元器件焊接等，并有利于散热，如图 4-16(b) 所示。

另外，钢板尺、卷尺、扳手、小刀、针头、锥子等也是经常用到的工具。

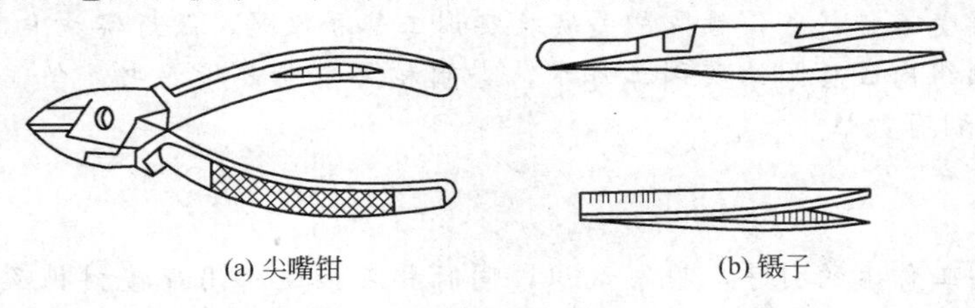

(a) 尖嘴钳　　(b) 镊子

图 4-16　尖嘴钳和镊子外形图

8. 吸锡器

吸锡器用来焊拆各种电子元器件，它分为真空吸锡器和吸锡电烙铁等多种。

真空吸锡器是靠橡皮气囊或真空气阀来吸取焊锡，在吸锡的同时应用电烙铁将焊锡熔化。吸锡电烙铁本身具有加热功能，使用时，先按下手柄上的真空阀按钮，然后用吸锡电烙铁将焊锡熔化后，再按动吸锡控制钮，使真空阀按钮释放，利用真空吸力将锡吸入吸锡电烙铁内。常见的球形吸锡器如图 4-17(a) 所示。

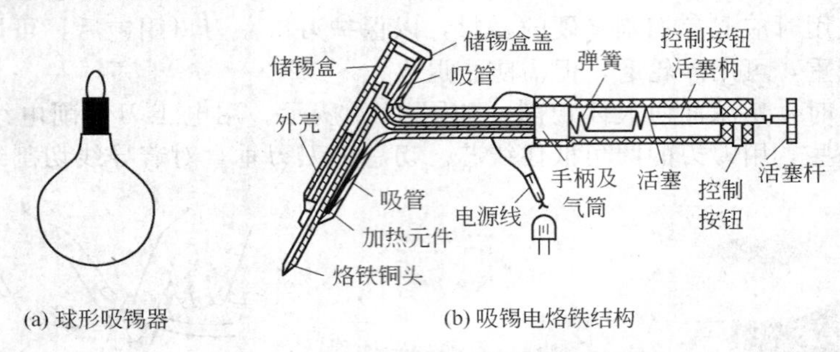

图 4-17　球形吸锡器和吸锡电烙铁结构

吸锡电烙铁是在普通直热式烙铁上增加吸锡结构，使其具有加热、吸锡两种功能。吸锡电烙铁结构如图 4-17(b) 所示。

任务实施

实施要求

任务目标与要求

- 小组成员分工协作，利用焊接材料及工具的选用相关知识，依据实训工作卡分析制定工作计划，并通过小组自评或互评检查工作计划；
- 准备常用焊接材料及焊接工具等配套器材各 20 套；
- 通过资料阅读和实际焊接材料、工具的观察，描述焊接材料及焊接工具的名称、作用；
- 能熟练地选用各种焊接材料及工具。

注意事项

在任务实施过程中严格遵守相关实验实训制度和规范的要求，注意职场健康与安全需求，做好废料的处理，并保持工作场所的整洁。

实施要点

准备工作

- 每小组接受工作任务，领取相关实验实训工具和仪器，做好实施准备工作；
- 组长带领组内成员阅读实训工作卡，查阅相关手册或指导书，合理分工，制定任务计划，并检查计划有效性。

实施步骤

- 依照实训工作卡的引导，观察认识，同时相互描述所用焊接材料及工具的作用，并填写实训工作卡；

- 依照实训工作卡的引导，正确选择焊接工具，说明其使用方法，并填写实训工作卡。

评估总结

- 回答指导教师提问并接受指导教师相关考核；
- 完成工作任务，对本次任务完成过程及效果进行自我评价和小组互评，完成实训工作卡填写；
- 清洁工作场所，清点归还相关工具设备，完成本次任务。

实训工作卡

1. 根据自己的观察，指出下图中电烙铁零件的名称，并说出它们的作用。

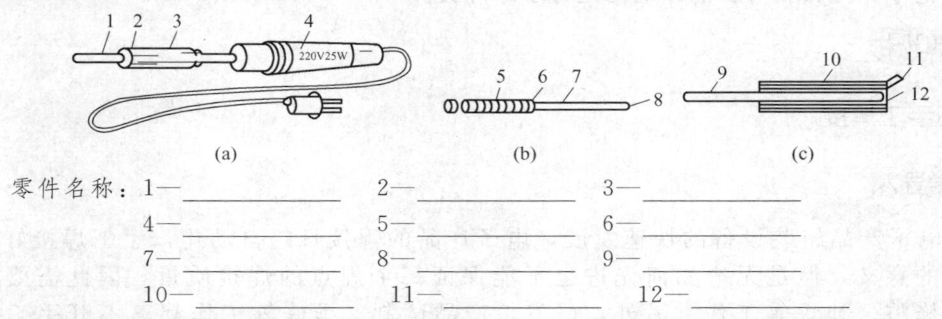

(a)　(b)　(c)

零件名称：1—________　2—________　3—________

4—________　5—________　6—________

7—________　8—________　9—________

10—________　11—________　12—________

2. 请根据下图解释电烙铁的握法，说明每一种握法适用于哪种焊接场所？

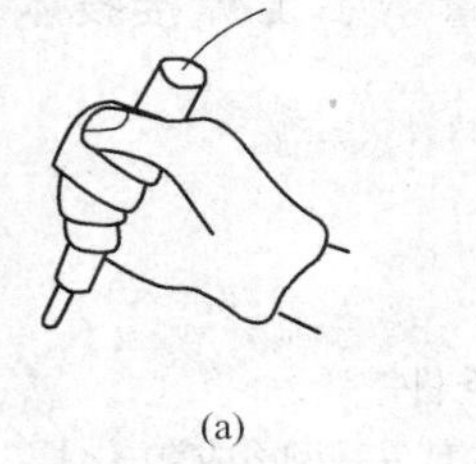

(a)

(b)

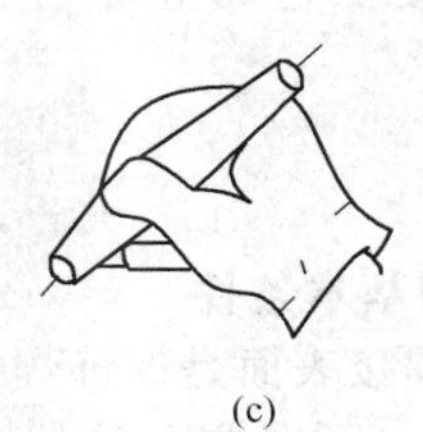

(c)

3. 看图写出焊接材料名称并简述各焊接材料的特点。

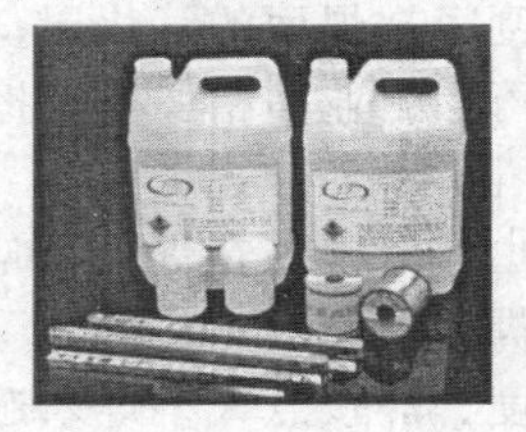

4. 电烙铁使用时需接 220V 交流电源，使用时需注意安全，你在使用时应注意哪几点？

任务二　学习手工焊接

能力标准

学完这一单元，你应获得以下能力：

- 熟悉三步焊接法和五步焊接法；
- 能正确熟练地进行焊接。

任务描述

请以以下任务为指导，完成对相关理论知识学习和实施练习：

- 用实际板子、元器件、导线及焊接工具进行焊接相关训练；
- 熟悉手工焊接技巧，能正确地进行手工焊接。

相关知识

学习手工焊接

教学导入

随着电子产品组装设备的快速发展，电子产品的焊接日趋自动化，手工焊接好像失去了存在的意义，但是无论如何先进也不能保证每个焊点的焊接质量，因此需要手工焊接进行修整、补焊等工作。另外，研发、产品试制、维修等工作都离不开手工焊接技术。而且手工焊接工艺的好坏直接影响工作质量。手工焊接技术是电子工艺中最基本的一项操作技能。

理论知识

一、手工焊接的基本条件

1. 保持清洁的焊接表面是保证焊接质量的先决条件

被焊金属表面由于受外界环境的影响，很容易在其表面形成氧化层、油污和粉尘等，使焊料难以浸润被焊金属表面，这时就需要用机械和化学的方法清除这些杂物。

如果元器件的引线、各种导线、焊接片、接线柱、印制电路板等表面被氧化或有杂物，一般可用锯条片、小刀或镊子反复刮净被焊面的氧化层；而对于印制板的氧化层则可用细砂纸轻轻磨去；对于较少的氧化层则可用工业酒精反复涂擦氧化层使其溶化。

2. 选择合适的焊锡和助焊剂及电烙铁

焊接材料种类繁多，焊接效果也不一样。在焊接前应根据被焊金属的种类、表面状态、焊接点的大小来选择合适的焊锡和焊剂。

通常根据被焊接金属的氧化程度、焊接点大小等来选择不同种类的助焊剂。如果被焊接金属氧化层较为严重，或焊接点较大则选用松香酒精助焊剂，而对于氧化程度较小或焊点小则选用中性助焊剂。

根据被焊点的形状、不同热容量选用不同功率的电烙铁和烙铁头。对于各种导线、焊接片、接线柱间的焊接及印制电路板上焊盘等较大的焊点一般选用较大功率的电烙铁；而对于一般焊点则选用较小功率的电烙铁，如 25W、30W 等。

3. 焊接时要有一定的焊接温度

热能是进行焊接不可缺少的条件，适当的焊接温度对形成一个好的焊点是非常关键的。

焊接时温度过高则焊点发白、无金属光泽、表面粗糙；温度过低则锡焊未流满焊盘，造成虚焊。

4. 焊接的时间要适当

焊接时间的长短对焊接也很重要。加热时间过长则可能造成元器件损坏、焊接缺陷、印制板铜箔脱离；加热时间过短则容易产生冷焊、焊点表面裂缝和元器件松动等，达不到焊接的要求。所以应根据被焊件的形状、大小和性质来确定焊接时间。

二、手工焊接的基本步骤

一个合格焊点的形成需经过以下过程。

① 浸润　焊接部位达到焊接的工作温度，助焊剂首先熔化，然后焊锡熔化并与被焊工件和焊盘表面接触。

② 流淌　液态的焊锡在毛细现象的作用下充满了整个焊盘和焊缝，将助焊剂排出。

③ 合金　流淌的焊锡与被焊工件和焊盘表面产生合金（只发生在表面）。

④ 凝结　移开电烙铁，温度下降，液态焊锡冷却凝固变成固态，从而将工件固定在焊盘上。

显然，焊接质量离不开一个好的焊接工艺流程。为了保证焊接质量，手工焊接的步骤一般要根据被焊件的热容量大小来决定，有五步和三步焊接操作法，通常采用五步焊接操作法。

1. 五步焊接法

对于一个初学者来说，一开始就掌握正确的手工焊接方法并养成良好的操作习惯是非常重要的。步骤一般要根据被焊件的热容量大小来决定，五步焊接操作法和三步焊接操作法分别如图 4-18 和图 4-19 所示，通常采用五步焊接操作法。

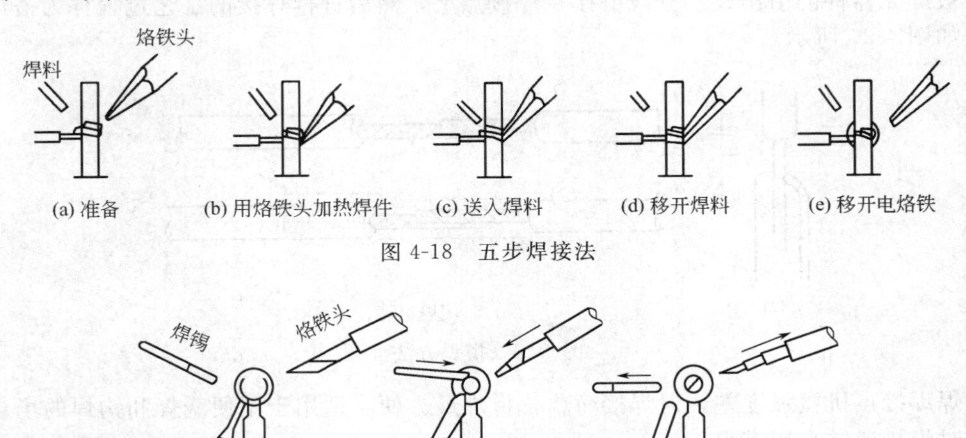

图 4-18　五步焊接法

图 4-19　三步焊接法

① 准备：将被焊件、电烙铁、焊锡丝、烙铁架、焊剂等放在工作台上便于操作的地方。加热并清洁烙铁头工作面，搪上少量焊锡。

② 加热被焊件：将烙铁头放置在焊接点上，对焊点升温；烙铁头工作面搪焊锡，可加快升温速度。如果一个焊点上有两个以上元件，应尽量同时加热所有被焊件的焊接部位。

③ 熔化焊料：焊点加热到工作温度时，立即将焊丝熔化并能直接接触到烙铁头上。

④ 移开焊锡丝：当焊锡丝熔化适量后，应迅速移开，不要熔化过多的焊锡。

注意

焊锡丝移开的时间不得迟于电烙铁头的移开时间。

⑤ 移开电烙铁：当焊点已经形成，但焊剂尚未挥发完之前，迅速将电烙铁移开。

2. 三步焊接法

① 准备阶段：右手拿电烙铁（烙铁头上应吃上少量焊锡），左手拿焊锡丝，烙铁头和焊锡丝同时移向焊接点，处于随时可焊接的状态。

② 加热熔化阶段：在焊接点两侧同时放上烙铁头和焊锡丝，熔化适量的焊锡。

③ 撤离阶段：当焊锡量扩散范围达到要求时，迅速撤离电烙铁和焊锡丝。焊锡丝撤离要略早于电烙铁。

手工焊接操作的五步法适用于焊接吸热量较大的元器件；三步法适用于焊接吸热量较小的元器件。初学者一般采用五步法，在对焊接操作步骤很熟练的情况下，对于印制电路板上的小焊点可以用三步法焊接，但五步法有普遍性，是掌握手工烙铁焊接的基本方法。特别是各步骤之间停留的时间，对保证焊接质量至关重要，只有通过大量的实践才能逐渐掌握。

3. 手工焊接方法

手工焊接应根据焊接点的不同连接方式而采用不同的焊接方法，通常有绕焊、钩焊、搭焊和插焊 4 种。此处主要介绍搭焊和插焊。

（1）搭焊

将被焊元器件的引出线、分线搭接在焊接点上，然后进行焊接的工艺过程称为搭焊，搭焊方法如图 4-20 所示。

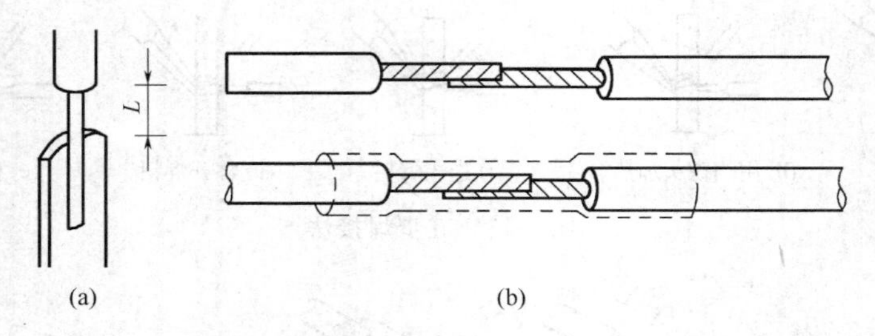

图 4-20　搭焊方法

搭焊焊接点机械强度差，但焊接简单，拆焊最方便。适用于不便绕焊和钩焊的场合，调试中临时焊接通常采用搭焊。

（2）插焊

将被焊元器件的引出线、导线插入洞孔中，然后再进行焊接的工艺过程称为插焊。插焊按引线弯脚分，可分为直脚焊和弯脚焊，插焊方法如图 4-21 所示。

插焊焊接方法方便，速度快，便于拆卸，机械强度尚可。印制电路板上元器件插装和焊接一般都采用插焊。

4. 搪锡方法和技术要求

搪锡是指在元器件引脚、导线端头以及初次使用的烙铁头上均匀地熔上一层锡，待锡冷却后能起到防止断丝、方便连接和连接可靠的作用。如果焊接前不搪锡，则很容易造成虚焊。搪锡工具有电烙铁、搪锡锅和超声波搪锡仪等，电烙铁搪锡通常用在手工焊接，搪锡锅用在小规模工业生产中，超声波搪锡仪用于铜接头、铜排、铜柱、铝排、铝母线等的中间和端面部分的浸锡，适用于开关、元器件、电器制造等行业。搪锡锅和超声波搪锡仪如图 4-22 所示。

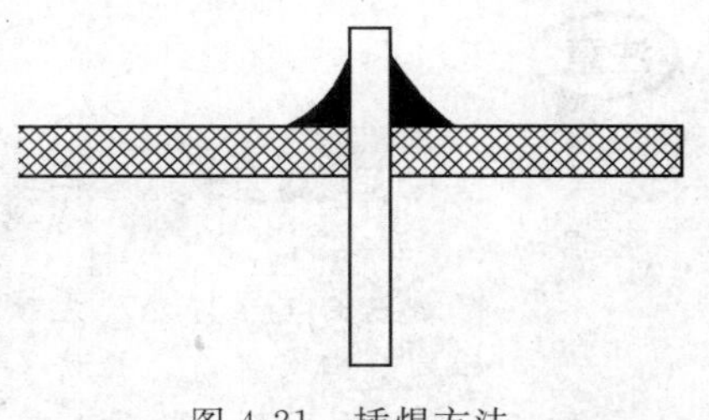

图 4-21　插焊方法

（1）烙铁头搪锡

电烙铁可以作为搪锡工具，但它在第一次使用时，也要被搪锡。具体方法是烙铁通电后，不断将烙铁头在烙铁架的海绵上擦拭，去掉表面污渍，然后加焊锡丝上锡，再将烙铁头在海绵上擦拭，再加焊锡丝上锡，反复多次，直至烙铁头挂满焊锡为止。

（2）导线搪锡

导线的搪锡步骤如下。

① 根据需要，剥除一定长度导线的绝缘层，露出原金属芯。

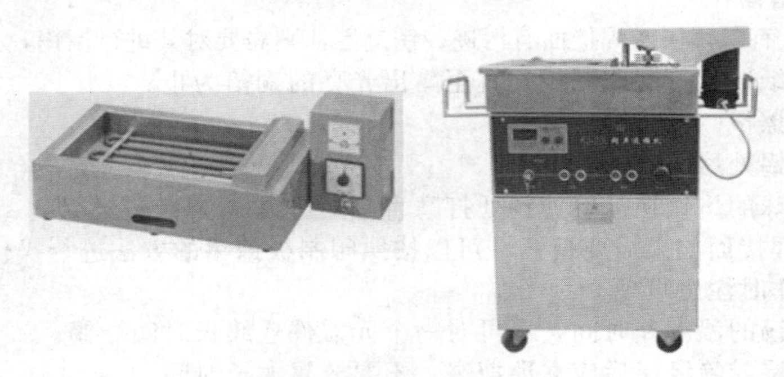

图 4-22　搪锡锅和超声波搪锡仪

② 在烙铁架内熔较多的松香和焊锡。

③ 将导线前端的金属部分和已达到正常焊接温度的烙铁同时放入烙铁架内。

④ 将金属部分的前端在已熔的焊锡内用烙铁头压住打磨一定时间。

搪锡后的导线端头应有 1mm 的距离，表面应光滑明亮，无毛刺，焊料层均匀，无残剩，不能出现烛心效应。搪锡效果如表 4-1 所示。

表 4-1　搪锡效果

类型	图例	说明
良好锡层	1mm	距导线端头有 1mm 的距离，表面光洁均匀
出现烛心效应		导线端头的绝缘层已部分老化

（3）元器件的引脚搪锡

如果元器件长期裸露在空气中，会因引脚表面附有灰尘、杂质而氧化，使得可焊性变差。为保证焊接质量，必须在焊前对引脚进行如下搪锡处理。

① 用小刀或锋利的工具，沿引线方向，在距离引线根部 2～4 mm 处向外刮杂质及氧化物等，边刮边转动引线，直至刮净为止。

② 在烙铁架内熔较多的松香和焊锡。

③ 将元器件的引脚和已达到正常焊接温度的烙铁同时放到烙铁架内。

④ 将元器件的引脚在已熔的焊锡内用烙铁头压住打磨，并持续一定时间。

① 搪锡后，锡层和元器件主体应有 2 mm 以上的距离，另外表面要光滑，无毛刺，锡层均匀、无残剩。

② 搪锡后的元器件外观无损伤，标志清晰。不可损伤未搪锡的部分。

③ 如果引脚有锈迹，最好不要用普通砂布使劲打磨，否则更难上锡。正确的方法是用细砂纸轻磨两下，再用蘸有大锡球的烙铁在烙铁架内打磨引脚。

④ 如果引脚只有少数部位能上锡，则这种元器件不能安装。

⑤ 新元件一般不需要搪锡。

(4) 印制板搪锡

如果印制板上有阻焊层或焊接面有污迹、锈迹等，则需要对其进行搪锡，具体操作如下。

① 先用细砂纸轻轻打磨印制板，直至露出光亮的铜箔为止。

② 再用酒精擦拭。

③ 在需要搪锡处熔一些松香。

④ 用蘸有锡球的烙铁在需要搪锡处打磨直至上好锡。

另外，其他焊接面如果需要搪锡，可以按照印制板搪锡的方法进行操作。

(5) 搪锡操作时注意事项

① 控制好搪锡的温度和时间，不可对一个元器件连续长时间搪锡。

② 去除氧化层或绝缘层后应立即搪锡，不要放置太长时间。

③ 如果多次搪锡质量依旧不好，应停止操作，找出原因后再进行搪锡。

5. 手工焊接操作要领

(1) 烙铁头与被焊金属的接触方法

在焊接过程中，电烙铁必须在短时间内给几种金属同时加热，那么，烙铁头与被焊金属如何接触就显得很重要。为了得到均匀加热，烙铁头与元器件的引线、焊盘必须同时加热。几种接触的方法如图 4-23 所示。

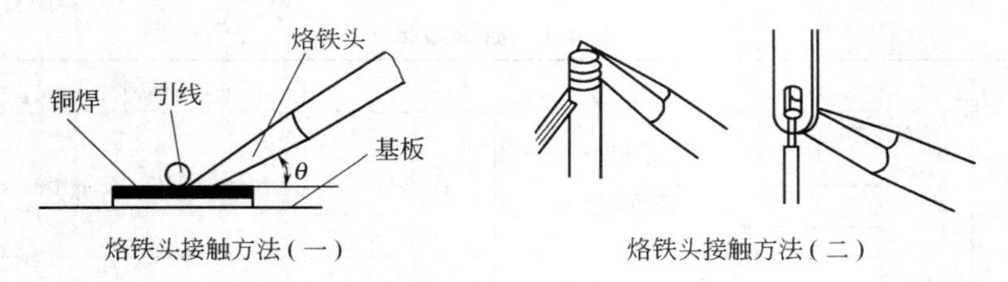

图 4-23 几种接触的方法

(2) 烙铁头撤离焊点方法

① 把握烙铁头撤离焊点的合适时间，如果加热时间过长，会造成焊料流淌，焊点表面出现粗糙，失去金属光泽；如果烙铁头过早撤离，会加热不充分，出现虚焊或假焊。

② 把握烙铁头撤离焊点的方向。焊点的焊锡量与烙铁头撤离焊点的方向有关，掌握适当的撤离方向，能使每个焊点符合焊接工艺要求。

③ 在焊锡凝固之前不能动，切勿使焊件移动或受到振动，特别是用镊子夹住焊件时，一定要等焊锡凝固后再移走镊子，否则极易造成焊点结构疏松或虚焊。

(3) 焊锡用量要适中

手工焊接常使用的管状焊锡丝，内部已经装有由松香和活化剂制成的助焊剂。焊锡丝的直径要根据焊点的大小选用，一般应使焊锡丝的直径略小于焊盘的直径。

在焊接时，过量的焊锡不但浪费了焊锡，而且还增加焊接时间，降低工作速度。更为严重的是，过量的焊锡很容易造成不易觉察的短路故障。焊锡过少也不能形成牢固的结合，同样是不利的。特别是焊接印制板引出导线时，焊锡用量不足，极容易造成导线脱落。

（4）搪锡（镀锡）

时间一长，元器件引线表面会产生一层氧化膜，影响焊接。所以，除少数有银、金镀层的引线外，大部分元器件引脚在焊接前必须先搪锡，如图 4-24 所示。旧电容管脚上还残留少量的焊锡，这会对焊接的时候造成麻烦，所以需要清理一下，用电烙铁轻轻地刮一下管脚就可以了，清理后的电容管脚干净了许多。

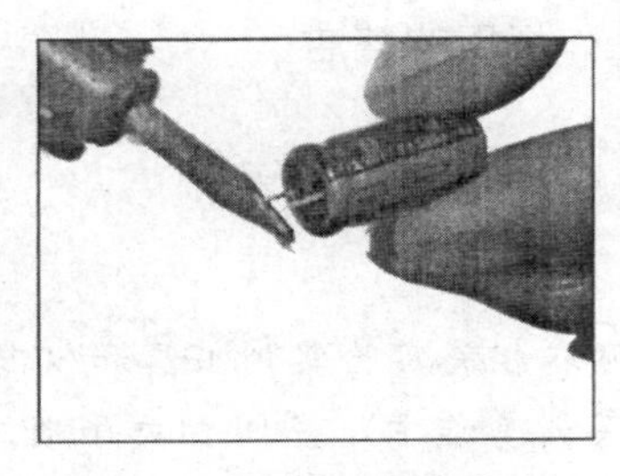

图 4-24　旧电容管脚的搪锡

（5）焊料的拿法

根据焊接的需要，焊锡丝的拿法有两种，如图 4-25 所示。图 4-25（a）所示拿法是用左手的拇指、食指和小手指捏住焊锡丝，用另外两个手指配合，把焊锡丝连续向前送进。图 4-25（b）所示拿法是用左手的拇指和食指捏住焊锡丝，这种方法不能连续向前送进焊锡丝。

（6）焊料供给方法

焊料的供给既要把握好适当的时机，又要掌握好正确的位置。

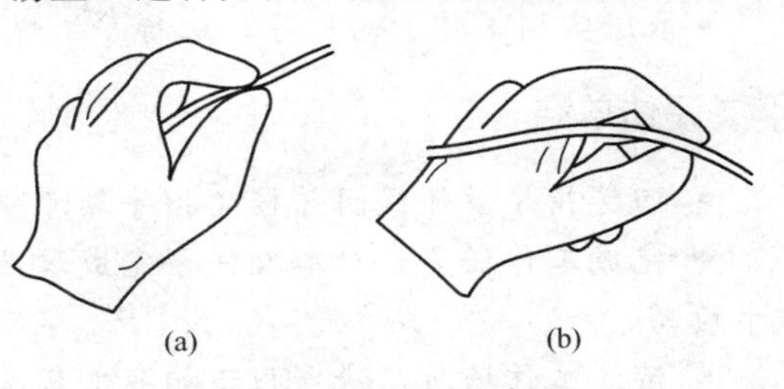

图 4-25　焊锡丝的拿法

① 在焊接表面达到焊接温度时，及时供给焊料。这时，焊料最容易浸润被焊金属。

② 先在烙铁头接触部位供给少量焊料，然后给距离烙铁头最远的位置供给焊料。

③ 不能用烙铁头运载焊料，以防产生焊接缺陷。必须一手拿烙铁，一手拿焊料，先加热后加焊料。

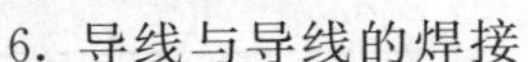

6. 导线与导线的焊接

导线之间的焊接以绕焊为主，操作步骤如下。

① 去掉一定长度的绝缘外层。

② 端头上锡，并套上合适的绝缘套管。

③ 绞合导线，施焊。

④ 趁热套上套管，冷却后套管固定在接头处。

此外，对调试或维修中的临时线，也可采用搭焊的办法。

任务实施

实施要求

任务目标与要求

- 小组成员分工协作，利用手工焊接相关知识和操作要领，依据学习工作卡分析制定工作计划，并通过小组自评或互评检查工作计划；

- 准备面包板、万能板、印制电路板、细导线、常用元器件及焊接工具等配套器材各20套；
- 通过资料阅读和实际对象观察，描述面包板、万能板及印制电路板的特点；
- 能熟练地使用焊接工具进行手工焊接并掌握搪锡、插焊、搭焊及绕焊等相应技巧。

注意事项

在任务实施过程中严格遵守相关实验实训制度和规范的要求，注意职场健康与安全需求，做好废料的处理，并保持工作场所的整洁。

实施要点

准备工作

- 每小组接受工作任务，领取相关实验实训工具和仪器，做好实施准备工作；
- 组长带领组内成员阅读实训工作卡，查阅相关手册或指导书，合理分工，制定任务计划，并检查计划有效性。

实施步骤

- 依照实训工作卡的引导，观察认识，同时相互描述所配发的面包板、万能板及印制电路板的特点，并填写实训工作卡；
- 依照实训工作卡的引导，进行手工焊接练习，并填写实训工作卡。

评估总结

- 回答指导教师提问并接受指导教师相关考核；
- 完成工作任务，对本次任务完成过程及效果进行自我评价和小组互评，完成实训工作卡填写；
- 清洁工作场所，清点归还相关工具设备，完成本次任务。

实训工作卡

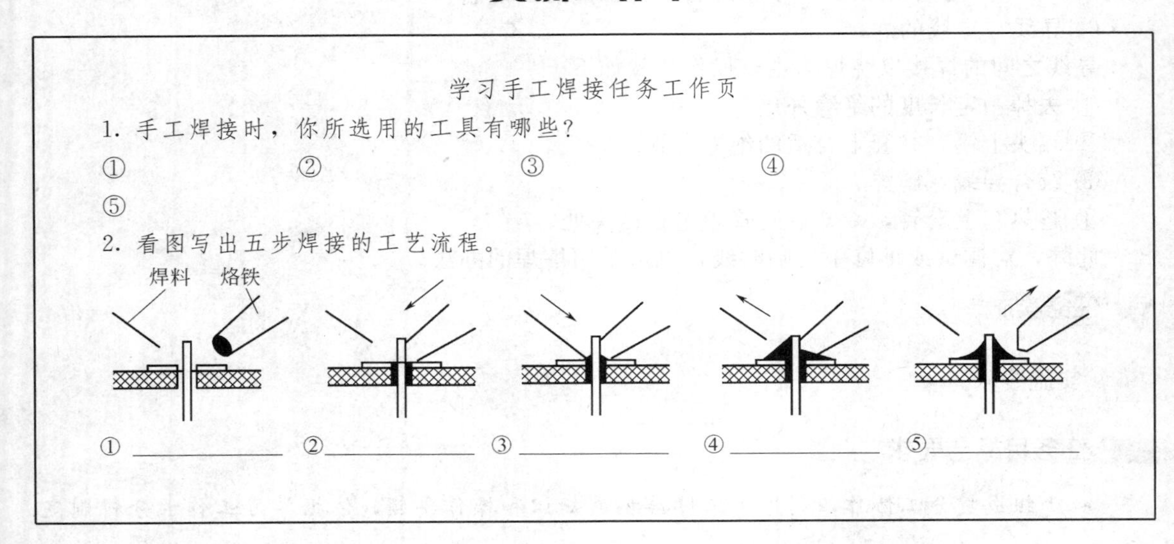

学习手工焊接任务工作页

1. 手工焊接时，你所选用的工具有哪些？

① ② ③ ④

⑤

2. 看图写出五步焊接的工艺流程。

① ________ ② ________ ③ ________ ④ ________ ⑤ ________

3. 如图所示的加热方法是否正确，分析并写出错误所在。

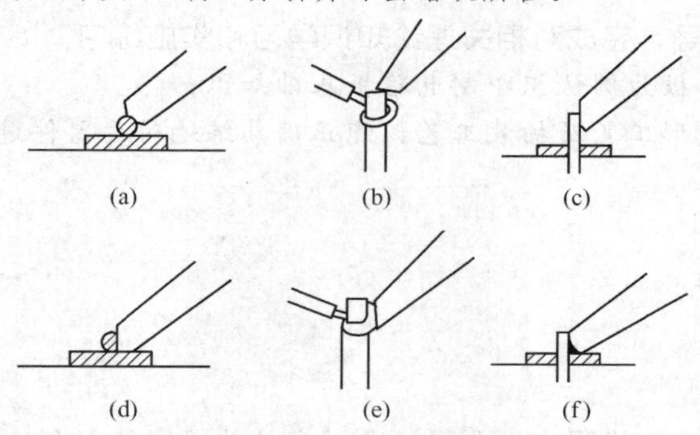

(a) (b) (c) (d) (e) (f)

4. 根据下图，写出焊料供给的方法，并说明各适用于哪种焊接场合。

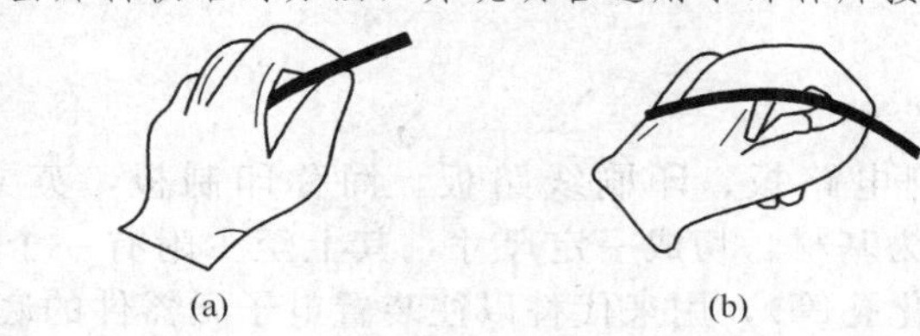

(a) (b)

5. 填写图中烙铁撤离的方向。

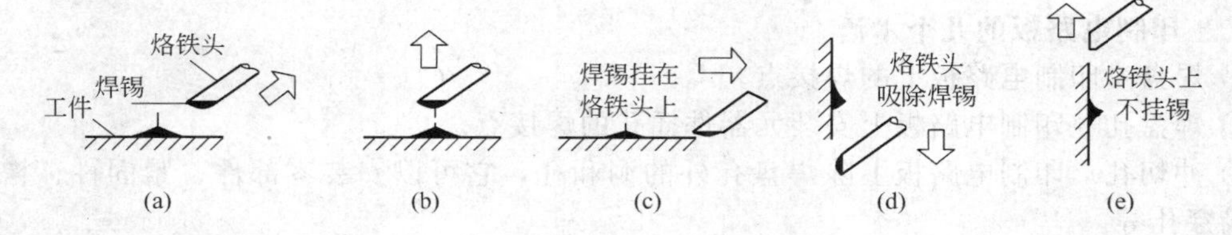

(a) (b) (c) (d) (e)

6. 分析下图焊锡量应为多少适度？

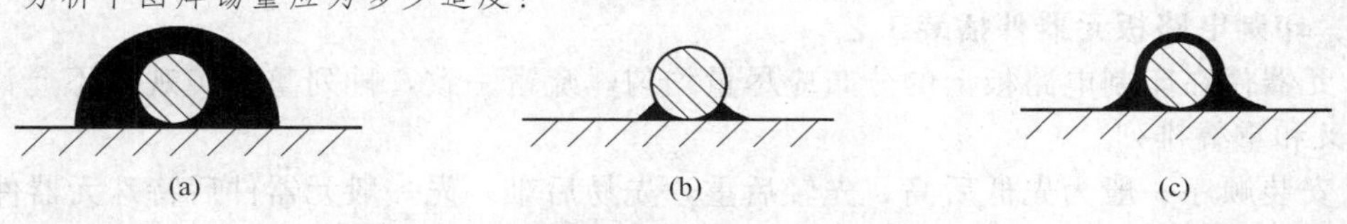

(a) (b) (c)

任务三　电子电路装接工艺

能力标准

学完这一单元，你应获得以下能力：

- 熟悉印制电路板基本知识；
- 熟练掌握元器件的成形工艺；
- 熟练掌握元器件的插装工艺。

任务描述

请以以下任务为指导，完成对相关理论知识学习和实施练习：

- 以实际印制电路板为例认识印制电路板基础知识；
- 熟悉元器件的成形工艺及插装工艺，能正确熟练地对元器件进行插装与焊接。

相关知识

电子电路装接工艺

教学导入

在电子产品的整机装配过程中，要保证电子产品的可靠和安全，就必须掌握电子电路的基本装接工艺。用印制电路板安装元器件和布线，可以节省空间，提高装配密度，减少接线和接线错误，提高电子产品可靠性及安全性，在电子产品中已经得到广泛应用。

理论知识

一、印制电路板概述

印制电路板，又称印刷电路板、印刷线路板，简称印制板，英文简称 PCB（Printed Circuit Board），以绝缘板为基材，切成一定尺寸，其上至少附有一个导电图形，并布有孔（如元件孔、紧固孔、金属化孔等），用来代替以往装置电子元器件的底盘，并实现电子元器件之间的相互连接。由于这种板是采用电子印刷术制作的，故被称为“印刷”电路板。

印制电路板的种类较多，一般按结构可以分为单面印制板、双面印制板、多层板和软性印制板四种。

二、印制电路板的几个术语

① 焊盘　印制电路板上的焊接点。

② 焊盘孔　印制电路板上安装元器件插孔的焊接点。

③ 冲切孔　印制电路板上除焊盘孔外的洞和孔，它可以安装零部件、紧固件、橡塑件及导线穿孔等。

④ 正面　单面印制板中铜箔板的一面。

⑤ 反面　单面印制板中，安装元器件、零部件的一面。

三、印制电路板元器件插装工艺

① 元器件在印制电路板上的分布应尽量均匀，疏密一致，排列整齐美观，不允许斜排、立体交叉和重叠排列。

② 安装顺序一般为先低后高，先轻后重，先易后难，先一般元器件后特殊元器件。

③ 有安装高度的元器件要符合规定要求，统一规格的元器件尽量安装在同一高度上。

④ 有极性的元器件，安装前可以套上相应的套管，安装时极性不得出错。

⑤ 元器件引线直径与印制板焊盘孔径应有 0.2～0.4mm 合理间隙。

⑥ 元器件一般应布置在印制电路板的同一面，元器件外壳或引线不得相碰，要保证 0.5～1mm 的安全间隙，无法避免接触时，应套绝缘套管。

⑦ 安装较大元器件时，应采取粘固措施。

⑧ 安装发热元器件时，要与印制电路板保持一定的距离，不允许贴印制电路板安装。

⑨ 热敏元器件的安装要远离发热元件。变压器等电感类元器件的安装，要减少对邻近元器件的干扰。

四、印制电路板元器件插装形式

① 电阻的插装　电阻的插装方式，一般有立式和卧式两种，如图 4-26 所示。

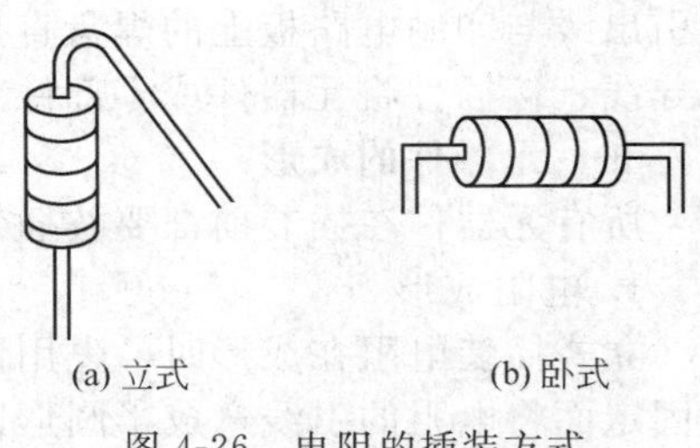

图 4-26　电阻的插装方式

② 电容的插装　电容插装方式可分为立式和卧式两种。一般直立插装的电容大都为瓷片电容、涤纶电容及较小容量电解电容；对于较大体积的电解电容或径向引脚的电容（如钽电容）一般为卧式插装，如图 4-27 所示。

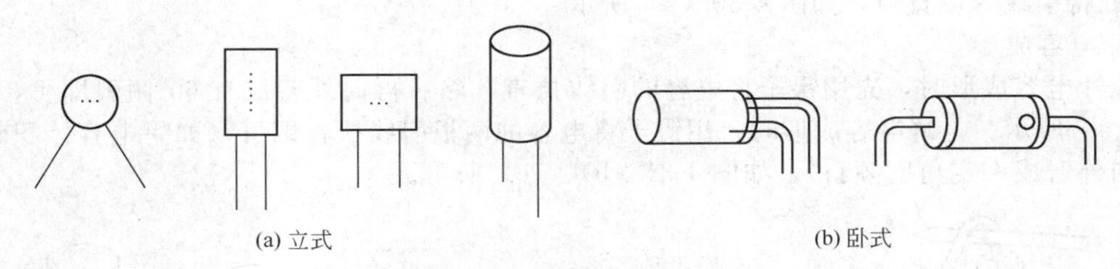

图 4-27　电容的插装方式

③ 二极管的插装　二极管的插装也可分为立式和卧式两种，如图 4-28 所示。

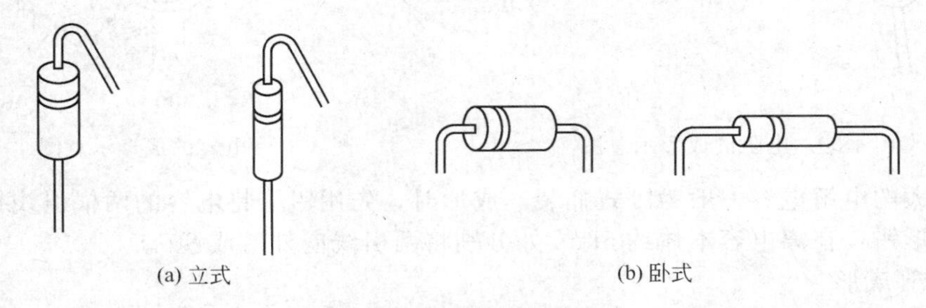

图 4-28　二极管的插装方式

④ 晶体管的插装　晶体管的插装分为直排式和跨排式，如图 4-29 所示。

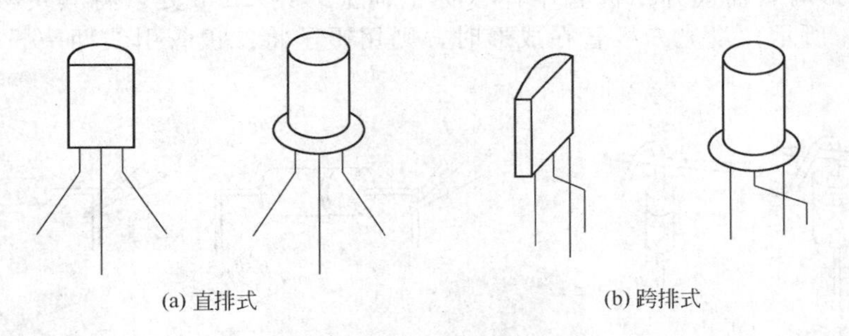

图 4-29　晶体管的插装方式

晶体管一般有两种封装：一种是塑封的；另一种是金属封装。直排式为 3 根引脚并排插入 3 个孔中，大都为塑封管。跨排式 3 引脚成一定角度插入印制板中，大都为金属封装，但也有塑封管。

⑤ 集成电路插座的插装　集成电路插座有许多种，常用的有 8 芯、14 芯、16 芯等，有弹性的插座不需整形。

印制板上元器件和零部件连接方式有直接焊接和间接焊接两种。直接焊接是利用元器件的引出线与印制电路板上的焊盘直接焊接起来。焊接时，往往采用插焊技术。间接焊接是采用导线、接插件将元器件或零部件与印制电路板上的焊盘连接起来。

五、元器件的成形

所有元器件在插装前都要按插装工艺要求进行成形。

1. 电阻成形

立式插装电阻在成形时，先用镊子将电阻引线两头拉直，然后再用ϕ0.3mm的钟表旋具作固定面将电阻的引线弯成半圆形即可，注意阻值色环向上，如图4-30（a）所示。卧式插装电阻在成形时，同样先用镊子将电阻两头引线拉直，然后利用镊子在离电阻本体约1～2mm处将引线弯成直角，如图4-30（b）所示。

2. 电容成形

瓷片电容成形时，先用镊子将电容的引线拉直，然后再向外弯成有60°倾斜即可，如图4-31（a）所示。电解电容成形时，用镊子将电容的两根引线拉直即可（如果电容体积较小，则需向外弯成一定角度倾斜），如图4-31（b）、（c）所示。

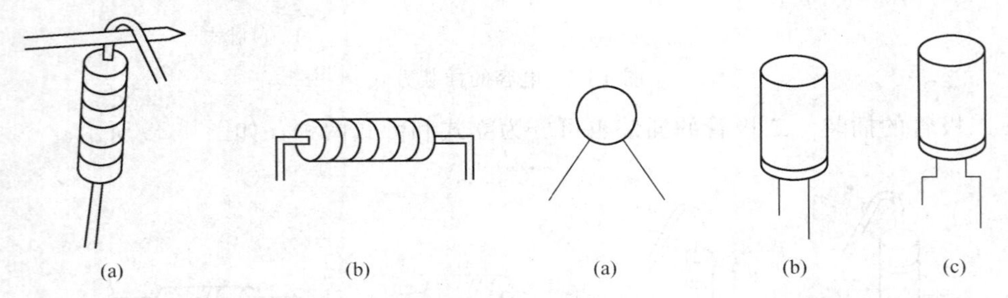

图4-30　电阻的成形示意图　　　图4-31　电容的成形示意图

体积较大的电解电容一般为卧式插装。成形时，先用镊子将电容的两根引线拉直，然后用镊子或整形钳，在离电容本体约5mm处分别将两引线向外弯成90°。

3. 二极管成形

立式插装二极管在成形时，先用镊子将二极管引线两头拉直，然后再用＋0.3mm的钟表旋具作固定面，将塑封二极管的负极（标记向上）引线弯成半圆形即可；而玻璃封装二极管在成形时，需离开二极管本体（标记向上）约2mm处，将其负极引线弯成形，如图4-32（a）所示；发光二极管在成形时，则用镊子将二极管引线两头拉直，直接插入印制板即可。

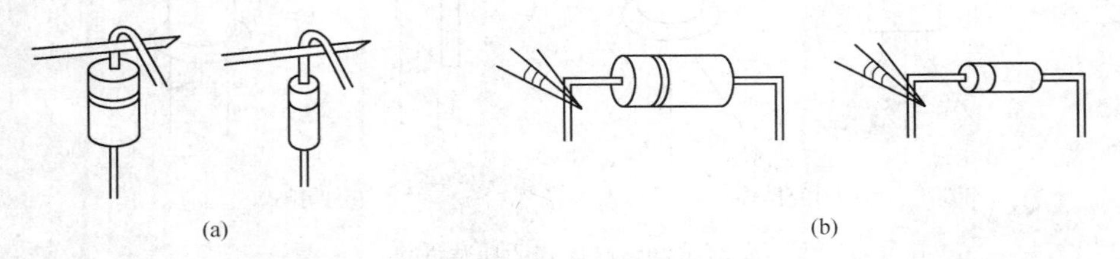

图4-32　二极管的成形示意图

卧式插装二极管在成形时，先用镊子将二极管两引线拉直，然后在离二极管本体约1～2mm处分别将其两引线弯成直角，玻璃封装二极管在离本体3～4mm处成形，方法如图4-32（b）所示。

4. 晶体管成形

晶体管直排式插装成形时，先用镊子将晶体管的3根引线拉直，分别将两边引线向外弯成倾斜60°即可，如图4-33（a）所示。

图 4-33　晶体管的成形示意图

晶体管跨排式插装成形时，先用镊子将晶体管的 3 根引线拉直，然后将中间的引线向前或向后弯成 60°倾斜即可，如图 4-33（b）所示。

六、元器件的插装焊接

严格按照装配工艺图样要求对成形元器件进行插装焊接。具体插装焊接方法如下。

1. 电阻插装焊接

电阻卧式插装焊接时应贴紧印制电路板，并注意电阻的阻值色环向外，同规格电阻色环方向应排列一致，直标法的电阻器标志应向上。

电阻立式插装焊接时，应使电阻离开多孔电路板约 1～2mm 上，并注意电阻的阻值色环向上，同规格电阻色环方向应排列一致。

2. 二极管插装焊接

二极管卧式插装焊接时，应使二极管离开电路板约 3～5mm。注意二极管正、负极性位置不能搞错，同规格的二极管标记方向应一致。

二极管立式插装焊接时，应使二极管离开印制电路板约 2～4mm。注意二极管正、负极性位置不能搞错，有标识二极管其标记一般向上。

3. 电容插装焊接

插装焊接瓷片电容时，应使电容离开多用电路印制板约 4～6mm，并且标记面向外，同规格电容排列整齐高低一致。

插装焊接电解电容时，应注意电容离开电路板约 1～2mm，并注意电解电容的极性不能搞错，同规格电容排列整齐高低一致。

4. 晶体管插装焊接

晶体管插装焊接时应使晶体管（并排、跨排）离开电路板约 4～6mm，并注意晶体管三个电极不能插错，同规格晶体管排列整齐高低一致。

5. 集成电路插座插装焊接

插装集成电路插座时，应使其紧贴电路板，焊接时应按 1 脚、14 脚、16 脚顺序焊接。

任务实施

实施要求

任务目标与要求

- 小组成员分工协作，利用电子电路装接的相关知识，依据学习工作卡分析制定工作计划，并通过小组自评或互评检查工作计划；
- 准备焊接工具、印制电路板、万能板等配套器材各 20 套；
- 通过资料阅读和讨论，描述电子元器件成形及插装需要注意的问题；
- 能熟练地使用手工焊接工具进行元器件成形及插装。

注意事项

在任务实施过程中严格遵守相关实验实训制度和规范的要求，注意职场健康与安全需求，做好废料的处理，并保持工作场所的整洁。

实施要点

准备工作

- 每小组接受工作任务，领取相关实验实训工具和仪器，做好实施准备工作；
- 组长带领组内成员阅读实训工作卡，查阅相关手册或指导书，合理分工，制定任务计划，并检查计划有效性。

实施步骤

- 依照实训工作卡的引导，观察认识，同时相互描述所发元器件的成形与插装工艺及注意事项，并填写实训工作卡；
- 依照实训工作卡的引导，对相应元器件进行成形与插装，并填写实训工作卡。

评估总结

- 回答指导教师提问并接受指导教师相关考核；
- 完成工作任务，对本次任务完成过程及效果进行自我评价和小组互评，完成实训工作卡填写；
- 清洁工作场所，清点归还相关工具设备，完成本次任务。

实训工作卡

1. 查阅资料，填写绝缘导线的加工工序。

________ → ________ → ________ → ________ → ________。

2. 根据下图电路板上的元器件插装焊接工艺给元器件名称连线。

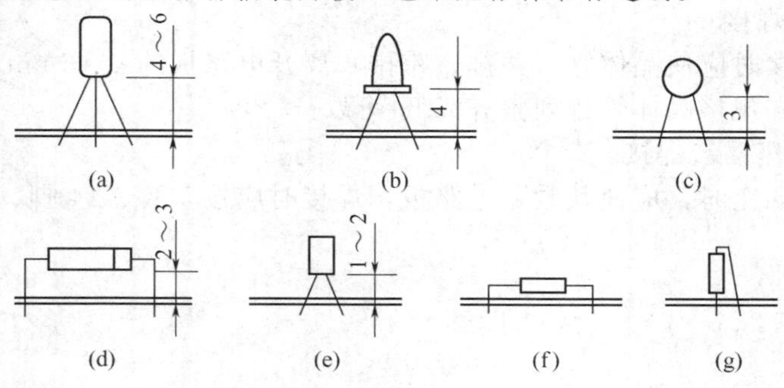

(1) 电解电容
(2) 固定电容
(3) 发光二极管
(4) 晶体管
(5) 二极管
(6) 电阻（立式）
(7) 电阻（卧式）

3. 根据点焊、拖焊技巧及五步焊接法、三步焊接法的技能来完成下图。

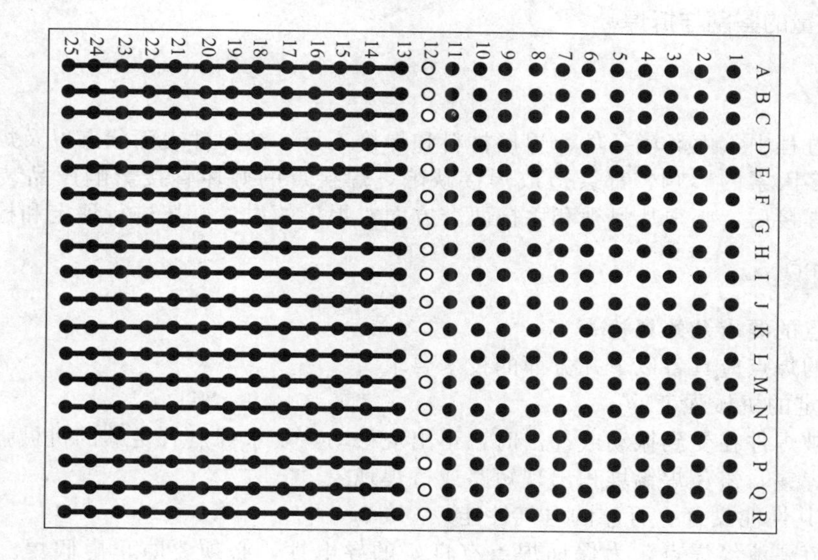

4. 完成下列元器件引脚的成形训练，并按工艺要求对其进行安装焊接。

名称	电阻 1	电阻 2	电容	三极管
图示	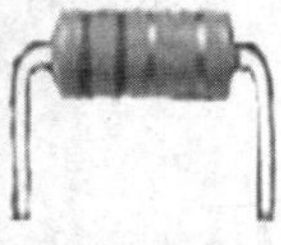			
数量	20 个	20 个	20 个	20 个

任务四　焊接质量的鉴别与拆焊

能力标准

学完这一单元，你应获得以下能力：

- 会区分合格焊点及缺陷焊点；
- 能正确使用已掌握的焊接方法对缺陷焊点进行修复；
- 熟悉拆焊的技能。

任务描述

请以以下任务为指导，完成对相关理论知识学习和实施练习：

- 以实际电路板为例认识合格焊点及缺陷焊点；
- 熟悉缺陷焊点产生的原因，能正确进行拆焊。

相关知识

焊接质量的鉴别与拆焊

教学导入

在焊接过程中，由环境条件、焊接材料和焊接工具、被焊件表面状态以及焊接工艺和操作方法等诸多因素的影响，都会造成焊接缺陷，焊接点的好坏直接影响产品装配质量。因此，在完成焊接后，必须从目视和手摸两个方面对焊接的质量好坏进行评定和检查。

理论知识

一、焊点的要求及外观检查

高质量的焊点应具备以下几方面的技术要求。

1. 有一定的机械强度

为保证被焊件在受到振动或冲击时，不出现松动，要求焊点有足够的机械强度。但不能使用过多的焊锡，避免焊锡堆积出现短路或桥焊现象。

2. 保证其性能良好、可靠的电气性能

由于电流要流经焊点，为保证焊点有良好的导电性，必须要防止虚假焊。出现虚假焊时，焊锡与被焊物表面没有形成合金，只是依附在被焊物金属表面，导致焊点的接触电阻增大，影响整机的电气性能，有时电路会出现时断时通现象。

3. 具有一定的大小、光泽和清洁美观的表面

焊点的外观应美观光滑、圆润、清洁、整齐、均匀，焊锡应充满整个焊盘并与焊盘大小比例适中。

综上所述，一个合格的焊点从外观上看，必须达到以上要求。合格焊点形状如图 4-34 所示。

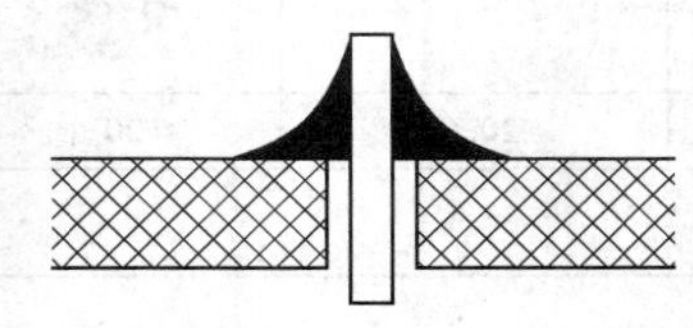

图 4-34　合格焊点

二、常见焊点缺陷分析

焊接中出现的问题主要有以下几种，如图 4-35 所示。

1. 焊料过多

焊料面呈凸圆形状，主要是由于焊锡加热的时间过长引起的，造成焊锡浪费并可能包含缺陷，如图（a）所示。

2. 焊料过少

焊接面积小于焊盘的 80%，焊锡未形成平滑的过渡面，主要是焊锡丝加的时间过短、焊接时间过短或焊接面局部氧化造成，这种焊点机械强度不足，受振动和冲击时容易脱落，如图（b）所示。

3. 过热

焊点发白、无金属光泽、表面较粗糙，主要是烙铁加热时间过长，引起焊接时温度过

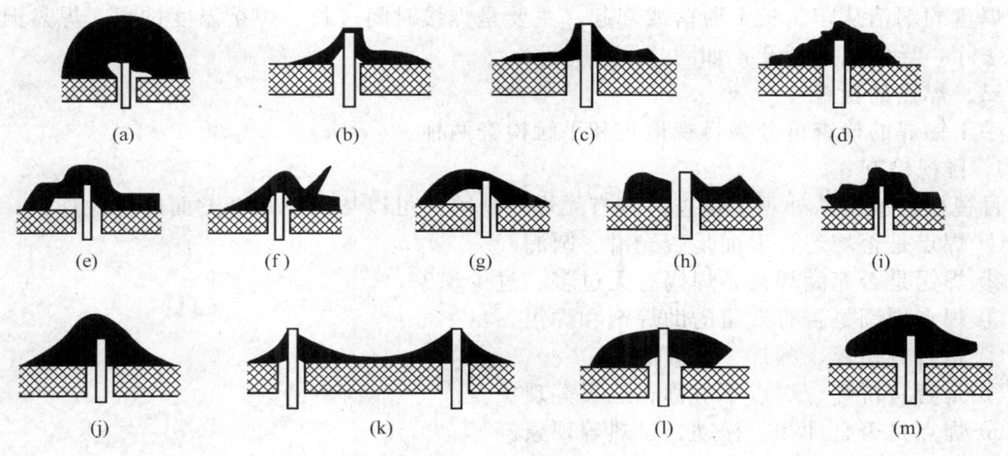

图 4-35　常见焊点的缺陷

高，导致焊盘容易脱落、强度降低，如图（c）所示。

4. 冷焊

焊点表面呈颗粒状，表面有裂纹，主要是烙铁加热时间过短，焊接时温度过低或焊锡未凝固前被焊件抖动，导致机械强度过低、导电性能不强，如图（d）所示。

5. 松动

外观粗糙、导线或元器件引线可移动，主要是焊锡未凝固前，引线移动或焊接面氧化未处理所引起，导致导通不良或不导通，如图（e）所示。

6. 拉尖

焊点出现尖端或毛刺，主要是加热时间过长、焊接时间过长、烙铁头移开的方法不当，导致焊点外观不佳，容易造成桥接拱起短路，如图（f）所示。

7. 松香焊

焊接点中央有松香渣，主要是助焊剂失效或过多，焊接时间过短、加热不均匀，导致机械强度下降、导通不良，如图（g）所示。

8. 浸润不良

焊锡与被焊件相邻处接触角过大，不平滑。主要是被焊件氧化层未清理干净，被焊件加热不足，导致机械强度低，导通不良，如图（h）所示。

9. 不对称

焊锡未流满焊盘，主要是加热不足，焊锡的流淌性差，导致机械强度低，导通不良，如图（i）所示。

10. 气泡和针孔

拱焊点在引线根部有焊锡、有孔和气泡，主要是焊盘与引线的间隙过大导致机械强度不足，焊点容易腐蚀，如图（j）所示。

11. 桥焊

焊锡将相邻两焊盘连接在一起，主要是焊锡太多、焊接时间过长、烙铁头移开角度错误，导致电路短路，如图（k）所示。

12. 虚焊

焊锡与元器件或与焊盘铜箔之间有明显的界线，焊锡向界线凹陷，主要是加热不充分、焊盘和元器件引线氧化层未清理干净或焊料凝固时焊接处晃动引起，导致电路时通时断，如图（l）所示。

13. 印制导线和焊盘翘起

焊盘的铜箔从印制板上脱落或翘起，主要是焊接时间过长、焊接温度过高，焊盘铜箔氧化未去除，导致电路断开，如图（m）所示。

三、焊点的检查

手工锡焊的检查可分为目视检查和手触检查两种。

1. 目视检查

目视检查就是从外观上检查焊点有无焊接缺陷。可以从以下几个方面进行检查。

① 焊点是否均匀，表面是否光滑、圆润。

② 焊锡是否充满焊盘，焊锡有无过多、过少现象。

③ 焊点周围是否有残留的助焊剂和焊锡。

④ 是否有错焊、漏焊、虚假焊。

⑤ 是否有桥焊、焊点不对称、拉尖等现象。

⑥ 焊点是否有针孔、松动、过热等现象。

⑦ 焊盘有无脱落，焊点有无裂缝。

2. 手触检查

在外观检查的基础上，采用手触检查。主要是检查元器件在印制电路板上有无松动，焊接是否牢靠，有无机械损伤。可用镊子轻轻拨动焊接点看有无虚假焊，或夹住元器件的引线轻轻拉动看有无松动现象。

四、拆焊技能

在检查焊点的基础上，对有缺陷的焊点作适当补焊。对有些无法修复的焊点进行拆焊处理。

1. 补焊方法

对于有焊接缺陷的焊点进行适当的补焊，具体方法为：待焊点完全冷却后再根据焊点缺陷的情况分别进行补焊，加锡、加热、去锡、重焊等。注意补焊时，用烙铁的速度一定要快，可根据情况需要，进行第二次补焊，但一定要等到焊点完全冷却后再进行。

2. 拆焊方法

在焊接过程中，有时会误将一些导线、元器件等焊接在不应焊接的焊点上。在调试、检验、维修过程中，经常需要将已焊接处拆除，取下少量元器件进行更换，称为拆焊。拆焊的难度比焊接大得多，往往容易损坏元器件、导线和焊点并且导致印制电路板铜箔脱落、断裂，严重时造成整个印制电路板报废。因此拆除操作时，要严格控制加热的温度和时间，一般元器件及导线绝缘层耐热性较差，受热易损器件对温度十分敏感。有时采用间隔加热法进行拆除，要比长时间连续加热的损坏率小些。拆焊时不要用力过猛，以免造成器件与引脚脱离。

一般来讲，对于普通焊点的拆焊，拆除决定舍去的元器件时，可以先将元器件的引脚剪掉，再进行拆焊；对于印制电路板上的元器件或导线，为了保护印制电路板和元器件拆卸时不损坏，需要采用一定的拆焊工艺和专用工具。

（1）用镊子进行拆焊

在没有专用拆焊工具情况下，用镊子进行拆焊因其方法简单，是印制电路板上元器件拆焊常采用的拆焊方法。由于焊点的形式不同，其拆焊方法也不同。

① 对于印制电路板中引线之间焊点距离较大的元器件，拆卸时相对容易，一般采用分点拆焊的方法，如图 4-36（a）所示。操作过程如下。

a. 首先固定印制电路板，同时用镊子从元器件面夹住被拆元器件的一根引线。

b. 用电烙铁对被夹引线上的焊点进行加热，以熔化该焊点上的焊锡。

c. 待焊点上焊锡全部熔化，将被夹的元器件引线轻轻从焊盘孔中拉出。

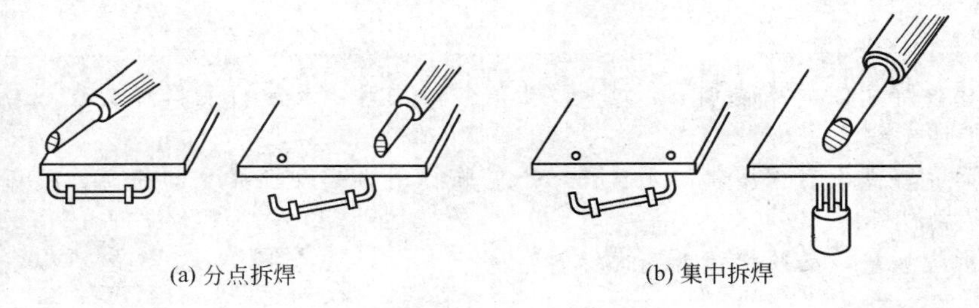

图 4-36 用镊子进行拆焊示意图

d. 然后用同样的方法拆焊被拆元器件的另一根引线。

e. 用烙铁头清除焊盘上多余的焊料。

② 对于拆焊印制电路板中引线之间焊点距离较小的元器件，如晶体管等，拆卸时具有难度，多采用集中拆焊的方法，如图 4-36（b）所示。操作过程如下。

a. 首先固定印制电路板，同时用镊子从元器件面夹住被拆元器件。

b. 电烙铁对被拆元器件的各个焊点进行快速交替加热，以同时熔化各焊点上的焊锡。

c. 待焊点上焊锡全部熔化，将夹着的被拆元器件轻轻从焊盘孔中拉出。

d. 用烙铁头清除焊盘上多余的焊料。

此办法加热要迅速，注意力要集中，动作要快。

如果焊接点引线是弯曲的，要逐点间断加温，先吸取焊接点上的焊锡，露出引线轮廓，并将引线撬直后再拆除元器件。

③ 在拆卸引线较多、较集中的元器件时（如晶体管等），采用同时加热的方法比较有效。

a. 用镊子钳夹住被拆元器件。

b. 用 35W 内热式电烙铁头，对被拆焊点连续加热，使被拆焊点同时熔化。

c. 待焊锡全部熔化后，及时将元器件从焊盘孔中轻轻拉出。

d. 清理焊盘，用一根不沾锡的 ϕ3mm 的钢针从焊盘面插入孔中，如焊锡封住焊孔，则需用烙铁熔化焊点。

（2）用专用吸锡电烙铁进行拆焊

对焊锡较多的焊点，可采用吸锡烙铁去锡脱焊。拆焊时，吸锡电烙铁加热和吸锡同时进行，拆焊操作方法如图 4-37 所示。

图 4-37 用吸锡电烙铁进行拆焊示意图

① 吸锡时，根据元器件引线的粗细选用锡嘴的大小。

② 吸锡电烙铁通电加热后，将活塞柄推下卡住。

③ 锡嘴垂直对准吸焊点，待焊点焊锡熔化后，再按下吸锡电烙铁的控制按钮，焊锡即被吸进吸锡电烙铁中，反复几次，直至元器件从焊点中脱离。

① 被拆焊点的加热时间不能过长。当焊料熔化时，及时将元器件引线从与印制板垂直的方向拔出。

② 尚有焊点没有被熔化的元器件，不能强行用力拉动、摇晃和扭转，以免造成元器件和焊盘的损坏。

③ 拆焊完毕，必须把焊盘孔内焊料清除干净。

不论用哪种拆焊方法，操作时都应先将焊接点上的焊锡去掉。在使用一般电烙铁不易清除时，可以使用吸锡工具。在拆焊过程中不要使焊料或焊剂飞溅或流散到其他元件及导线的绝缘层上，以免烫伤这些器件。

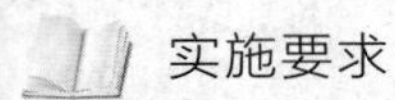

实施要求

任务目标与要求

- 小组成员分工协作，利用焊接质量的鉴别与拆焊相关知识，依据实训工作卡分析制定工作计划，并通过小组自评或互评检查工作计划；
- 准备焊好的板子、焊接工具等配套器材各 20 套；
- 通过资料阅读和实际对象观察，描述合格焊点的形状及缺陷焊点形成的可能原因；
- 能熟练地使用焊接工具对缺陷焊点进行修复；
- 能熟练地进行拆焊。

注意事项

在任务实施过程中严格遵守相关实验实训制度和规范的要求， 注意职场健康与安全需求， 做好废料的处理， 并保持工作场所的整洁。

实施要点

准备工作

- 每小组接受工作任务，领取相关实验实训工具和仪器，做好实施准备工作；
- 组长带领组内成员阅读实训工作卡，查阅相关手册或指导书，合理分工，制定任务计划，并检查计划有效性。

实施步骤

- 依照实训工作卡的引导，观察认识，同时相互描述所配发的电路板中的合格焊点及缺陷焊点组成，并填写实训工作卡；
- 依照实训工作卡的引导，对缺陷焊点进行修复，并填写实训工作卡；
- 依照实训工作卡的引导，进行拆焊练习，并填写实训工作卡。

评估总结

- 回答指导教师提问并接受指导教师相关考核；
- 完成工作任务，对本次任务完成过程及效果进行自我评价和小组互评，完成实训工作卡填写；

- 清洁工作场所，清点归还相关工具设备，完成本次任务。

实训工作卡

1. 查阅资料说明合格的焊点从外观上看必须达到哪几个方面的技术要求。

2. 查阅资料并思考，说明虚焊的危害有哪几点。

3. 谈谈你是怎样判断焊点的好坏。

4. 拆焊通常可以采用哪些方法？在拆焊时应注意些什么？

5. 你在焊接时出现了哪种焊点缺陷？试叙述缺焊发生的原因。

任务五　SMC/SMD的手工焊接

能力标准

学完这一单元，你应获得以下能力：

- 熟悉SMC/SMD的手工焊接工具；
- 熟悉热风工作台的面板按钮功能及其使用注意事项。

任务描述

请以以下任务为指导，完成对相关理论知识学习和实施练习：

- 以SMC/SMD的手工焊接工具为例认识此类焊接工具；
- 熟悉热风工作台的面板按钮功能。

相关知识

SMC/SMD的手工焊接

教学导入

SMT 技术现在已经大量应用于日常的电子产品中，通常，电路板上的表面安装元件是通过再流焊技术等进行焊接的，但是在作局部检修时，经常要手工来处理。因此掌握 SMC 元件的手工焊接及拆焊技能也是很重要的。

理论知识

一、手工焊接 SMC 元件的要求

手工焊接 SMC 元件应具备以下几方面的技术要求。

1. 焊接材料

焊锡丝更细，一般要使用直径 0.5～0.8mm 的活性焊锡丝，也可以使用膏状焊锡丝（焊锡膏）；但要使用腐蚀性小、无残渣的免清洗助焊剂。

2. 工具设备

使用更小巧的专用镊子和电烙铁，电烙铁的功率不超过 20W，电烙铁是尖细的锥状，如图 4-38 所示。若还需要提高要求，则最好具备热风工作台、SMT 维修工作站和专用工具。

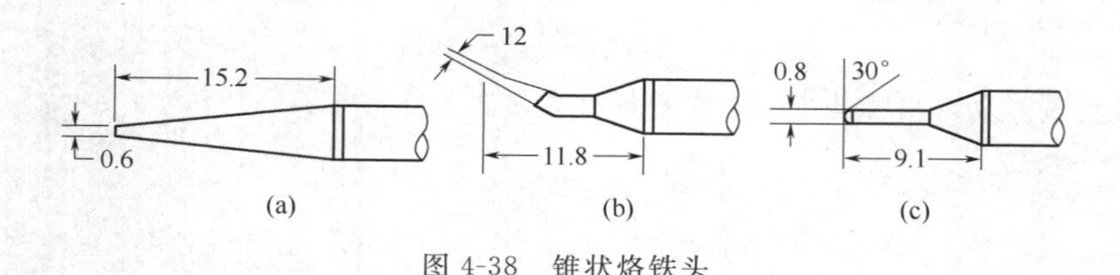

图 4-38　锥状烙铁头

3. 要求熟练掌握 SMC 的检测、焊接技能，积累一定的工作经验

4. 要有严格的操作规程

二、检修及手工焊接贴片元件的常用工具及设备

① 检测探针　一般测量仪器的表笔或探头不够细，可以配用检测探针，探针前端是针尖，末端是套筒，使用时将表笔或探头插入探针，用探针测量电路会出较方便、安全。探针外形如图 4-39（a）所示。

② 电热镊子　电热镊子是一种专用于拆焊 SMC 的高档工具，它相当于两把组装在一起的电烙铁，只是两个电热芯独立安装在两侧，接通电源以后，捏合电热镊子夹住 SMC 元件的两个焊端，加热头的热量熔化焊点，很容易把元件取下来。电热镊子的示意图如图 4-39（b）所示。

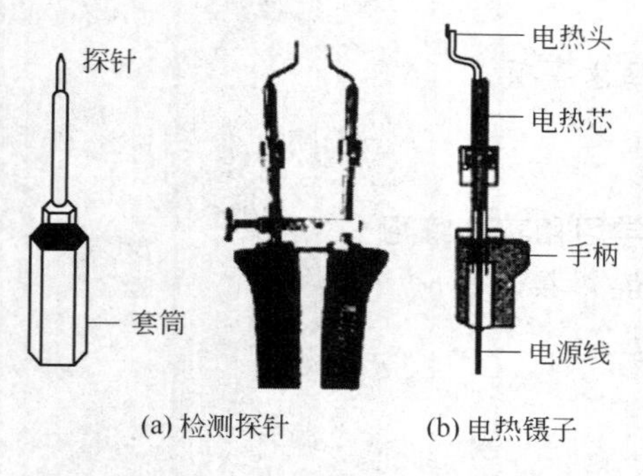

图 4-39　检测探针与电热镊子

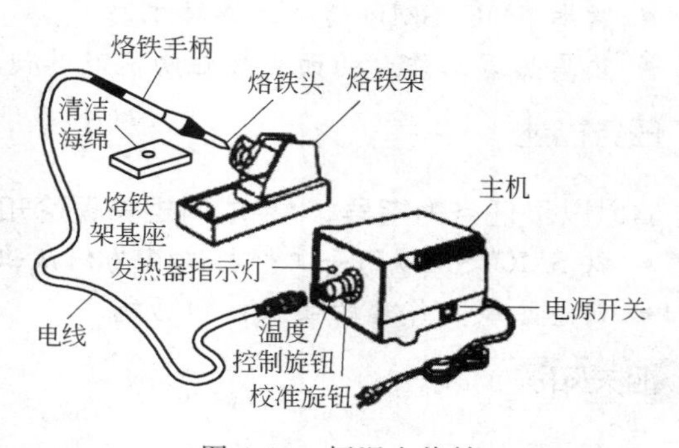

图 4-40　恒温电烙铁

③ 恒温电烙铁　SMT 元件对温度比较敏感，维修时必须注意不能超过 390℃，所以，最好使用恒温电烙铁。恒温电烙铁如图 4-40 所示。

恒温电烙铁的烙头温度可以控制，根据控制方式不同，分为电控恒温电烙铁和磁控恒温电烙铁两种。

电控恒温电烙铁采用热电偶来检测和控制烙铁头的温度。当电烙铁头的温度低于规定值时，温控装置控制开关使继电器通电，给电烙铁供电，使温度上升；当温度达到温度值时，控制电路就构成反动作，停止向电烙铁供电。如此循环往复，使电烙铁的温度基本保持恒定值。

目前，采用较多的是磁控恒温电烙铁。它的烙铁头上装有一个强磁体传感器，利用它在温度达到某一点时磁性消失的特性，来控制加热元件的通断以控制温度。因恒温电烙铁采用断续加热，它比普通电烙铁节电 1/2 左右，并且升温速度快。由于电烙铁始终保持恒温，在焊接过程中焊锡不易氧化，可减少虚焊，提高焊接质量。电烙铁不会产生过热现象，使用寿命较长。

由于片状元件的体积小，电烙铁头的尖端应该略小于焊接面，为防止感应电压损坏集成电路，电烙铁的金属外壳要可靠接地。

④ 电烙铁专用加热头　在电烙铁上配有不同规格的专用加热头后，可以用来拆焊引脚数目不同的 QFP 集成电路和 SO 封装的二极管、晶体管、集成电路等。专用加热头外形如图 4-41 所示。

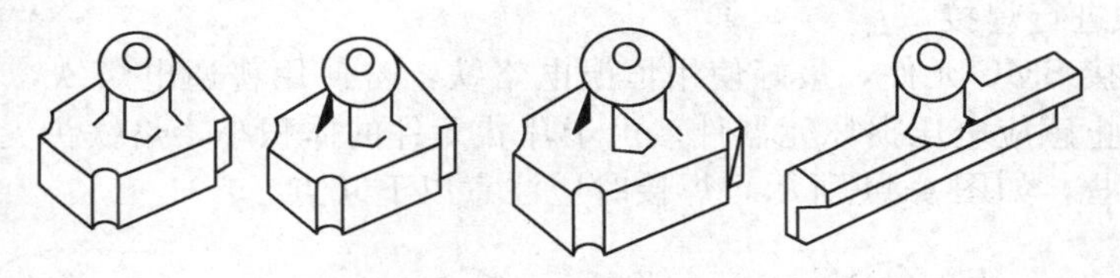

图 4-41　专用加热头

⑤ 真空吸锡枪　真空吸锡枪主要由吸锡枪和真空泵两大部分组成。吸锡枪的前端是中间空心的电烙铁头，带有加热功能。按动吸锡枪手柄上的开关，真空泵即通过电烙铁头的中间的孔，把熔化了的焊锡吸到后面的锡渣储罐中，取下锡渣储罐。真空吸锡枪的外观如图 4-42 所示。

⑥ 热风工作台　热风工作台的外观如图 4-43 所示，热风筒内装有电热丝，软管连接热风筒和热风工作台内置的吹风电动机。按下热风工作台前面板上的电源开关，电热丝和吹风电动机同时开始工作，电热丝被加热，吹风电动机压缩空气，通过软管从热风筒前端吹出来，电热丝达到足够的温度后，就可以用热风进行焊接或拆焊；断开电源开关，电热丝停止加热，但吹风机电动机还要继续工作一段时间直到热风筒的温度降低以后才自动停止。

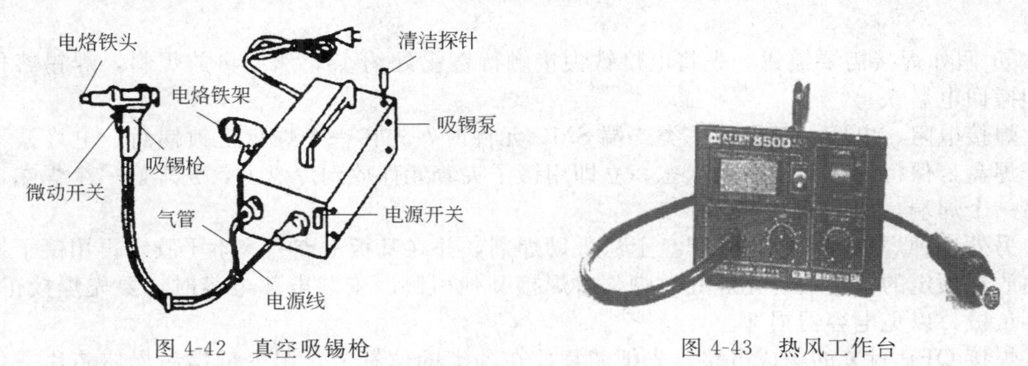

图 4-42　真空吸锡枪

图 4-43　热风工作台

热风工作台的前面板上，除了电源开关，还有“HEATER（加热温度）”和“AIR（吹风强度）”两个按钮，分别用来调整、控制电热丝的温度和吹风电动机的送风量。两个按钮的刻度都是从1～8，分别指示热风的温度和吹风强度。一般在使用热风台焊接SMT印制板的时候，应该把“温度”旋钮置于刻度“4”左右，“送风量”旋钮置于刻度“3”左右。

热风工作台热风筒的前端上可以装配各种专用的热风嘴，用于拆卸不同尺寸、不同封装方式的芯片。

三、电烙铁的焊接温度设定

焊接时，对电烙铁的温度设定非常重要。最适合的焊接温度，是让焊点上的焊锡温度比焊锡的熔点高50℃左右。由于焊接对象的大小、电烙铁的功率和性能、焊料的种类和型号不同，在设定电烙铁头的温度时，一般要求在焊锡熔点温度的基础上增加100℃左右。

① 手工焊接或拆除下列元件时，电烙铁的温度设定为250～270℃。

a. 1206以下所有SMC电阻、电容、电感元件；

b. 所有电阻排、电容排、电感排元件；

c. 面积为5mm×5mm（包含引脚长度）以下并且少于8脚的SMD。

② 除上述元件外，焊接温度均为350～370℃或（350℃±20℃）。在检修SMT印制板的时候，假如不具备好的焊接条件，也可以用银浆导电胶粘接元件的焊点，这种方法避免元件受热、操作简单，但连接强度较差。

四、SMC元件手工焊接与拆焊工艺

1. 用电烙铁进行焊接

用电烙铁焊接SMC元件，最好使用恒温电烙铁，若使用普通电烙铁，电烙铁的金属外壳应该接地，防止感应电压损坏元器件。由于片状元件的体积小，烙铁头尖端的横截面积应该比焊接面小一些，如图4-44所示，焊接时应注意以下几点。

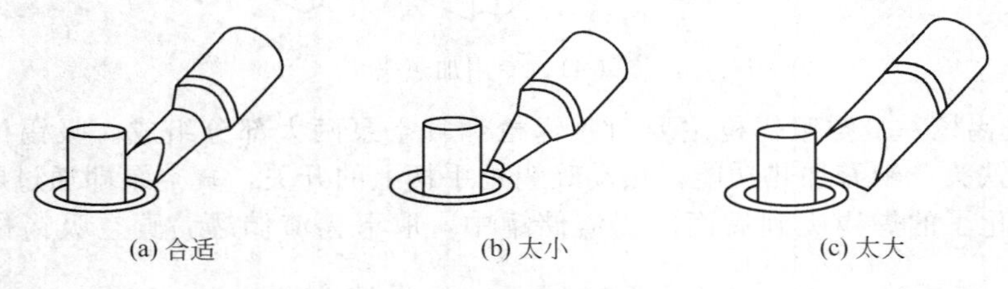

图4-44　选择大小合适的电烙铁头

① 随时擦拭电烙铁头，保持电烙铁头洁净。

② 焊接时间要短，一般不要超过2s，看到焊锡开始熔化就立即抬起电烙铁头。

③ 焊接过程中电烙铁头不要碰到其他元件。

④ 焊接完成后，要用带照明灯的2～5倍放大镜，仔细检查焊点是否牢固、有无虚焊现象。

⑤ 假如焊接需要镀锡，先将电烙铁尖接触待镀锡处约1s，然后再放焊料，焊锡熔化后立即撤回电烙铁。

焊接电阻、电容、二极管一类二端SMC元件时，先在一个焊盘上镀锡后，电烙铁不要离开焊盘，保持焊锡处于熔化状态，立即用镊子夹着元件放到焊盘上，先焊好一个焊端，再焊另一个焊端，如图4-45所示。

另外一种焊接方法：先在焊盘上涂敷助焊剂，并在基板上点一滴不干胶，再用镊子将元件粘放在预定的位置上，先焊好一脚，后焊接其他引脚。安装电解电容时，要先焊接正极，后接负极，以免电容器损坏。

焊接QFP封装的集成电路，先把芯片放在预定的位置上，用少量焊锡焊住芯片一角上

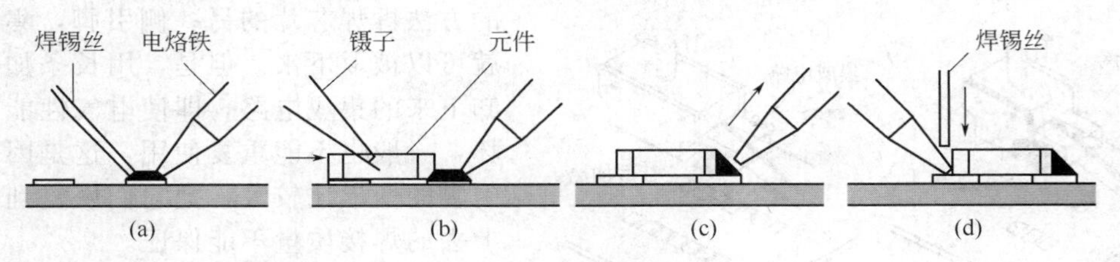

图 4-45 手工焊接两端 SMC 元件

的 3 个引脚，如图 4-46（a）所示，使芯片被准确固定，然后给其他引脚均匀涂上助焊剂，逐个焊牢，如图 4-46（b）所示。焊接时，如果引脚之间发生焊锡粘连现象，可按照图 4-46（c）所示的方法清除粘连，即在粘连处涂抹少许助焊剂，用电烙铁尖轻轻沿引脚向外刮抹。

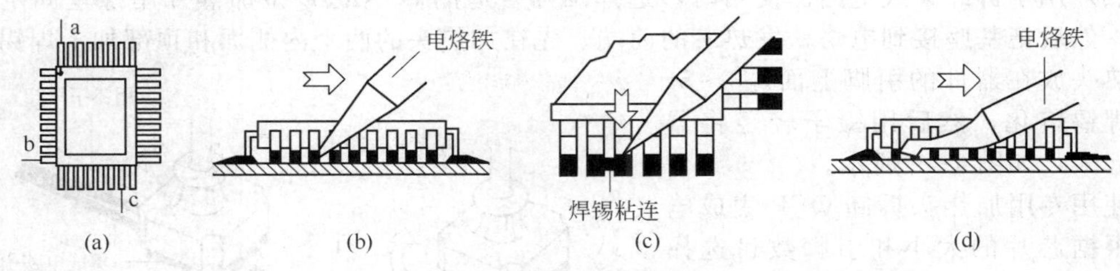

图 4-46 焊接 QFP 芯片的手法

有经验的技术人员会采用 H 型烙铁头进行“拖焊”——沿着 QFP 芯片的引脚，把烙铁头快速向后拖，能得到很好的焊接效果，如图 4-46（d）所示。

焊接 SOT 晶体管或 SO、SOL 封装的集成电路与此类似，先焊住两个对角，然后给其他引脚均匀涂上助焊剂，逐个焊牢。

如果使用含松香或助焊剂的焊锡丝，亦可一手持电烙铁，另一手持焊锡丝，电烙铁与焊锡尖端同时对准欲焊接器件引脚，在焊锡丝被熔化的同时将引脚焊牢，焊前可不必涂助焊剂。

2. 用专用加热头拆焊元件

在热风工作台普及之前，仅使用电烙铁拆焊 SMC/SMD 元件是很困难的。同时用两把电烙铁只能拆焊电阻、电容等两端元件或二极管、三极管等引脚数目少的元件。如图 4-47 所示，想拆焊晶体管和集成电路，要使用专用的加热头。

采用长条加热头可以拆焊翼形引脚 SO、SOL 封装的集成电路，操作方法如图 4-48 所示。

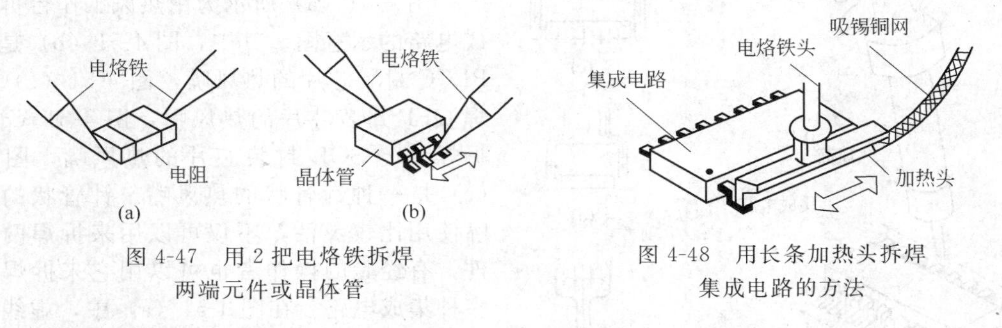

图 4-47 用 2 把电烙铁拆焊两端元件或晶体管

图 4-48 用长条加热头拆焊集成电路的方法

将加热头放在集成电路的一排引脚上，按图中箭头方向来回移动加热头，以便将整排引脚上的焊锡全部熔化。注意：当所有引脚上的焊锡都熔化并被吸锡铜网（线）吸走，引脚与电路板之间已经没有焊锡后，用专用起子或镊子将集成电路的一侧撬离印制板。然后用同样

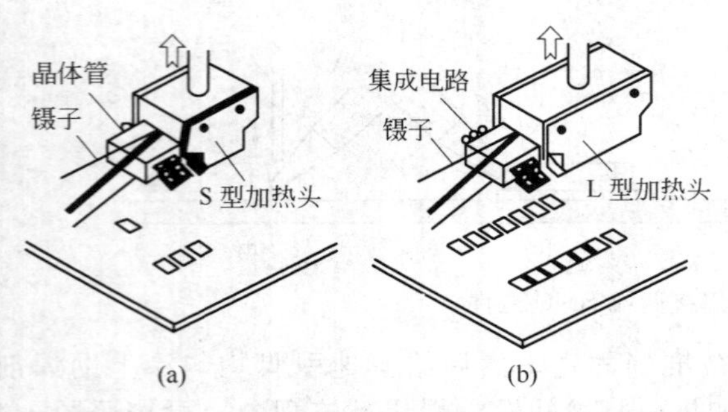

图 4-49　使用 S 型、L 型加热头拆焊集成电路的方法

的方法拆焊芯片的另一侧引脚，集成电路就可以被取下来。但是，用长条加热头拆卸下来的集成电路，即使电气性能没有损坏，一般也不能重复使用，这是因为芯片引脚的变形比较大，把它们恢复到电路板上去的焊接质量不能保证。

S 型、L 型加热头配合相应的固定基座，可以用来拆焊 SOT 晶体管和 SO、SOL 封装的集成电路。头部比较窄的 S 型加热片用于拆卸晶体管，头部比较宽的 L 型加热片用于拆卸集成电路。使用时，选择两片合适的 S 型或 L 型加热片用螺丝固定在基座上，然后把基座接到电烙铁发热芯的前端。先在加热头的两个内侧面和顶部加上焊锡，再把加热头放在器件的引脚上面，3～5s 后，焊锡熔化，然后用镊子轻轻将器件夹起来，如图 4-49 所示。

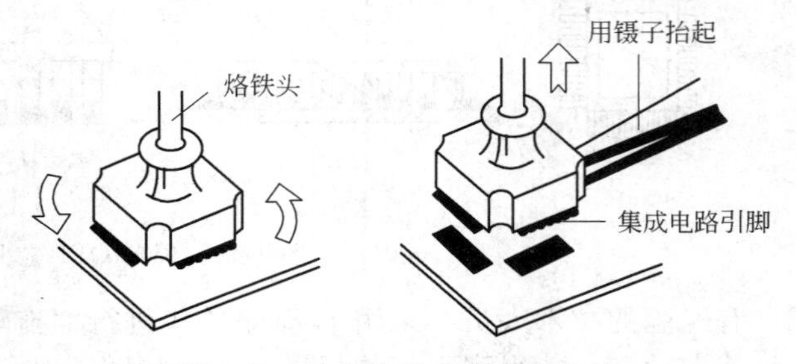

图 4-50　专用加热头的使用方法

使用专用加热头拆卸 QFP 集成电路，根据芯片的大小和引脚数目选择不同规格的加热头，将电烙铁头的前端插入加热头的固定孔，在加热头的顶端涂上焊锡，再把加热头靠在集成电路的引脚上，3～5s 后，在镊子的配合下，轻轻转动集成电路并抬起来，如图 4-50 所示。

3. 用热风工作台焊接或拆卸 SMC/SMD 元件

近年来，国产热风工作台已经在电子产品维修行业普及。用热风工作台拆焊 SMC/SMD 元件很容易操作，比使用电烙铁方便得多，能够拆焊的元件种类也很多。

(1) 用热风工作台拆焊

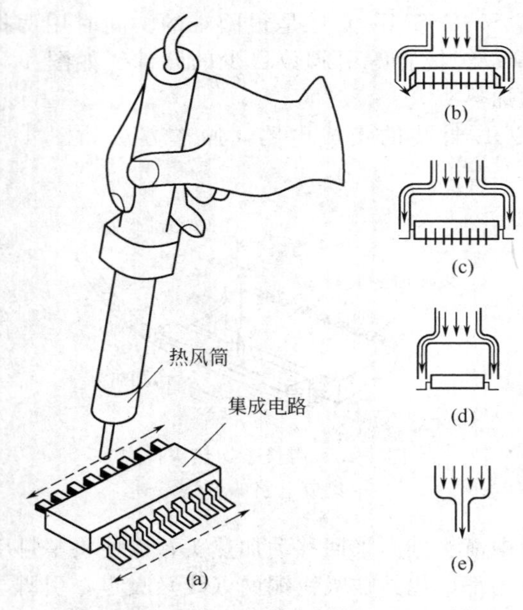

图 4-51　用热风工作台拆焊 SMC 元件

按下热风工作台的电源开关，就同时接通了吹风电动机和电热丝的电源，调整热风工作台面板上的旋钮，使热风的温度和送风量适中。这时，热风嘴吹出的热风就能够用来拆焊 SMC/SMD 元件。

图 4-51 (a) 所示为用热风工作台拆焊集成电路的示意图。其中，图 4-51 (b) 是拆焊 PLCC 封装芯片的热风嘴，图 4-51 (c) 是拆焊 QFP 封装芯片的热风嘴，图 4-51 (d) 是拆焊 S0、SOL 封装芯片的热风嘴，图 4-51 (e) 是一种针管状的热风嘴。针管状的热风嘴使用比较灵活，不仅可以用来拆焊两端元件，有经验的操作者也可以用它来拆焊其他多种集成电路。在图 4-51 (a) 中，虚线箭头描述了针管状的热风嘴拆焊集成电路的时候，热风嘴沿着芯片周围迅速移动，同时加热全部引脚焊点的操作方向。

使用热风工作台拆焊元件，要注意调整温度的高低和送风量的大小。温度低，熔化焊点的时间过长，让过多的热量传到芯片内部，反而容易损坏器件；温度高，可能烤焦印制板或损坏器件。送风量大，可能把周围的其他元件吹跑；送风量小，加热的时间则明显变长。初学者使用热风台，应该把“温度”和“送风量”旋钮都置于中间位置(“温度”旋钮刻度“4”左右，“送风量”旋钮刻度“3”左右)。如果担心周围的元件受热风影响，可以把待拆芯片周围的元件粘贴上胶带，用胶带把它们保护起来。必须特别注意，全部引脚的焊点都已经被热风充分熔化以后，才能用镊子拈取元件，以免印制板上的焊盘或线条受力脱落。

(2) 用热风工作台焊接

使用热风工作台也可以焊接集成电路，不过，焊料应该使用焊锡膏，不能使用焊锡丝。可以先用手工点涂的方法往焊盘上涂敷焊锡膏，贴放元件以后，用热风嘴沿着芯片周围迅速移动，均匀加热全部引脚焊盘，就可以完成焊接。

假如用电烙铁焊接时，发现有引脚“桥接”短路或者焊接的质量不好，也可以用热风工作台进行修整，修整方法：往焊盘上滴涂免清洗助焊剂，再用热风加热焊点使焊料熔化，短路点在助焊剂的作用下，让焊点表面变得光亮圆润。使用热风枪注意以下几点。

① 热风喷嘴应距欲焊接或拆除的焊点 1～2mm，不能直接接触元件引脚，亦不要过远，并保持稳定。

② 焊接或拆除元件时，一次不要连续吹热风超过 20s，同一位置使用热风不要超过 3 次。

③ 针对不同的焊接或拆除对象，可参照设备生产厂家提供的温度曲线，通过反复试验，优选出适宜的温度与风量设置。

任务实施

实施要求

任务目标与要求

- 小组成员分工协作，利用 SMC/SMD 的手工焊接相关知识，依据实训工作卡分析制定工作计划，并通过小组自评或互评检查工作计划；
- 准备片状元器件、焊接贴片元器件的常用工具及设备等配套器材各 20 套；
- 通过资料阅读和实际工具、设备观察，描述贴片式元器件焊接时需要的工具及设备；
- 熟悉热风工作台面板按钮的功能。

注意事项

在任务实施过程中严格遵守相关实验实训制度和规范的要求， 注意职场健康与安全需求， 做好废料的处理， 并保持工作场所的整洁。

实施步骤

- 准备工作
- 每小组接受工作任务，领取相关实验实训工具和仪器，做好实施准备工作；
- 组长带领组内成员阅读实训工作卡，查阅相关手册或指导书，合理分工，制定任务计划，并检查计划有效性。

实施内容

- 依照实训工作卡的引导，观察认识，同时相互描述贴片元器件进行焊接时所用的工具及设备，并填写实训工作卡；
- 依照实训工作卡的引导，对热风工作台的面板按钮功能进行熟悉，并填写实训工作卡。

评估总结

- 回答指导教师提问并接受指导教师相关考核；
- 完成工作任务，对本次任务完成过程及效果进行自我评价和小组互评，完成实训工作卡填写；
- 清洁工作场所，清点归还相关工具设备，完成本次任务。

实训工作卡

1. 查阅资料说明检修及焊接贴片元件的设备及工具有哪些。

2. 简述用热风工作台拆焊贴片元件时的注意事项。

3. 观察热风工作台前面板，说明其相关按钮的名称及功能。

知识拓展

电子工业中的新型焊接

随着电子工业的不断发展，传统的焊接技术将不断地被改进和完善，新的高效率的焊接技术也不断地涌现出来，如超声波焊、热超声金丝球焊、机械热脉冲焊、电子束焊、激光焊等都是新近几年发展起来的新型焊接技术。这些技术都有各自的特点，例如新近发展起来的激光焊，能在几微秒的时间内将焊点加热到熔化而实现焊接，热应力影响小，可以同锡焊相比，是一种很有潜力的焊接方法。随着计算机技术的发展，在电子焊接中使用微处理器控制的焊接设备已经普及，例如，微机控制电子束焊接已在我国研制成功。还有一种光焊技术，已经应用在CMOS集成电路的全自动生产线上，其特点是采用光敏导电胶代替焊剂，将电路芯片粘在印制板上用紫外线固化焊接。下面对几种典型的焊接技术作简单的叙述。

一、激光焊接

激光焊可以焊接从几微米到50mm的工件。激光焊接按运转方式来分，可分为脉冲激光焊接和连续激光焊接两大类，每类激光焊接又可分为传热熔化焊接和深穿入焊接两种。

与其他焊接方法相比，激光焊接具有以下一些优点。

① 焊接装置与被焊工件之间无机械接触，对于真空仪器元件的焊接极为重要。

② 可焊接难以接近的部位，故具有很大的灵活性。

③ 能量密度大，适合于高速加工，则热变形和热影响极小。

④ 可对带绝缘的导体直接焊接。

⑤ 可对异种金属焊接。

二、电子束焊接

电子束焊接也是近几年来发展的新颖、高能量密度的熔焊工艺。它是利用定向高速运行的电子束，在撞击工件后将部分动能转化为热能，从而使被焊工件表面熔化，达到焊接目的。

电子束焊接根据被焊工件所处真空度的差异分为高真空电子束焊接、低真空电子束焊接、非真空电子束焊接。根据电子束焊接的加速电压高低可分为高压电子束焊接、低压电子束焊接、中压电子束焊接。

电子束焊接机包括电子枪、高压电源、工作台及传动装置、真空室及抽气系统、电气控制系统等几个部分。其焊接特点如下。

① 加热功率密度大。

② 焊缝深宽比大。

③ 熔池周围气氛纯度高。

④ 规范参数调节范围广，适应性强。

三、超声焊接

超声焊接也是熔焊工艺的一种，适用于塑性较小的零件的焊接，特别是能够实现金属与塑料的焊接。其焊接工艺特点是，被焊零件之一需要与超声头相接，而且焊接是在超声波作用下完成的。

超声焊接的实质是超声振荡变换成焊件之间的机械振荡，从而在焊件之间产生交变的摩擦力，这一摩擦力在被焊零件的接触处可引起一种导致塑性变形的切向应力。随着变形而来的是接触面之间的温度升高和原子间结合力的激励和接触面间的相互晶化，达到焊接的目的。

项目评价表

项目	考核内容	配分	评分标准	得分
焊接材料及焊接工具	① 认识并能正确选用焊接材料及焊接工具； ② 能正确使用常用焊接工具	10分	① 不完全认识焊接材料及工具酌情扣2～6分； ② 不能正确使用电烙铁、镊子、各种钳子等基本工具酌情扣3～10分； ③ 不能正确拆装及维护电烙铁扣5分	
焊接技巧	点焊、拖焊	15分	① 点焊后，焊点不符合要求或焊盘脱落，每处扣2分； ② 拖焊连线表面不均匀，有突起，每处扣2分； ③ 没有连接完好，每处扣3分	
目视检查	① 目视检查焊点缺陷并用记号笔标注； ② 叙述焊点缺陷原因	10分	① 通过目视检查不能发现焊点缺陷和没用记号笔标注，每处扣2分； ② 不能叙述焊点缺陷原因，每错一处扣2分	
手触检查	① 手触检查焊点缺陷并用记号笔标注； ② 使用镊子检查焊点缺陷并用记号笔标注； ③ 叙述焊点缺陷原因	10分	① 通过手触检查不能发现焊点缺陷和没用记号笔标注，每处扣2分； ② 使用镊子检查焊点不能发现缺陷和没用记号笔标注，每处扣2分； ③ 不能叙述焊点缺陷原因，每处扣2分	
焊接质量	① 焊点均匀、光滑、一致； ② 焊点上引脚不能过长	10分	① 有搭焊、假焊、虚焊、漏焊、焊盘脱落、桥焊等现象，每处扣3分； ② 出现毛刺、焊料过多、焊料过少、焊接点不光滑、引线过长等现象，每处扣2分	
拆焊质量	① 正确使用各种拆焊技术； ② 不损坏元件和印制板； ③ 整理各种元件并分类	10分	① 拆焊没按要求，每处扣2分； ② 拆焊损坏印制板焊盘，每处扣2分； ③ 元件未整理分类，每处扣2分	
补焊质量	① 正确补焊，改正焊点错误； ② 补焊评价正确	10分	① 补焊错误，导致焊点错误加大，每处扣2分； ② 不能正确补焊，每处扣2分	
元件成形及插装	① 元件按插装工艺要求成形； ② 元件插装符合插装工艺图纸要求； ③ 元件排列整齐、标识方向一致	10分	① 元件成形不符合要求，每处扣3分； ② 插装位置、极性错误，每处扣3分； ③ 元件排列参差不齐，标识方向混乱，扣5分	
导线连接	① 导线挺直、紧贴印制板； ② 导线安装位置准确； ③ 导线在焊盘中间位置	5分	① 导线弯曲、拱起，每处扣2分； ② 导线安装位置错误，每处扣2分； ③ 导线在两孔中间位置，每处扣2分	
安全文明操作	① 工作台上工具摆放整齐； ② 严格遵守安全操作规程	10分	① 工作台上工具未按要求摆放整齐，每错一件扣2分； ②焊接时应轻拿轻放，如未按要求，酌情扣2～5分； ③ 违反操作规程，酌情扣3～8分； ④ 损坏工具，酌情扣5～10分	
合计		100分		

能力鉴定表

<table>
<tr><td>实训项目</td><td colspan="6">项目四　电子电路的手工焊接</td></tr>
<tr><td>姓名</td><td></td><td>学号</td><td></td><td>日　期</td><td colspan="2"></td></tr>
<tr><td>组号</td><td></td><td>组长</td><td></td><td>其他成员</td><td colspan="2"></td></tr>
<tr><td>序号</td><td>能力目标</td><td>鉴定内容</td><td>时间(总时间80分钟)</td><td>鉴定结果</td><td>鉴定方式</td></tr>
<tr><td>1</td><td rowspan="4">专业技能</td><td>焊接材料及焊接工具的熟悉</td><td rowspan="2">20分钟</td><td rowspan="2">□具备
□不具备</td><td rowspan="4">教师评估
小组评估</td></tr>
<tr><td>2</td><td>手工焊接及拆焊技巧的熟悉</td></tr>
<tr><td>3</td><td>焊接质量及焊点的鉴别</td><td>30分钟</td><td>□具备
□不具备</td></tr>
<tr><td>4</td><td>电子电路的插装工艺</td><td>30分钟</td><td>□具备
□不具备</td></tr>
<tr><td>5</td><td rowspan="3">学习方法</td><td>是否主动进行任务实施</td><td rowspan="3">全过程记录</td><td>□具备
□不具备</td><td rowspan="8">小组评估
自我评估
教师评估</td></tr>
<tr><td>6</td><td>能否使用各种媒介完成任务</td><td>□具备
□不具备</td></tr>
<tr><td>7</td><td>是否具备相应的信息收集能力</td><td>□具备
□不具备</td></tr>
<tr><td>8</td><td rowspan="5">能力拓展</td><td>团队是否配合</td><td rowspan="5">全过程记录</td><td>□具备
□不具备</td></tr>
<tr><td>9</td><td>调试方法是否具有创新</td><td>□具备
□不具备</td></tr>
<tr><td>10</td><td>是否具有责任意识</td><td>□具备
□不具备</td></tr>
<tr><td>11</td><td>是否具有沟通能力</td><td>□具备
□不具备</td></tr>
<tr><td>12</td><td>总结与建议</td><td>□具备
□不具备</td></tr>
<tr><td rowspan="2">鉴定结果</td><td>合格</td><td>□</td><td rowspan="2">教师意见</td><td>教师签字</td><td></td></tr>
<tr><td>不合格</td><td>□</td><td>学生签名</td><td></td></tr>
</table>

注：1. 请根据结果在相关的□内画√。

2. 请指导教师重点对相关鉴定结果不合格的同学给予指导意见。

信息反馈表

实训项目：焊接基本技能　　　组号：________

姓　　名：____________　　日期：________

请你在相应栏内打钩	非常同意	同意	没有意见	不同意	非常不同意
1. 这一项目给我很好地提供了焊接材料及焊接工具的选用？					
2. 这一项目帮助我掌握了手工焊接技能及技巧？					
3. 这一项目帮助我熟悉了焊接质量的鉴别方法，并掌握了拆焊技能？					
4. 这一项目帮助我熟悉了电子电路的插装工艺？					
5. 该项目的内容适合我的需求？					

续表

请你在相应栏内打钩	非常同意	同意	没有意见	不同意	非常不同意
6. 该项目在实施中举办了各种活动?					
7. 该项目中不同部分融合得很好?					
8. 实训中教师待人友善愿意帮忙?					
9. 项目学习让我做好了参加鉴定的准备?					
10. 该项目中所有的教学方法对我学习起到了帮助的作用?					
11. 该项目提供的信息量适当?					
12. 该实训项目鉴定是公平、适当的?					
你对改善本科目后面单元的教学建议:					

项目五　电子线路的安装与调试

项目概述

电子线路的安装与调试是电子技能训练的基础。通过此训练，可使学生初步掌握电子电路图的种类、基本识读与分析方法；基本掌握电子电路的安装过程、应遵循的基本原则与调试方法，为电子产品制作奠定基础。

任务一　电子电路图的识读

能力标准

学完这一单元，你应获得以下能力：

- *熟悉电子电路图的类型及作用；*
- *掌握电子电路图的识图方法和步骤。*

任务描述

请以以下任务为指导，完成对相关理论知识学习和任务实施：

- *以各种电路图为例认识电子电路图的种类；*
- *熟悉电子电路图的识读方法，能正确识别原理图和装配图。*

相关知识

电子电路图的识读

教学导入

学会识读电路图，是电子产品生产工艺和管理中不可缺少的重要环节。只有读懂电子电路图，才有利于了解电子产品的结构和工作原理，有利于正确地生产、检测和调试电子产品。

理论知识

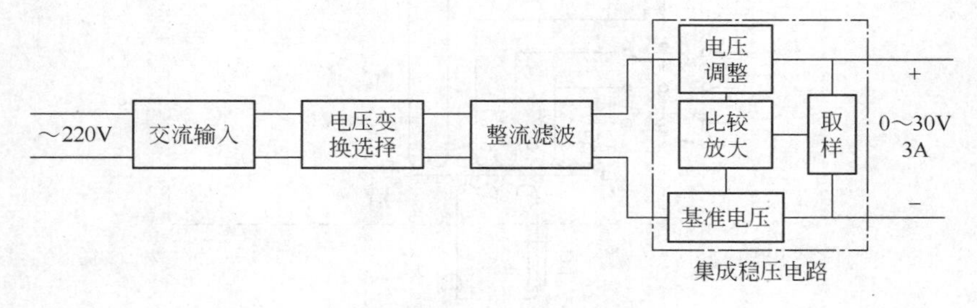

图 5-1　电路框图

一、电子电路图的种类

电子电路图一般分为五种：电路框图、电路原理图、电路装配图、电路接线图和电路安装图。

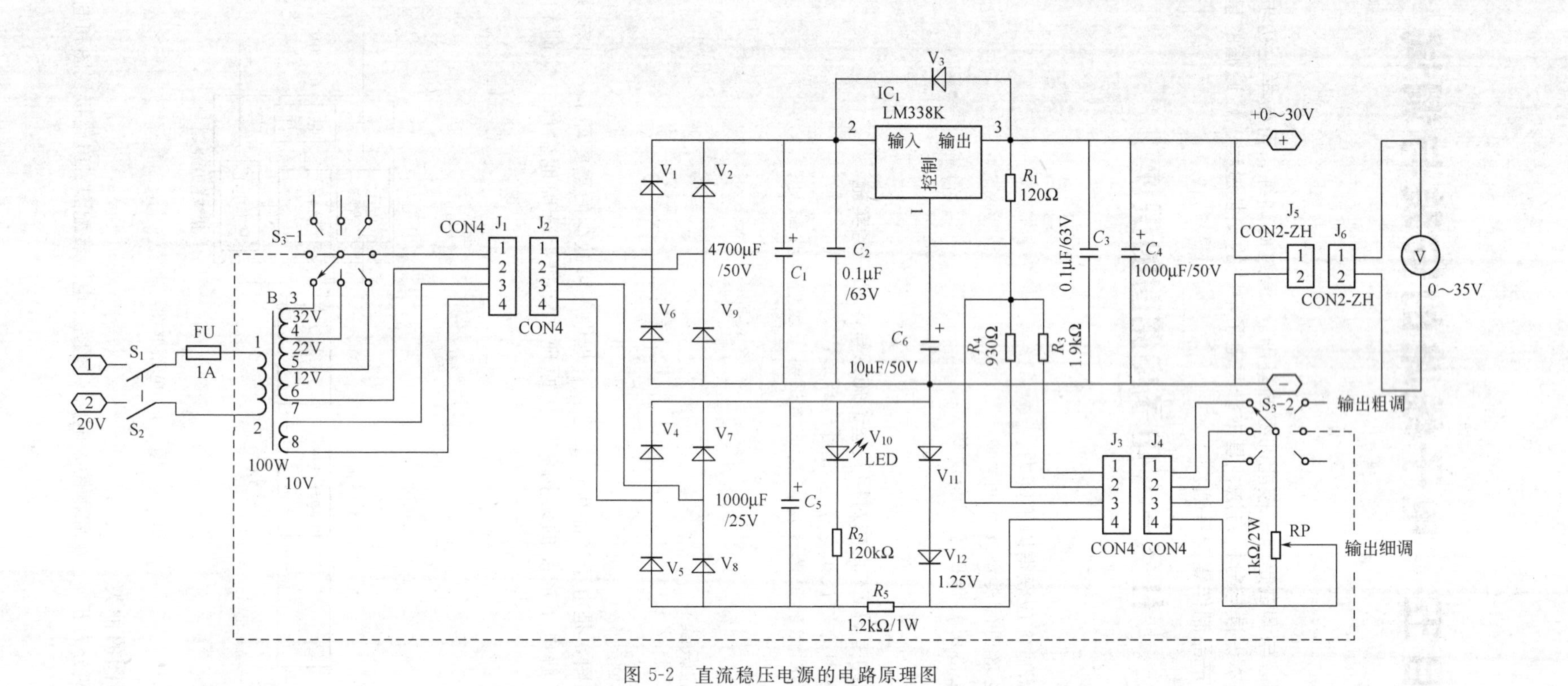

图 5-2　直流稳压电源的电路原理图

1. 电路框图

电路框图是描述电子产品中各单元（或部件）之间的功能及相互关系的图样。它反映了电子产品整机中各组成部分及它们在电气性能方面的基本作用和顺序。电路框图用以简明分析和说明电子产品整机的工作原理。电路框图示例如图 5-1 所示。

2. 电路原理图

电路原理图是说明电子产品中各元器件、各单元之间的工作原理及其相互之间关系的图样。电路原理图一般简称为电路图。电路图是安装、调试、检验、使用和维修电子产品的重要依据。电路原理图示例如图 5-2 所示。

3. 电路装配图

电路装配图对一般电子产品而言就是印制电路板装配图。电路装配图是用来表示元器件、整机与印制电路板连接关系的图样，是插装与焊接元器件的依据。电路装配图示例如图 5-3 所示。

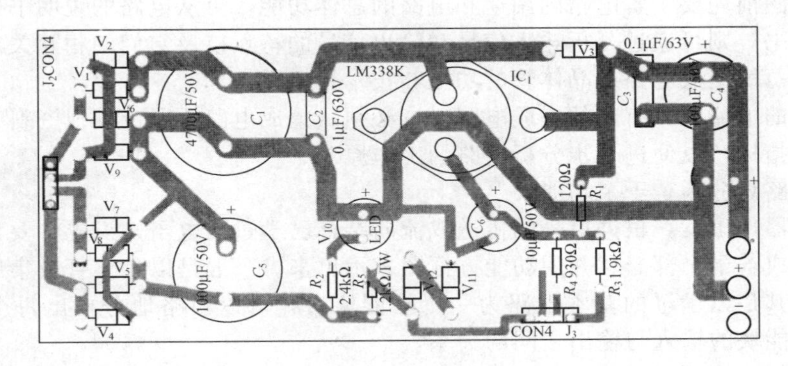

图 5-3　电路装配图

4. 电路接线图

电路接线图是表示电子产品在安装面上各元器件相对位置关系和实际接线位置的简图。在制造、调试、检查、使用和维修电子产品时，电路接线图与电路原理图一起配合使用。电路接线图示例如图 5-4 所示。简单的电子产品可以不要电路接线图。

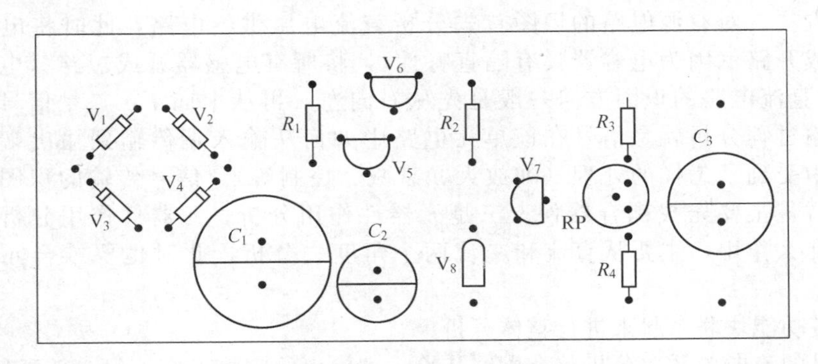

图 5-4　电路接线图

5. 电路安装图

电路安装图是指导电子产品及其组成部分在使用地点进行安装的完整图样。安装图包括产品及安装用件，安装尺寸及和其他产品连接的位置与尺寸，安装说明与技术要求等。简单的电子产品可以不要电路安装图。

二、电子电路图的识读

在安装、调试、检验、使用和维修电子产品时，首先要正确地识读电子电路图，在看懂电子电路图的基础上才能进行安装、调试、检验等工作。

电子产品电路图的识读能力依靠于对基本单元电路和各电路、元器件符号的熟悉程度，以及经常识读电子电路图的经验积累。识读电子电路图也是对所学电子技术基础理论知识的检验和综合应用。

1. 识读方法

所谓读图是指在认识图形符号和掌握电子技术基础理论知识的前提下，利用读图一般方法，对图形所描述的功能、特点、工作原理等逐一分析与理解，掌握图中所绘出的全部信息。

识读电子产品电路图一般可分为以下几步。

(1) 先了解电路的用途和功能

在开始读图前先要了解电路的用途和电路的总体功能，可从电路的说明书中找到（如果没有电路说明书，则可通过分析输入信号和输出信号的特点以及它们的相互关系来找出）。

(2) 查清每块集成电路或晶体管的功能和技术指标

当要识读的电路图中有新的集成电路时，必须从集成电路手册或其他资料中查出该器件的功能和技术指标，以便进一步分析电路的工作原理。

(3) 将电路划分为若干个功能块

从典型元器件出发，根据信号的传送或流向结合已学过的电子知识先将要识读的电子产品电路图分解成若干个部分，并用功能方框图表示出来。一般是以晶体管或集成电路为核心进行划分，尤其是以学过的基本电路为一个功能块时，可以粗略地分析出每个功能块的作用，找出该功能块的输入与输出之间的关系。

(4) 识读每一个功能块图

对每一个功能部分依据各单元电路的名称、特点和功能进行分析，首先找出电源来路（提供电源的通道），然后找出公共地线（电源回路），接着再找出信号输入和输出线，最后围绕晶体管或集成电路识读其他部分。

需要注意的是单元电路的种类繁多，而各种单元电路的具体识图方法有所不同，但都有以下几点共同之处。一是有源电路（即需要直流电压才能工作的电路，例如放大器电路）识图方法。对有源电路的识图首先分析直流电压供给电路，此时将电路图中的所有电容器看成开路（因为电容器具有隔直特性），将所有电感器看成短路（电感器具体通直的特性）。直流电路的识图方向一般是先从右向左，再从上向下。二是信号传输过程分析。信号传输过程分析就是信号在该单元电路中如何从输入端传输到输出端，信号在这一传输过程中受到了怎样的处理（如放大、衰减、控制等）。信号传输的识图方向一般是从左向右进行，主要先找耦合器件。三是元器件作用分析。元器件作用分析就是电路中各元器件起什么作用，主要从直流和交流两个角度去分析，此时也要结合元器件的具体位置来看。

(5) 将各功能块联系起来进行整体分析

按照信号的流向关系，分析整个电路从输入到输出的完整工作过程，必要时还要画出电路的工作波形图，以搞清楚各部分电路信号的波形以及时间顺序上的相互关系。对于一些在基本电路中没有的元器件或特殊器件，要单独对其进行分析。

2. 识图范例

以声光两控延时开关电路为例，进行电子产品电路图的识读与分析。

声光两控延时开关电路的电路图如图 5-5 所示。这个电路比较简单，按照识读电路图的基本步骤对其进行分析，会有助于初学者掌握读图的步骤。

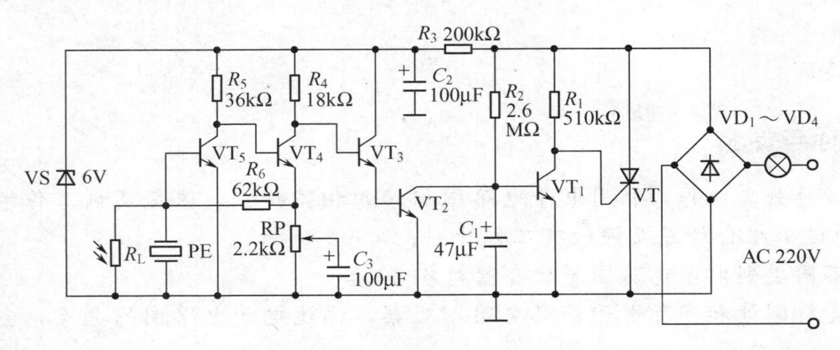

图 5-5 声光两控延时开关电路

（1）先阅读产品说明书

通过阅读产品说明书，先了解声光两控延时开关的功能：该开关以白炽灯泡作为控制对象，在有光的场合下无论有声无声灯均不亮；只有在无光（夜晚）且有声音的情况下灯才亮；灯亮一段时间（40s 左右，可调）后自动熄灭；当再次有声音（满足无光条件）时灯才会再亮。这种开关特别适合在楼道、长时间无人的公共场合使用，可以大大节约电能和延长灯泡的使用寿命。

（2）再将电路化整为零

按照“化整为零”的读图方法，将该开关分成主控电路、开关电路、检测及放大电路，15W 的灯泡为被控制对象。

（3）按信号流程找出通路

按照“找出通路”的读图步骤，可以将整流桥、单向晶闸管 VT 组成一个主通路（和灯泡串联）。当单向晶闸管 VT 的栅极上有高电平时，单向晶闸管 VT 将导通使灯泡发光，所以栅极前面的电路就应该是开关电路。开关电路由开关三极管 VT_1 和充电电路 R_2、C_1 组成，当 VT_1 截止时，将给栅极提供一个高电平，使晶闸管导通，这也是一个通路。放大电路由 VT_2～VT_5 和电阻 R_1～R_7 组成。压电片 PE 和光敏电阻 R_L 构成检测电路。控制电路的电源由稳压管 VS 和电阻 R_3、电容 C_2 构成。

（4）按照实际几种不同情况进行分析

按照“跟踪信号”的读图方法，可以将信号分成有光、无光无声、无光有声三种情况进行分析。

刚接通电路时，交流电源经过桥式整流和电阻 R_1 加到晶闸管 VT 的控制极，由于电容上的电压不能突变保持为零，所以 VT_1 截止，使 VT 导通。由于灯泡与二极管和 VT 构成通路，则使灯点亮。同时整流后的电源经 R_2 给 C_1 充电，当 C_1 的充电电压达到 VT_1 的开门电压时，VT_1 饱和导通，晶闸管控制极得到低电位，由于整流后的电压波形是全波，含有零电压，则在阳极上出现零电压时 VT 关断，灯熄灭，所以改变充电时间常数的大小，就可以改变灯延时的长短。

在无光有声的情况下，光敏电阻的电阻很大，可以认为对电路没有影响。压电片接受声音转换成一个电信号，经放大后使 VT_2 导通，致使电容 C_1 放电，使 VT_1 截止，晶闸管控制极得到高电位，使 VT 导通后灯亮。随着 R_2C_1 充电的进行，灯泡延时后自动熄灭。调节 R_6，改变负反馈的大小，可以改变接收声音信号的大小，从而调节灯对声音和光线的灵敏度。

在有光的情况下，光敏电阻的阻值很小，相当于把压电片短路，所以即使是有声，压电片感应出的电信号也极小，不能被有效放大，也就不能使 VT_3 导通，所以灯不会亮。

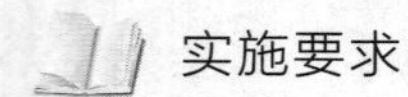

任务实施

实施要求

任务目标与要求

- 小组成员分工协作，利用电子电路图识读的相关知识，依据实训工作卡分析制定工作计划，并通过小组自评或互评检查工作计划；
- 准备不同类别电子电路图等配套器材各20套；
- 通过资料阅读和实际电子产品电路图观察，描述电子电路图的分类，会识别及分析各种不同的电子电路图。

注意事项

在任务实施过程中严格遵守相关实验实训制度和规范的要求， 注意职场健康与安全需求， 做好废料的处理， 并保持工作场所的整洁。

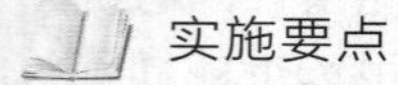

实施要点

准备工作

- 每小组接受工作任务，领取相关实验实训工具和仪器，做好实施准备工作；
- 组长带领组内成员阅读实训工作卡，查阅相关手册或指导书，合理分工，制定任务计划，并检查计划有效性。

实施步骤

- 依照实训工作卡的引导，观察认识，同时相互描述所看到的电子产品电路图的相关内容，并填写实训工作卡；
- 依照实训工作卡的引导，对某些电路图进行分析，并填写实训工作卡。

评估总结

- 回答指导教师提问并接受指导教师相关考核；
- 完成工作任务，对本次任务完成过程及效果进行自我评价和小组互评，完成实训工作卡填写；
- 清洁工作场所，清点归还相关工具设备，完成本次任务。

实训工作卡

1. 由教师给定某一电子产品电路图，通过查阅手册及自己分析和小组讨论的方式绘制电路框图并分析工作原理。

2. 电子产品电路图一般分为几种？各有什么用处？

3. 由教师给定一数字电子电路图（如计数器电路原理图），通过查阅手册及自己分析和小组讨论的方式进行读图训练，可先找出各个集成块的功能，再分析单元电路，最后说明该电路的工作原理。

4. 由教师给定一个模拟电子电路图（如功率放大电路），通过查阅手册及自己分析和小组讨论的方式进行读图训练，分析单元电路，并指出该电路的功能。

5. 由教师给定一个模拟电路和数字电路混合的电路图（如用集成电路制作的楼道声、光两控照明灯电路图），通过查阅手册及自己分析和小组讨论的方式进行读图练习，分析单元电路，找出不熟悉元件（如光敏电阻和驻极体话筒），查找其特性和参数，分析该电路的工作原理。

任务二　常用电子仪器的使用

能力标准

学完这一单元，你应获得以下能力：

- 熟悉直流稳压电源、信号发生器及示波器的面板；
- 能正确使用指针式万用表、信号发生器和示波器。

任务描述

请以以下任务为指导，完成对相关理论知识学习和任务实施：

- 以 JWY302 型直流稳压电源为例认识直流稳压电源的面板配置；
- 以 TFG2000 系列 DDS 函数信号发生器为例认识函数信号发生器的面板配置；
- 以 YB4320G 型双踪示波器为例认识示波器的面板配置；
- 熟悉直流稳压电源、信号发生器、示波器的功能，能正确使用这三种仪器。

相关知识

常用电子仪器的使用

教学导入

在电子实验、电子线路调试及检修电子产品时经常需要提供特定的直流电源或给输入端加特定的信号，这就需要直流稳压电源和信号发生器来完成；有时还需要测定某点或某单元的输出波形，这就必须用到示波器。因此熟练掌握直流稳压电源、信号发生器及示波器是非常必要的。

理论知识

一、直流稳压电源

直流稳压电源由电网提供的50Hz/220V交流电源供电，当接上交流电时，接通面板上的电源开关，就可以输出所需的稳定的直流电压。直流稳压电源的面板结构主要有指针显示式和数字显示式两种，下面以常见的JWY302型晶体管组合稳压电源为例介绍直流稳压电源的使用。

1. JWY302型直流稳压电源的面板

JWY系列直流电源是一种多功能直流稳压电源，由两路相同且独立的直流稳压电源或单路电源组成，输出电压分段连续可调，并具有良好的过载、短路保护等功能。该电源体积小、重量轻、低纹波、高稳定性、高精度、高可靠性，可广泛应用于各类电子、通信、航空、航天、舰船、国防等直流测试和供电场合。

JWY302型晶体管组合稳压电源的前面板布局如图5-6所示。

图5-6　JWY302型晶体管组合稳压电源的前面板布局

2. JWY302型直流稳压电源的使用

该仪器的左右两边分别是两组独立的电源，使用方法相同。

① 电源开关：接通外插头，合上电源开关时，表明该电源可以开始输出所需的电压。一般在要求严格的场合下，稳压电源最好先预热一段时间，待其稳定后再用。

② 电源指示灯：接通外插头，合上电源开关时，该灯会亮，指明该仪器的工作状态。

③ 输出端："+"端表示电压输出正极性端，"−"端表示电压输出负极性端，"地"端表示该端一般和仪器的面板相接。需要输出正电压时，"地"端与"−"端相接，由"+"端与"地"端输出正电压；需要输出负电压时，"地"端与"+"端相接，由"−"端与"地"端输出负电压。

④ 电压粗调：输出电压时，先要搞清楚所需电压的大小，然后将稳压电源的电压粗调旋钮调至相应挡位。

⑤ 电压细调：由该旋钮得到所需的具体电压。使用时，先将该旋钮调至电压最小的位

置，之后改变电压粗调旋钮至相应挡位，再调整电压细调旋钮至所需的电压大小位置。

⑥ 电压表：用来指明具体电压的读数，由于精度不高，所以电压的读数一般以万用表测试的结果为准。

⑦ 电流表：当稳压电源接上具体的电路时，由于负载的不同，会有不同的电流指示。注意输出不可短路，否则会导致输出电流过大而烧坏熔丝或导致保护电路工作。

3. 使用注意事项

① 接通交流电源前，应将电压粗调旋钮调至所需的电压挡位，将电压细调旋钮调至最小位置。接上电源并打开电源开关后，再调节电压至所需数值。

② 出现短路或过载时，应关闭电源开关，待排除故障后，再重新启动电源。

③ 使用完毕后，需关闭电源开关，注意不可将输出端短路，以免再开机时不慎损坏仪器。

④ 输出电压由“+”、“-”供给，地接线柱仅与机壳相连。

⑤ 在正常使用过程中如熔丝烧断，应查明原因并更换同型号熔丝后再开机。

二、信号发生器

信号发生器即信号源，它用于产生被测电路所需特定参数的电测试信号。在电子实验和测试处理中，并不测量任何参数，而是根据使用者的要求，仿真各种测试信号，提供给被测电路，以达到测试的需要。信号发生器的种类非常多，这里以 TFG2000 系列 DDS 函数信号发生器为例介绍信号发生器的使用。

1. TFG2000 系列函数信号发生器的前面板

TFG2000 系列函数信号发生器采用先进的直接数字合成（DDS）技术，具有以下特点：双路独立输出；液晶/荧光显示，中文菜单，操作方便；使用晶体振荡基准，频率精度高，分辨率高；全部功能按键操作，频率幅度直接数字设置，数字旋钮连续调节。

TFG2030 型函数信号发生器的面板布局如图 5-7 所示。

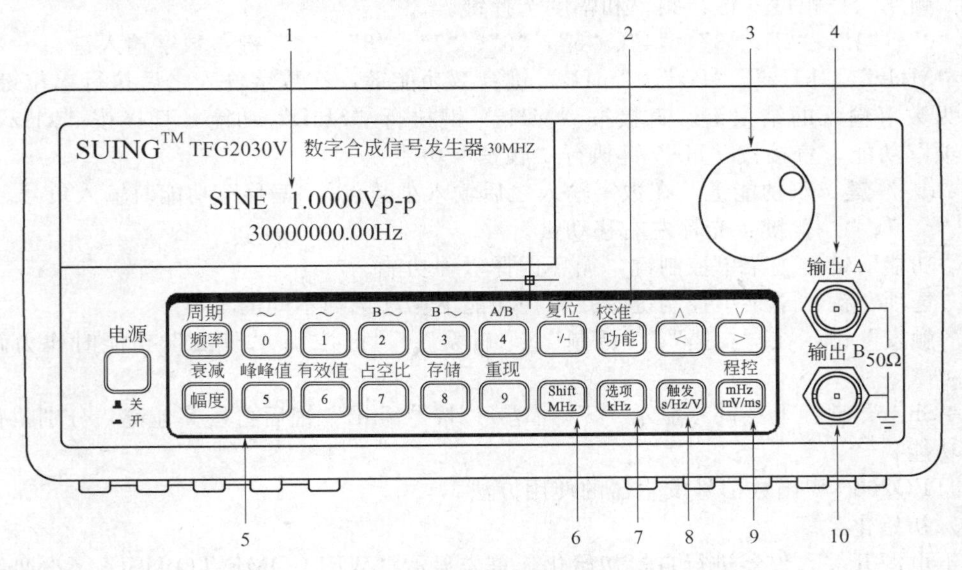

图 5-7 TFG2030 型函数信号发生器的面板布局

1—菜单、数据、功能显示区；2—功能键；3—手轮；4—输出通道 A；
5—按键区；6—上挡（Shift）键；7—选项键；8—触发键；9—程控键；
10—输出通道 B

仪器前面板上共有 20 个按键，如图 5-8 所示。其功能如下所述。

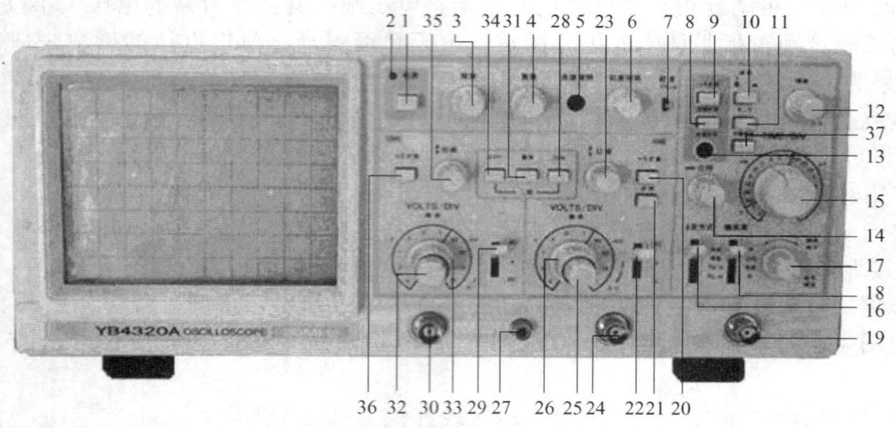

图 5-8 YB4320G 型示波器的前面板布局

1—电源开关；2—电源指示灯；3—辉度旋钮；4—聚焦旋钮；5—光迹旋转按钮；
6—刻度照明旋钮；7—校准信号开关；8—交替扩展控制键；9—扩展控制键；
10—触发极性按钮；11—X-Y 控制键；12—扫描微调旋钮；
13—光迹分离控制键；14—水平位移旋钮；15—扫描时间因数选择开关；
16—触发方式选择开关；17—触发电平旋钮；18—触发极性选择开关；
19—触发输入端；20—CH2 信号放大 5 倍按钮；21—CH2 极性开关；
22—CH2 耦合选择开关；23—CH2 垂直位移旋钮；24—CH2 输入端；
25—CH2 垂直微调旋钮；26—CH2 衰减器开关；27—接地柱；28—CH2 选择按钮；
29—CH1 耦合选择开关；30—CH1 输入端；31—叠加按钮；
32—CH1 垂直微调旋钮；33—CH1 衰减器开关；34—CH1 选择按钮；
35—CH1 垂直位移旋钮；36—CH1 信号放大 5 倍按钮；37—交替触发按钮

①“频率”、“幅度”键：频率和幅度选择键。

②“0”、“1”、“2”、“3”、“4”、“5”、“6”、“7”、“8”、“9”键：数字输入键。

③“MHz”、“kHz”、“Hz”、“mHz”键：双功能键，在数字输入之后执行单位键功能，同时作为数字输入的结束键。直接按“MHz”键执行“Shift”功能，直接按“kHz”键执行“选项”功能，直接按“Hz”键执行“触发”功能。

④“./-”键：双功能键，在数字输入之后输入小数点，“偏移”功能时输入负号。

⑤“＜”、“＞”键：光标左右移动键。

⑥“功能”键：主菜单控制键，循环选择六种功能。

⑦“选项”键：子菜单控制键，在每种功能下循环选择不同的项目。

⑧“触发”键：在“扫描”、“调制”、“触发”、“键控”、“外测”功能时作为触发启动键。

⑨“Shift”键：上挡键（显示“S”标志），按“Shift”键后再按其他键，分别执行该键的上挡功能。

2. TFG2030 型函数信号发生器的使用方法

（1）初始化

按下电源开关，仪器进行自检初始化。首先显示“WELCOME TO USE”（欢迎使用），然后依次显示 0、1、2、3、4、5、6、7、8、9，最后进入复位初始化状态，自动选择“连续”功能，显示出当前 A 路波形和频率值。

（2）A 路功能设定

① A 路频率设定：如设定频率值为 3.5kHz，依次按“频率”、“3”、“.”、“5”、“kHz”键。

② A 路频率调节：按"＜"或"＞"键使光标指向需要调节的数字位，左右转动手轮可使数字增大或减小，并能连续进位或借位，由此可任意粗调或细调频率。

③ A 路周期设定：如设定周期值为 25ms，依次按"Shift"、"周期"、"2"、"5"、"ms"键。

④ A 路幅度设定：如设定幅度值为 3.2V，依次按"幅度"、"3"、"."、"2"、"V"键。

⑤ A 路幅度格式选择：选择有效值或峰峰值，依次按"Shift"、"有效值"或"Shift"、"峰峰值"键。随着幅度值格式的转换，幅度的显示值也相应地发生变化。

⑥ A 路衰减选择：如选择固定衰减 0dB（开机或复位后选择自动衰减 AUTO），依次按"Shift"、"衰减"、"0"、"Hz"键。

⑦ A 路偏移设定：在衰减选择 0dB 时，设定直流偏移值为－1V，按"选项"键，选中"A 路偏移"，再依次按"－"、"1"、"V"键。

⑧ 恢复初始化状态：依次按"Shift"、"复位"键。

⑨ A 路波形选择：在输出路径为 A 路时，选择正弦波或方波，依次按"Shift"、"0"、或"Shift"、"1"键。

⑩ A 路方波占空比设定：在 A 路选择为方波时，设定方波占空比为 65%，依次按"Shift"、"占空比"、"6"、"5"、"Hz"键。

（3）通道设置选择

反复按"Shift"、"A/B/C"两键可循环选择为 A 路、B 路、C 路（仅 TFG2300、TFG2300V 有 C 路）。

（4）B 路波形选择

B 路具有 32 种波形。

① 在项目选择为"B 路波形"时，显示出当前波形的序号和波形提示，用数字键或调节旋钮改变这个序号，可以对 B 路输出波形进行选择。

② 按"选项"键，选中"B 路波形"，再按"＜"或"＞"键使光标指向个位数，使用手轮可从 0～31 选择 32 种波形。

③ 在 B 路任何选项时，都可以按"Shift"、"0"键选择正弦波，"Shift"、"1"键选择方波，"Shift"、"2"键选择三角波，"Shift"、"3"键选择锯齿波。

（5）A 路存储与重现

有些应用需要多次重复使用一系列不同频率和幅度的信号，频繁使用数字键设置显然非常麻烦，这时使用信号的存储和重现功能就非常方便。具体操作如下。

① 按"Shift"、"复位"键，存储地址指向第一个存储信号，可以设定第一个信号的频率值和幅度值。

② 按"Shift"、"存储"键，显示区清除，表示这个信号的频率值和幅度值都已经被存储起来，可以再设定第二个信号的频率值和幅度值。

③ 按"Shift"、"存储"键，将第二个信号存储起来。如此反复操作，直到存入最后一个信号。

④ 需要时，连续按"Shift"、"重现"键，全部存储信号就会依次重现出来。任何时候按"Shift"、"复位"键，都会回到第一个存储信号。应该注意，循环重现信号的个数，总是等于最后一次存储操作时所存入信号的个数。

例如：对频率和幅度分别为 1kHz、0.5V，2kHz、1V 和 3kHz、1V 的三个信号进行存储与重现，按键顺序如下：

"Shift"、"复位"；

"频率"、"1"、"kHz"、"幅度"、"0"、"."、"5"、"V"、"Shift"、"存储"；

“频率”、“2”、“kHz”、“幅度”、“1”、“V”、“Shift”、“存储”；

“频率”、“3”、“kHz”、“Shift”、“存储”（幅度不变可不再设定）。

此后，只要反复按“Shift”、“重现”，就会循环重现这 3 个存储信号。

三、示波器

示波器是一种用途十分广泛的仪器，利用示波器能观察各种不同信号幅度随时间变化的波形曲线，可以用它测试不同的电量，如电压、电流、频率、相位差、调幅度等。示波器的种类、型号很多，下面以常用的 YB4320G 型双踪示波器为例介绍示波器的使用。

1. YB4320G 型双踪四迹示波器的前面板

YB4320G 型双踪四迹示波器的前面板布局如图 5-8 所示。

其面板上按钮主要分为以下几类。

(1) 通用按钮

① 电源开关（POWER）：弹出为关，按下为开。

② 电源指示灯：电源接通时指示灯亮。

③ 辉度旋钮（INTENSITY）：调整光点和扫描线的亮度。顺时针方向旋转旋钮，亮度增强。

④ 聚焦旋钮（FOCUS）：调整光迹的清晰程度。测量时需要调节此旋钮，以使波形的光迹达到最清晰的程度。

⑤ 光迹旋转按钮（TRACE ROTATION）：用于调节光迹与水平刻度线平行。

⑥ 刻度照明旋钮（SCALE ILLUM）：用于调节屏幕刻度亮度。

(2) 垂直方向部分

① 通道 1 输入端 CH1 INPUT（X）：用于垂直方向 y_1 的输入。在 X-Y 方式时作为 X 轴信号输入端。

② 通道 2 输入端 CH2 INPUT（Y）：用于垂直方向 y_2 的输入，在 X-Y 方式时作为 Y 轴信号输入端。

③ 耦合方式选择开关（AC-GND-DC）：用于选择输入信号进入 Y 放大器的耦合方式。

a. 置于“AC”时，输入信号经电容耦合到 Y 放大器，信号中的直流分量被电容阻隔，交流分量可以通过。

b. 置于“接地”时，输入端对地短路，没有信号输入 Y 通道；通常用于确定（调整）基准电平位置。

c. 置于“DC”时，输入信号直接耦合到 Y 放大器，用于观测含有直流分量的交流信号或直流电压，频率较低的交流信号（低于 10Hz）也应采用 DC 输入。

④ 衰减器开关（VOLT/DIV）：用于垂直偏转灵敏度的调节。垂直微调旋钮在“校准”位置时，VOLT/DIV 刻度值为荧光屏上每一个大格所代表的电压值。如果使用 10∶1 的探头，计算时应将幅度×10。

⑤ 垂直微调旋钮（VARIBLE）：可在电压灵敏度开关两挡之间连续调节，改变波形的大小。顺时针旋转到底时为“校准”位置。在作电压测量时，此旋钮应处于“校准”位置。

⑥ 垂直位移旋钮（POSITION）：分别调节 CH1、CH2 信号光迹在荧光屏垂直方向的移动。

⑦ 垂直工作方式选择（VERTICAL MODE）：选择垂直方向的工作方式，有 CH1、CH2、DUAL、ADD 四挡。

a. 通道 1 选择（CH1）：荧光屏上只显示 CH1 的信号。

b. 通道 2 选择（CH2）：荧光屏上只显示 CH2 的信号。

c. 双踪选择（DUAL）：同时按下 CH1 和 CH2 两个按钮，屏幕上会出现双踪并自动以断续或交替方式同时显示 CH1 和 CH2 两个输入通道输入的信号。

d. 叠加（ADD）：显示 CH1 和 CH2 两个输入通道的输入信号的代数和。

⑧ CH2 极性开关（INVERT）：按下此按钮时，CH2 显示反相电压。

⑨ CH1 信号放大 5 倍按钮、CH2 信号放大 5 倍按钮（CH1×5MAG、CH2×5MAG）：按下此键时，垂直方向的信号扩大 5 倍。

（3）水平方向部分

① 扫描时间因数选择开关（TIME/DIV）：又称扫描速度开关，用于设定扫描速度。当扫描微调控制键在“校准”位置时，其刻度为屏幕上水平方向每一个大格所代表的时间。

② 扫描微调控制键（SWEEP VARIBLE）：可以在扫描速度开关两挡之间连续调节，改变周期个数。该旋钮逆时针旋转到底，扫描速度减慢 2.5 倍以上。在作定量测量时，该旋钮应顺时针旋转到底，即在“校准”位置。

③ 水平位移旋钮（POSITION）：用于调节光迹在水平方向的位置。

④ X-Y 控制键：如 X-Y 工作方式时，垂直偏转信号接入 CH2 输入端，水平偏转信号接入 CH1 输入端。

（4）触发（TRIGGER）

① 触发源选择开关（TRIGGER SOURCE）：用于选择触发信号源。各种型号示波器的触发源选择有所不同，一般有以下几种。

a. 内触发（INT）：触发信号来自通道 1 或通道 2。

b. 通道 1 触发（CH1）：触发信号来自通道 1。

c. 通道 2 触发（CH2）：触发信号来自通道 2。

d. 电源触发（LINE）：触发信号为 50Hz 交流电压信号。

e. 外触发（EXT）：触发信号来自外触发输入端，用于选择外触发信号。

② 触发极性的按钮（SLOP）：选择触发信号的极性。

a. “+”表示在触发信号上升时触发扫描电路。

b. “−”表示在触发信号下降时触发扫描电路。

③ 触发电平（LEVEL）旋钮：用于调整触发电平，在荧光屏上显示稳定的波形，并可设定显示波形的起始点（初始相位）。

④ 触发方式（TRIGGER MODE）选择开关：用于选择合适的触发方式，通常有以下几种。

a. 自动（AUTO）：当没有输入信号或输入信号没有被触发时，荧光屏上仍可显示一条扫描基线。

b. 常态（NORM）：当没有输入信号时，处于等待扫描状态，有触发信号时，荧屏光上才显示扫描基线。一般用于观察频率低于 25Hz 的信号或在自动方式状态下不能同步时使用。

c. 场信号触发（TV-V）：用于观测电视信号中的场信号。

d. 行信号触发（TV-H）：用于观测电视信号中的行信号。

⑤ 校准信号（CAL）：提供 1kHz、0.5V（p-p）的方波作为校准信号。

⑥ 接地柱：接地端。

2. YB4320G 型双踪四迹示波器的使用

（1）扫描基线的调节（以 CH1 通道为例）

① 开机。按下电源开关，指示灯亮。

② 垂直工作方式置于 CH1，且将 CH1 处的输入耦合方式置于接地。

③ 调节亮度旋钮和聚焦旋钮，使基线亮度合适，最清晰。

为使聚焦效果最好，光迹不可调得过亮。

④ 将触发方式选择开关置于自动，触发源置于内触发，此时，应该出现扫描基线，若没有出现基线，可进行下面的操作。

⑤ 调垂直位移旋钮，使基线与水平轴重合，若不重合，则进行下一步操作。

⑥ 调节光迹旋转，使迹线与水平轴重合。

(2) 示波器的校准

① 探头如图 5-9 所示。

② 接上探头（接 CH1），如图 5-10 所示。

③ 接示波器的校准信号，如图 5-11 所示。

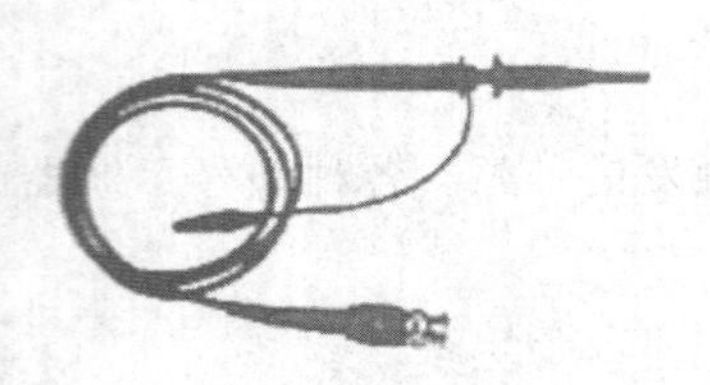

图 5-9　探头

图 5-10　探头接入示波器

图 5-11　接校准信号

④ 分别将 CH1 通道上的电压微调和时间微调旋钮顺时针旋到底（即处于校准位置），如图 5-12 所示。

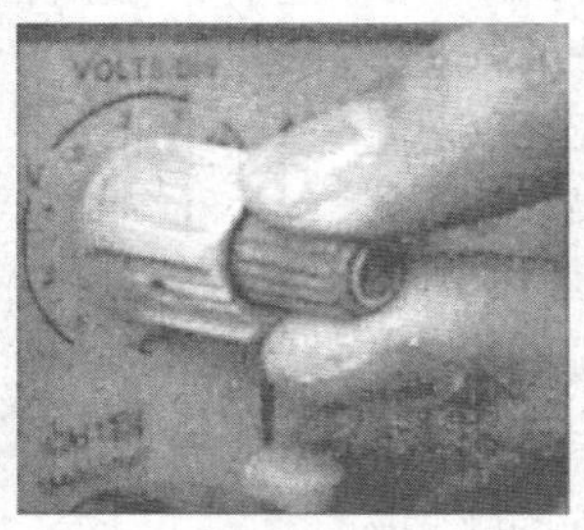

(a) 电压微调

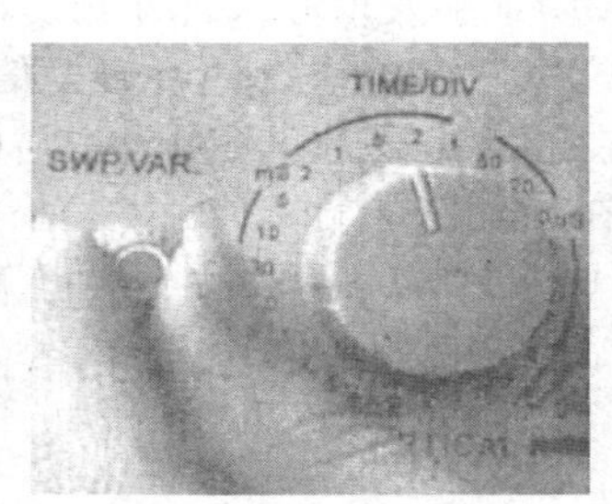

(b) 时间微调

图 5-12　电压和时间微调

⑤ 探头的补偿调节如图 5-13 所示。

⑥ 调整输入耦合方式于 AC，适当调节电平旋钮使波形稳定，屏幕上应显示方波信号。将 CH1 衰减器开关、扫描时间因数选择开关置于适当位置，若波形在垂直方向占格数、水

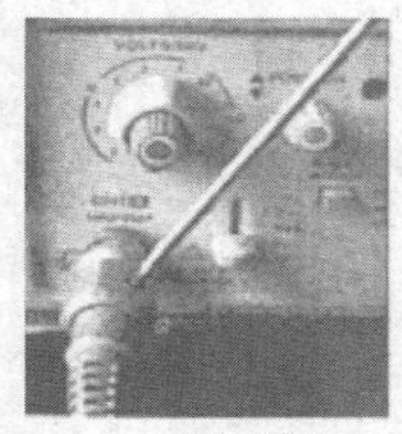

(a) 补偿调节

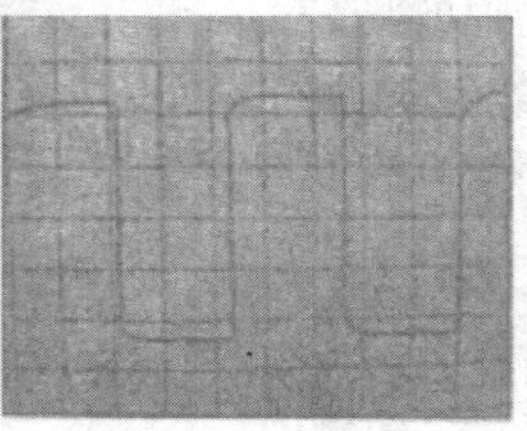

(b) 过补偿

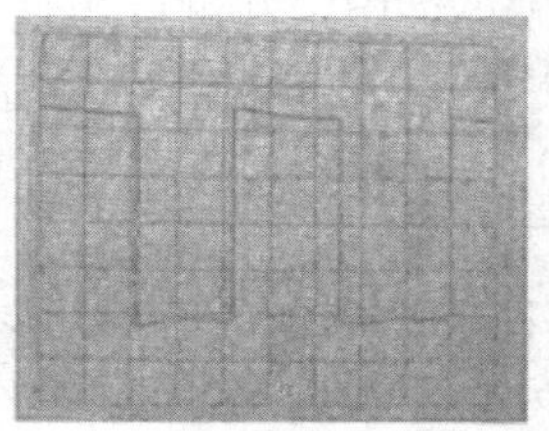

(c) 欠补偿

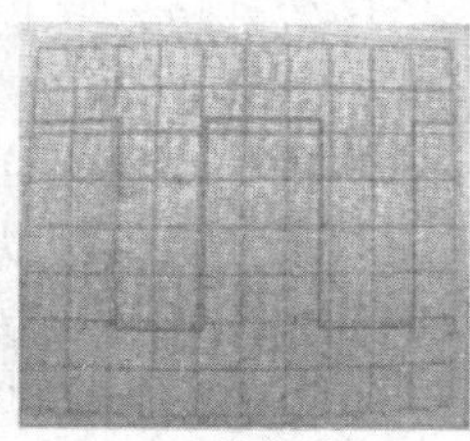

(d) 补偿适中

图 5-13　探头的补偿调节

平方向占格数与校准信号的要求相符，则表示示波器工作基本正常。

(3) 直流信号的检测

① 测量对象：两节5号干电池串联提供的3V直流电。

② 调节示波器各旋钮，获得正确的扫描基线，输入耦合方式选择为DC。

③ 探头接法如图5-14所示。

④ 选择合理的“电压/格”使波形显示在屏幕上适中，如图5-15所示。

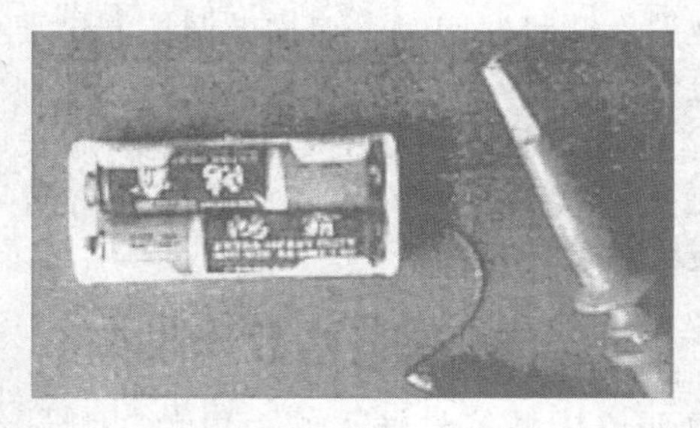

图5-14 探头接法

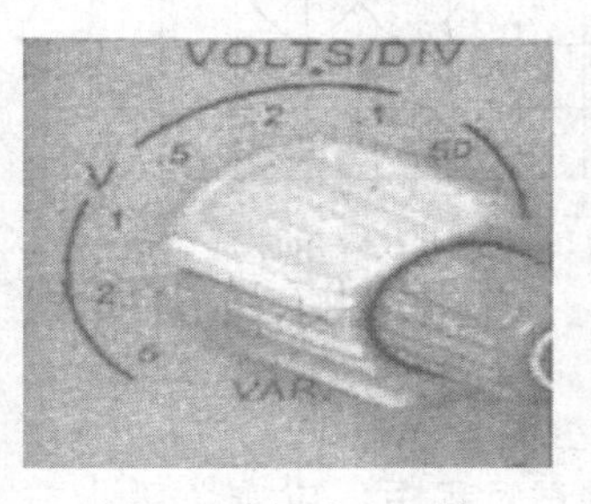

图5-15 调为1V/格

⑤ 假设测得的波形在示波器垂直占3.2格，则可读出所测电压为U=垂直格数×V/格，即U= 3.2格×1V/格=3.2V。

(4) 正弦交流信号的检测

① 测量对象：正弦波信号发生器的输出端。

② 获得正确的扫描基线。输入耦合方式选择为AC。

③ 选择合理的“电压/格”、“时间/格”，使波形在屏幕上适中，比如分别设置为0.5V/格和1ms/格。

④ 设测得的波形如图5-16所示。

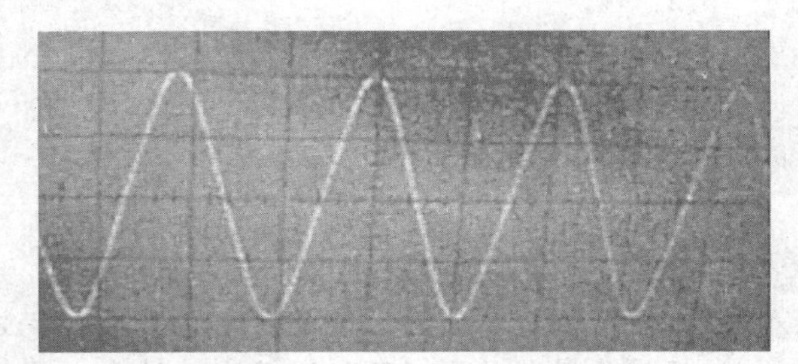

图5-16 正弦信号波形

根据图示读出所测波形的参数为U_{P-P}=垂直格数×电压/格，即$U_{P-P}=4\times0.5=2V$，

$U_{有效值}=U_{P-P}/2/\sqrt{2}\approx0.707V$；周期$T$=水平格数×时间/格=2.1×1ms=2.1ms，频率$f=1/T=1\div(2.1\times10^{-3})\approx476.2Hz$。

(5) 双踪显示（目的：比较两个信号）

① 测量对象：用信号发生器输出任意两个信号。

② 将CH1接其中一个信号，CH2接另一个信号。

③ 触发耦合选AC，垂直工作方式选择双踪。

④ 图5-17给出用双踪示波器显示两个具有相同频率的超前和滞后的正弦波信号的例子。

“触发源”开关必须置于超前信号相连接的通道，同时调节“TIME/DIV”开关，使显示的正弦波波形大于1个周期。

由图可得：1个周期占6格，则1格刻度代表波形相位60°，故相位差$\Delta\phi$=（div）数×2π/div/周期=1.5×360°/6=90°。

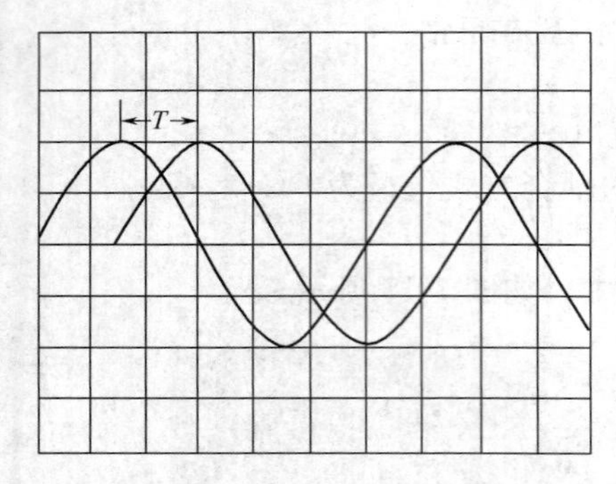

图 5-17　用双踪示波器显示两个正弦波信号

3. YB4320G 型双踪四迹示波器的使用注意事项

① 打开电源前一定要检查示波器面板上的按钮和旋钮是否都处于正常位置。

② 用示波器测量被测信号前一定要对示波器进行校准。

③ 测量电压时，垂直微调旋钮一定要处于"校准"位置，测量时间时，扫描微调控制键要处于"校准"位置。否则，测量结果是错误的。

④ 辉度不宜调得过亮，且光点不应长时间地停在一点上，以免损坏荧光屏。通电后若暂不观测波形，应将辉度调暗。

⑤ 定量观测波形时，尽量在屏幕的中心区域进行，以减少测量误差。

⑥ 测试过程中，应避免手指或人体其他部位接触信号输入端，以免对测试结果产生影响。

⑦ 若示波器暂停使用并已关上电源，如需继续使用时，应待数分钟后再开启电源，以免烧坏保险丝。

任务实施

实施要求

任务目标与要求

- 小组成员分工协作，利用常用电子仪器使用的相关知识，依据实训工作卡分析制定工作计划，并通过小组自评或互评检查工作计划；
- 准备直流稳压电源、函数信号发生器及示波器等配套器材各 20 套；
- 通过资料阅读和实际仪器观察，描述直流稳压电源、函数信号发生器及示波器的面板主要按钮及按键名称及功能；
- 能熟练准确地使用直流稳压电源、函数信号发生器及示波器。

注意事项

在任务实施过程中严格遵守相关实验实训制度和规范的要求， 注意职场健康与安全需求， 做好废料的处理， 并保持工作场所的整洁。

实施要点

准备工作

- 每小组接受工作任务，领取相关实验实训工具和仪器，做好实施准备工作；
- 组长带领组内成员阅读实训工作卡，查阅相关手册或指导书，合理分工，制定任务计划，并检查计划有效性。

实施步骤

- 依照实训工作卡的引导，观察认识，同时相互描述所常用的这三种仪器的相关内容，并填写实训工作卡；

• 依照实训工作卡的引导，对某些参数进行测量，并填写实训工作卡。

评估总结

• 回答指导教师提问并接受指导教师相关考核；

• 完成工作任务，对本次任务完成过程及效果进行自我评价和小组互评，完成实训工作卡填写；

• 清洁工作场所，清点归还相关工具设备，完成本次任务。

实训工作卡

1. 由直流稳压电源输出12V电压，用万用表测试该电压并记录。

2. 认识实验室的信号发生器型号，熟悉其面板上各旋钮及按键功能，并写出主要按键说明。

3. 认识实验室示波器的型号，熟悉其面板上各旋钮及按键的功能。

4. 进行示波器的校准，并观察校准波形（要求写出校准步骤）。

5. 测9V叠层电池的电压，将面板各旋钮的设置填入下表中。

旋钮名称	工作模式	输入信号耦合	电压/格	时间/格	触发方式	触发源	触发耦合	触发极性	触发电平
旋钮设置									

6. 测20mV，1kHz正弦交流信号波形，将面板各旋钮的设置填入下表中。

旋钮名称	工作模式	输入信号耦合	电压/格	时间/格	触发方式	触发源	触发耦合	触发极性	触发电平
旋钮设置									

任务三　电子线路安装与调试

能力标准

学完这一单元，你应获得以下能力：

• 熟悉电子线路安装与调试步骤；

• 能正确对电子线路进行安装和调试。

任务描述

请以以下任务为指导，完成对相关理论知识学习和任务实施：

• 熟悉电子线路安装工艺；
• 熟悉电子线路调试工艺。

相关知识

电子线路的安装与调试

教学导入

电子线路安装与调试是指将组成电子产品整机的各零部件、组件，经测试合格后，按照设计要求进行装配、连接，再经整机调试形成一个合格的、功能完整的电子产品。是电子产品生产过程中一个极其重要的环节。

理论知识

一、电子电路的安装

电子产品生产制造过程中，电子线路安装一般包括以下生产流程：

① 元器件与零部件检测；
② 元器件筛选；
③ 元器件引线加工成形；
④ 元器件插装与其他零部件安装；
⑤ 焊接；
⑥ 电子线路检验与调试等。

每个环节的工作质量都会影响电子产品的质量，必须严格按工艺要求实施。每个流程又可分为若干工序。电子线路板的典型安装过程如图 5-18 所示。

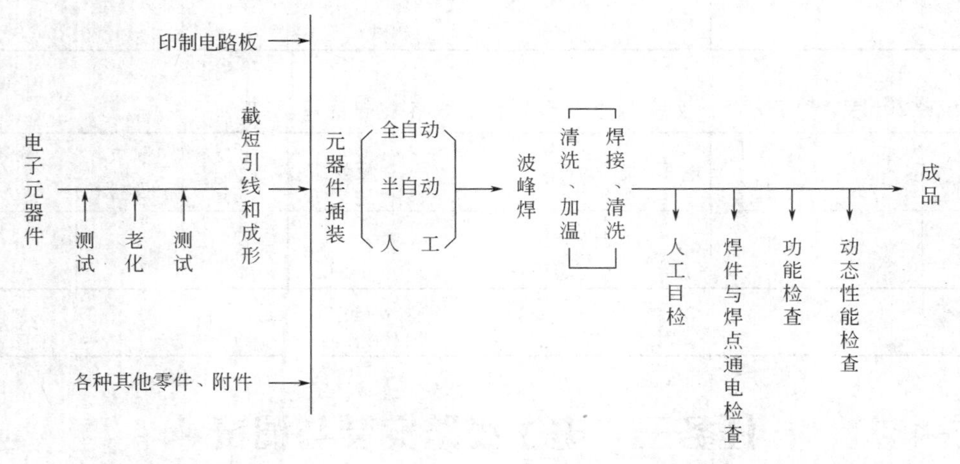

图 5-18 电子线路板的典型安装过程

在电子线路安装前，要对所用的元器件、零部件进行检测和筛选。对元器件、零部件进行检测的目的是保证所用的元器件、零部件都必须是符合质量标准的合格品；对元器件、零部件进行筛选的目的是为了使所用的元器件、零部件在都是合格品的基础上，使其电气性能参数基本一致。

一般采用印刷板、通用电路板和面包板。

1. 电子电路安装注意事项

在进行电子电路安装时应注意以下方面。

① 准备好常用的工具和材料。要将各种各样的电子元器件及结构各异的零部件装配成符合要求的电子产品，一套基本的工具是必不可少的。如烙铁、钳子、镊子、改锥和焊锡。正确使用得心应手的工具，可大大提高工作效率，保证装配质量。

② 所有电子元器件在组装前要全部测试一遍，有条件的还要进行优化，以保证器件的质量。

③ 有极性的电子元器件组装时其标志最好方向一致，以便于检查和更换。集成电路的方向要保持一致，以便正确布线和查线。

④ 在面包板上组装电路时，为了便于查线，可根据连线的不同作用选择不同颜色的导线。正如正电压采用红颜色、负电压采用蓝颜色导线、地线采用黑色导线、信号线采用黄色导线。

⑤ 布线要按信号的流向有续连接，连线要做到横平竖直，不允许跨接在集成电路上。另外，选择导线粗细要适中，避免导线与面包板插孔之间接触不良。

⑥ 电阻、二极管（发光二极管除外）均采用水平安装，贴紧印制板。电阻的色环方向应该一致，并朝向外侧。

⑦ 发光二极管直立式安装，底面离印制板 6mm±2mm。

⑧ 三极管、单向晶闸管、场效应管采用直立式安装，底面离印制板 5mm±1mm。

⑨ 电解电容器、涤纶电容器尽量插到底，元件底面离印制板最高不能大于 4mm。圆片电容器底面离印制板一般为 2～4mm。

⑩ 微调电位器尽量插到底，不能倾斜，三只脚均需焊接。

⑪ 扳手开关用配套螺母安装，开关体在印制板的导线面，扳手在元件面。

⑫ 输入、输出变压器装配时紧贴印制板。

⑬ 集成电路、继电器、轻触式按钮开关底面与印制板贴紧。

⑭ 电源变压器用螺钉紧固在印制电路板上，螺母均放在导线面，伸长的螺钉用作支撑（印制电路板的四角也可安上螺钉）。靠印制电路板上的一只紧固螺母下垫入接线片，用于固定 220V 电源线。变压器次级绕组向内，引出线焊在印制板上。若只需使用其中一组，多余的引出线用绝缘胶布包妥后压在变压器下。变压器初级绕组向外，接电源线。引出线和电源线接头焊接后，需用绝缘胶布包妥，绝不允许露出线头。

⑮ 插件装配美观、均匀、端正、整齐、不能歪斜、高矮有序。

⑯ 所有插入焊片孔的元器件引线及导线均采用直脚焊，剪脚留头在焊面以上 1mm±0.5mm，焊点要求圆滑、光亮，防止虚焊、搭焊和散锡。

2. 电子元器件的插装

（1）插装元件的引线成形要求

手工插装焊接的元器件引线需要注意的是：

① 引线不应在根部弯曲，至少要离根部 1.5mm 以上；

② 弯曲处的圆角半径 R 要大于两倍的引线直径；

③ 弯曲后的两根引线要与元件本体垂直，且与元件中心位于同一平面内；

④ 元件的标志符号应方向一致，以便于观察。

图 5-19 所示为引线元件插装方式。

（2）元器件的插装方法

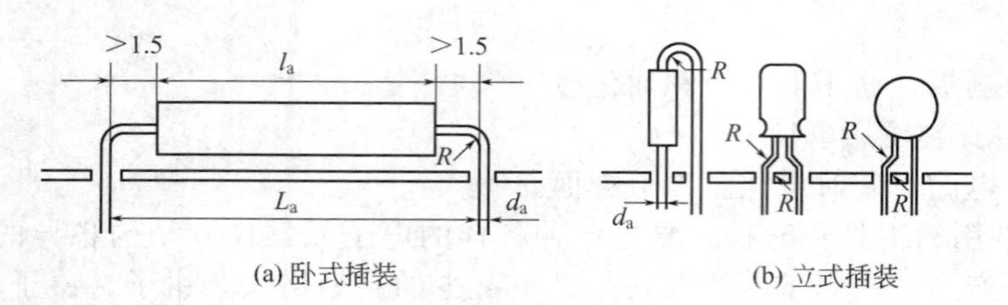

图 5-19 轴向引线元件插装方式

① 手工插装 手工插装生产有两种方法：一种是一块印制电路板所需全部元器件由一人负责插装；另一种是采用传送带的方式上多人流水作业完成插装。

② 自动插装 自动插装采用自动插装机完成插装。根据印制板上元件的位置，由事先编制出的相应程序控制自动插装机插装。插装机的插件夹具有自动打弯机构，能将插入的元件牢固地固定在印制板上，提高了印制电路板的焊接强度。自动插装机消除了由手工插装所带来的误插、漏插等差错，保证了产品的质量，提高了生产效率。

③ 印制电路板上元件的插装原则

a. 元件的插装应使其标记和色码朝上，以易于辨认。

b. 有极性的元件由其极性标记方向决定插装方向。

c. 插装顺序应该先轻后重、先里后外、先低后高。

d. 应注意元器件间的间距。印制板上元件的距离不能小于 1mm；引线间的间隔要大于 2mm；当有可能接触到时，引线要套绝缘套管。

e. 特殊元件的插装方法。特殊元件是指较大、较重的元件，如大电解电容、变压器、阻流圈、磁棒等，插装时必须用金属固定件或固定架加强固定。

④ 面包板上的插接技术 在学生进行电子系统设计或课程设计过程中，为了提高元器件的重复利用率，往往在面包板上插接电路。下面介绍在面包板上用插接方式组装电路的方法。

a. 集成电路的装插。插接集成电路时首先应认清方向，不要倒插，所有集成电路的插入方向要保持一致。

b. 元器件的位置。根据电路图的各部分的功能确定元器件在面包板上的位置，并按信号的流向将元器件顺序地连接，以易于调试。

c. 导线的选用和连接。连接用的导线要求紧贴在面包板上，避免接触不良。连线不允许跨接在集成电路上，一般从集成电路周围通过，尽量做到横平竖直，这样便于查线和更换器件。

d. 组装电路时要注意，电路之间要共地。正确的组装方法和合理的布局，不仅使电路整齐美观，而且能够提高电路工作的可靠性，便于检查和排除故障。

3. 印制电路板的焊前检查及修复

(1) 焊前检查

印制电路板在插装之前，一定要检查其可焊性，板面要清洁干净。若有少量焊盘可焊性差，可用棉球蘸无水酒精擦洗，或用砂纸轻轻擦磨并上锡。若有大量焊盘可焊性差，可用酸性溶液浸泡几分钟，取出用水清洗并烘干，然后涂上松香酒精助焊剂，并及时焊装，以防再次产生氧化。

(2) 修复

在电子线路组装和维修中，由于焊接技术的不熟练或反复调换元器件，会造成印制电路板的铜箔断裂、翘起、焊盘脱落等现象。若电子产品质量要求很高时要作报废处理。而对一般电子产品、试制品或业余爱好者制作及产品维修过程中，可以采用以下方法进行修复。

① 印制电路铜箔断裂的修复　对已经断裂的铜箔可以采用搭接法进行修复。将已经断裂的铜箔部分表面的阻焊剂清除干净，清除范围距断裂处两端各 5～8 mm。用酒精擦洗已清除阻焊剂的部分，待酒精挥发后，立即给这部分铜箔上锡。截取一定长度的镀锡导线，将其焊在已上锡的铜箔上，并将焊接处的焊剂清理干净。

② 印制电路铜箔翘起的修复　印制电路板上印制导电线路的铜箔一部分与基板脱离，而其他部分粘贴牢固且未断裂，这种现象称为印制导电线路的翘起。修复时，把印制导电线路翘起的铜箔底面和相应基板表面清理干净，然后涂上黏胶，用力压紧，待黏结牢固后松开。

③ 印制电路焊盘脱落的修复　对已经脱落的焊盘可以采用跨接法进行修复。先找好两个跨接点，将选定的跨接点清除干净并上锡，截取一定长度的绝缘导线，对两端进行剥头并上锡，然后将导线焊接在跨接点上。

二、电子线路的调试

电子线路安装完成后，一般都要经过调试，才能达到规定的技术性能指标。电子产品在长期使用过程中会发生故障，在使用、维修过程中也要进行调试。因此掌握电子线路调试技术十分重要。

电子产品调试可分为整机调试和电子线路调试。整机调试是对整机内可调元器件及与电气性能指标有关的机械传动部分等进行调整，同时对整机电气性能指标进行测试，使其各项技术性能指标都达到规定的技术要求。本课题主要讲解与练习电子线路的调试，电子线路调试包括测试和调整两个方面。测试是在电子线路安装完成后，对电路性能指标进行测量。调整是在测试的基础上，对电路性能参数进行修正，使其达到设计要求。为了使测试工作能顺利进行，在电子产品设计文件中，一般都标出了各测试点的电位值、相应的波形图和其他性能数据。因此，在电子线路调试时，应严格按照设计文件的要求进行。

调试方法一般有两种。一种是边安装边调试，另一种是安装完成后进行调试。第一种调试方法适用于新设计的电子线路，把较复杂的电子线路按框图上的功能分块进行安装和调试，然后扩大到整个电子线路。这种方法便于及时发现问题并予以解决。第二种调试方法适用于定型产品的安装和调试。

1. 调试前的准备工作

（1）连线是否正确

电子线路安装完成后，不要急于通电，先要认真细致地检查电子线路的连线是否正确，有无错线（连线一端正确，另一端错误）、少线（安装时完全漏掉的线）和多线（连线的两端在电路图上都是不存在的）。查线的方法通常有两种。

① 按照电路图检查安装的线路　这种方法的特点是，根据电路图连线，按一定顺序逐一检查安装好的线路，由此可比较容易查出错线和少线。

② 按照安装好的实际线路来对照原理电路进行查线　这是一种以元件为中心进行查线的方法。即把每个元器件的引脚连线一次查清，检查每根连线的去处在电路图上是否存在。这种方法不但可以查出错线和少线，还比较容易检查出多线。检查时为了防止出错，对于已查过的线通常应在电路图上作出标记，最好用指针式万用表“$R\times1$”挡，或数字式万用表“Ω 挡”的蜂鸣器来测量，而且直接测量元器件引脚，这样可以同时发现接触不良的地方。

（2）元器件安装情况

检查元器件引脚之间有无短路；所有连接处有无接触不良；二极管、三极管、集成件和电解电容极性等是否连接有误。

（3）电源供电（包括极性）、信号源连线及地线是否正确

(4) 电源端对地是否存在短路

在通电前，断开一根电源线，用万用表检查电源端对地是否存在短路。

若电路经过上述检查，并确认无误后就可转入调试。

(5) 调试用仪器仪表准备

调试前要正确地选用调试用仪器仪表。调试用的仪器仪表必须是经过校验的，量程和精度能满足要求。使用前应对仪器仪表进行检查，确认其完好后方可使用。

2. 调试方法

调试包括测试和调整两个方面。所谓电子电路的调试，是以达到电路设计指标为目的而进行的一系列的"测量—判断—调整—再测量"的反复进行过程。

为了使调试顺利进行，设计的电路图上应当标明各点的电位值、相应的波形图以及其他方面数据。

通常有以下两种调试电路的方法。

① 第一种是采用边调试边安装的方法，通常采用先分调后联调（总调）。

把一个总电路按框图上的功能分成若干单元电路，分别进行安装和调试，在完成各单元电路调试的基础上逐步扩大安装和调试的范围，最后完成整机调试。采用先分调后联调的优点是，能及时发现问题和解决问题。新设计的电路一般采用此方法。对于包括模拟电路、数字电路和微机系统的电子装置也采用这种方法进行调试。因为只有把三部分分开调试后，分别达到设计指标，并经过信号及电平转换电路后才能实现整机联调。否则，由于各电路要求的输入、输出电压和波形不匹配，盲目进行联调，就可能造成大量的器件损坏。该方法适用于课程设计中采用。

② 第二种方法是整个电路安装完毕，实行一次性调试，通常采用先分调后联调（总调）。这种方法实用于定型产品。

3. 调试步骤

(1) 通电观察

在安装的电子线路检查无误后，可接通电源进行观察。通电后先观察是否有异常现象，如打火、冒烟、异常气味等，用手触摸元器件是否发烫，电源是否有短路等。如果有异常现象，应立即关断电源，等故障排除后再重新接通电源，然后测量电源总电压和各元器件引脚的电压，以保证元器件的正常工作。

(2) 分块调试

分块调试是先把较复杂的电子线路按框图上的功能分块进行调试，逐步扩大调试范围，最后完成整机调试。

分块调试时一般按信号流向进行，按这种顺序调试的优点是：可以把前面调试好的输出信号作为后一级的输入信号，便于整机调试。

分块调试分为静态调试和动态调试。静态调试是在不加信号的条件下，对电路各点的电位进行测量和调整，使其达到设计值。通过静态调试可以及时发现和更换已损坏的元器件，以保证电路在动态时能正常工作。动态调试是利用自身信号或在外加信号后，测量和调整功能块的性能指标，使其达到设计要求。

(3) 整机调试

整机调试是在分块调试的基础上，把全部电路联系起来进行完整的调试。在分块调试过程中，已经完成了整机某些局部电路间的联调。在整机调试前，先把各功能块之间接口电路调试好，再把全部电路连通，然后进行整机调试。

4. 调试中注意事项

调试结果是否正确，很大程度受测量正确与否和测量精度的影响。为了保证调试的效果，必须减少测量误差，提高测量精度。为此，需注意以下几点。

① 正确使用测量仪器的接地端。凡是使用低端接机壳的电子仪器进行测量，仪器的接地和放大器的接地端连接在一起，否则仪器机壳引入的干扰不仅使放大器的工作状态发生变化，而且将使测量结果出现误差。根据这一原则，调试发射极偏置电路时，若需测量U_{CE}，不应把仪器的两端直接接在集电极和发射极上，而应分别对地测U_C、U_E，然后将二者相减得U_{CE}，若使用干电池供电的万用表进行测量，由于电表的两个输入是浮动的，所以允许直接跨接到测量点之间。

② 测量电压所用仪器的输入阻抗必须远大于被测处的等效阻抗。因为，若测量仪器输入阻抗小，则在测量时会引起分流，给测量结果带来很大误差。

③ 测量仪器的带宽必须大于被测电路的带宽。例如，MF-20 型万用表的工作频率为 20～20000Hz，如果放大器的$f_H=100kHz$，就不能用 MF-20 型万用表来测试放大器的幅频特性，否则，测试结果就不能反映放大器的真实情况。

④ 要正确选择测量点。用同一台测量仪进行测量时，测量点不同，仪器内阻引进的误差大小将不同。

⑤ 测量方法要方便可行。需要测量某电路的电流时，一般尽可能测电压而不测电流，因为测电压不必改动被测电路，测量方便。若需知道某一支路的电流值，可以通过测取该支路上电阻两端的电压，经过换算而得到。

⑥ 调试过程中，不但要认真观察和测量，还要善于记录。记录的内容包括实验条件，观察的现象，测量的数据、波形和相位关系等。只有有了大量的实验记录并与理论结果加以比较，才能发现电路设计上的问题，完善设计方案。

⑦ 调试时出现故障，要认真查找故障原因，切不可一遇故障解决不了就拆线路重新安装。因为重新安装的线路仍可能存在各种问题，如果是原理上的问题，即使重新安装也解决不了问题。应查找故障，分析故障原因，看成一次好的学习机会，通过它来不断提高自己分析问题和解决问题的能力。

三、电路故障的分析与排除方法

电子产品在使用或调试中，由于某种原因，常会出现故障，需要检修。

1. 故障现象和产生故障的原因

(1) 常见的故障现象

① 放大电路没有输入信号，而有输出波形。

② 放大电路有输入信号，但没有输出波形，或者波形异常。

③ 串联稳压电源无电压输出，或输出电压过高且不能调整，或输出稳压性能变坏、输出电压不稳定等。

④ 振荡电路不产生振荡。

⑤ 计数器输出波形不稳，或不能正确计数。

⑥ 收音机中出现“嗡嗡”交流声和“啪啪”的汽船声等。

以上是最常见的一些故障现象，还有很多奇怪的现象，在这里就不一一列举了。

(2) 产生故障的原因

故障产生的原因很多，情况也很复杂，有的是几种原因引起的简单故障，有的是几种原因相互作用引起的复杂故障。因此，引起故障的原因很难简单分类，这里只能进行一些粗略的分析。

① 对于定型产品使用一段时间后出现故障，故障原因可能是元器件损坏，连线发生短路或断路（如焊点虚焊，接插件接触不良，可变电阻器、电位器、半可变电阻等接触不良，接触面表面镀层氧化等），或使用条件发生变化（如电网电压波动，过冷或过热的工作环境

等)，影响电子设备的正常运行。

② 对于新设计安装的电路来说，故障原因可能是：实际电路与设计的原理图不符，元器件使用不当或损坏，设计的电路本身就存在某些严重缺点，不满足技术要求，连线发生短路或断路等。

③ 仪器使用不正确引起的故障，如示波器使用不正确而造成的波形异常或无波形，共地问题处理不当而引入的干扰等。

④ 各种干扰引起的故障。

2. 检查故障的一般方法

查找故障的顺序可以从输入到输出，也可以从输出到输入。查找故障的一般方法有以下几种。

(1) 直接观察法

直接观察法是指不用任何仪器，利用人的视、听、嗅、触等手段来发现问题，寻找和分析故障。

直接观察包括不通电观察和通电观察。

检查仪器的选用和使用是否正确：电源电压的等级和极性是否符合要求；电解电容的极性、二极管和三极管的管脚 、集成电路的引脚有无错接、漏接、互碰等情况；布线是否合理；印刷板有无断线；电阻、电容有无烧焦和炸裂等。

通电观察元器件有无发烫、冒烟，变压器有无焦味，电子管、示波管灯丝是否亮，有无高压打火等。

此法简单，也很有效，可作初步检查时用，但对比较隐蔽的故障无能为力。

(2) 用万用表检查静态工作点

电子电路的供电系统、电子管或半导体三极管、集成块的直流工作状态（包括元、器件引脚、电源电压)、线路中的电阻值等都可用万用表测定。当测得值与正常值相差较大时，经过分析可找到故障。

(3) 信号寻迹法

对于各种较复杂的电路，可在输入端接入一个一定幅值、适当频率的信号（例如，对于多级放大器，可在其输入端 接入 $f=1000\text{Hz}$ 的正弦信号)，用示波器由前级到后级（或者相反)，逐级观察波形及幅值的变化情况，如哪一级异常，则故障就在该级。这是深入检查电路的方法。

(4) 对比法

怀疑某一电路存在问题时，可将此电路的参数与工作状态和相同的正常电路的参数（或理论分析的电流、电压、波形等）进行一一对比，从中找出电路中的不正常情况，进而分析故障原因，判断故障点。

(5) 部件替换法

有时故障比较隐蔽，不能一眼看出，如这时你手头有与故障仪器同型号的仪器时，可以将仪器中的部件、元器件、插件板等替换有故障仪器中的相应部件，以便于缩小故障范围，进一步查找故障。

(6) 旁路法

当有寄生振荡现象，可以利用适当容量的电容器，选择适当的检查点，将电容临时跨接在检查点与参考接地点之间，如果振荡消失，就表明振荡是由附近或前级电路中产生。否则就在后面，再移动检查点寻找之。

应该指出的是，旁路电容要适当，不宜过大，只要能较好地消除有害信号即可。

(7) 短路法

就是采取临时性短接一部分电路来寻找故障的方法。当怀疑某一元件或线路断路时，则可以将其两端短路，如果此时恢复正常，则说明故障发生在该元件或线路上。

短路法对检查断路性故障最有效。但要注意对电源（电路）是不能采用短路法的。

（8）断路法

断路法用于检查短路故障最有效。断路法也是一种故障怀疑点逐步缩小范围的方法。例如，某稳压电源因接入一带有故障的电路，使输出电流过大，采取依次断开电路的某一支路的办法来检查故障。如果断开电路后，电流恢复正常，则故障就发生在此支路。

实际调试时，寻找故障原因的方法多种多样，以上仅列举了几种常用的方法。这些方法的使用可根据设备条件、故障情况灵活掌握，对于简单的故障用一种方法即可查找出故障点，但对于较复杂的故障则需采取多种方法互相补充、互相配合，才能找出故障点。在一般情况下，寻找故障的常规做法是：先用直接观察法，排除明显的故障；再用万用表（或示波器）检查静态工作点；信号寻迹法是对各种电路普遍适用而且简单直观的方法，在动态调试中广为应用。

应当指出，对于反馈环内的故障诊断是比较困难的，在这个闭环回路中，只要有一个元器件（或功能块）出故障，则往往整个回路中处处存在故障现象。寻找故障的方法是先把反馈回路断开，使系统成为一个开环系统，然后再接入一适当的输入信号，利用信号寻迹法寻找发生故障的元器件（或功能块）。

任务实施

实施要求

任务目标与要求

- 小组成员分工协作，利用电子线路的安装与调试相关知识，依据实训工作卡分析制定工作计划，并通过小组自评或互评检查工作计划；
- 准备万用表、常用仪器、实验用收音机等配套器材20套；
- 通过资料阅读和实际收音机观察，描述电子线路安装、调试工艺及注意事项；
- 能熟练准确地进行故障分析及排除。

注意事项

在任务实施过程中严格遵守相关实验实训制度和规范的要求， 注意职场健康与安全需求， 做好废料的处理， 并保持工作场所的整洁。

实施要点

准备工作

- 每小组接受工作任务，领取相关实验实训工具和仪器，做好实施准备工作；
- 组长带领组内成员阅读实训工作卡，查阅相关手册或指导书，合理分工，制定任务计划，并检查计划有效性。

实施步骤

- 依照实训工作卡的引导，观察认识，同时相互描述所配发的收音机安装及调试的相关内容，并填写实训工作卡；
- 依照实训工作卡的引导，对某些点和整机进行调试，并填写实训工作卡。

评估总结

• 回答指导教师提问并接受指导教师相关考核；

• 完成工作任务，对本次任务完成过程及效果进行自我评价和小组互评，完成实训工作卡填写；

• 清洁工作场所，清点归还相关工具设备，完成本次任务。

实训工作卡

1. 电子电路为什么要进行调试？调试工作的主要内容是什么？

2. 以收音机为例，说明静态工作点的调整方法。

3. 以收音机为例，说明整机动态工作特性调试的方法。

知识拓展

查找器件资料的途径

一、查找器件资料的一般途径

要准确地识读电子电路图，非常重要的一个基本功能是会查阅器件手册。器件手册给出了器件的技术参数和使用资料，是正确使用器件的依据。器件的种类繁多，其结构、用途和参数指标是不同的。在使用器件时，若不了解它的特性、参数和使用方法，就不能达到预期的使用效果，有时还会因器件的部分或某一项参数不满足电路要求而损坏器件或整个电路。由此可见，要正确地使用器件，先要了解其性能、参数和使用方法，而器件手册则提供了这些有用的资料。

能熟练地查阅器件手册，并经常查阅一些新的器件手册，可以不断了解许多新的器件，这些新器件所具备的特点和功能，往往可以使其被应用于某一实际电路中，解决一些过去无法解决的问题，促使研究工作向前迈进。经常查阅手册也可扩展知识，不断提高自身的技能。

1. 器件手册的类型

器件手册的种类很多，凡是能够系统地、详细地给出各种器件特性、参数的资料都可作为器件手册。常用的器件手册有《常用晶体管手册》、《常用线性集成电路大全》、《中国集成电路大全》、《国外常用集成电路大全》等。

有一些电子类技术图书中也有许多以附录形式出现的、介绍器件参数的资料，也能起到与手册相同的作用，但它介绍的内容一般仅限于与书本内容有关的器件。还有一些常用器件型号对照表等资料，也可作为器件手册的扩充。

2. 器件手册的基本内容

器件手册一般包括以下内容。

(1) 器件的型号命名方法

器件手册上附有按国家标准或原电子工业部标准规定的器件型号命名方法。器件型号命名法给出了所介绍器件的型号由几部分组成，在各部分中的数字或字母所表示的意义。

(2) 电参数符号说明

为了查阅和了解手册中介绍器件的功能及有关技术性能，手册中一般都给出器件通用的参数符号及其表示意义。例如在《集成运算放大器》手册中给出了集成运放的直流参数及交流参数，并对各参数的意义分别作了说明。

(3) 器件的主要用途

各种器件根据其结构和制作工艺的不同，其特性参数不同，因而其用途是不同的。器件手册中介绍了器件的各种用途，为正确选用器件提供了可靠的依据。例如在《常用晶体管手册》中介绍硅稳压二极管的用途时说明：硅稳压二极管在无线电设备、电子仪器中作稳压用。

(4) 器件的主要参数和外形

在器件手册上一般以列表形式给出了器件的参数及这些参数的测试条件。例如，3DD03A 型三极管的部分参数：$P_{CM}=10W$（测试条件：$T_C=75℃$），$h_{FE}\geqslant 10$（测试条件：$U_{CE}=10V$，$I_C=0.5A$）。当需要测试这些参数时，应按照手册中所给的条件进行。

对于集成电路，有的还附有相应的测试电路图。手册上还给出器件的外形、尺寸和引线排列顺序，供识别器件、设计印制电路板时参考。

(5) 器件的内部电路和应用参考电路

对于集成电路，手册上都附有所介绍集成电路的内部电路或内部逻辑图，并附有较为典型的应用参考电路，供分析电路原理、设计实用电路时参考。

3. 器件手册的应用方法

在实际工作中，使用器件手册的方法有如下两种。

(1) 已知器件的型号查找其参数和应用电路

若已知器件的型号，查阅器件手册，可以查找出此器件的类型、用途、主要参数等技术指标。这在设计、制作电路时可对已知型号的器件进行分析，看其是否满足电路要求。

查阅手册时先根据器件的类型选择相应的手册，如根据器件的种类决定应查线性集成电路手册还是查数字电路手册，然后根据手册的目录，查出待查器件技术资料所在的页数，便可查到所需要的资料。

(2) 根据使用要求查选器件

在手册中查找满足电路要求的器件型号，是器件手册的又一用途。查阅手册首先要确定所选器件的类型，确定应查阅哪类手册；其次确定在手册中应查哪类器件的栏目。确定栏目后，将栏目中各型号的器件参数逐一与所要求的参数相对照，看是否满足要求，据此确定选用器件的型号。

注意

以上方法同样适合用于查找集成电路

二、查找电子器件的其他途径

作为一名电子技术工作者，对于电子器件性能的掌握非常重要。经常阅读一些电子技术期刊，如《无线电》、《电子世界》、《现代通信》、《国外电子元器件》等杂志，以及《电子报》、《北京电子报》等报刊，对学习和掌握电子器件是十分必要的。在这些期刊上经常登载新的电子器件及其用法，可以开拓思路，提高使用各类器件的熟练程度。经过日积月累，这些期刊也会成为一笔巨大的信息资源，成为查阅电子器件及电子技术应用的信息库。

1. 要掌握和了解权威的电子器件手册

国内有两套很有权威的电子器件手册。一套是《中国集成电路大全》，它有《TTL集成电路》、《CMOS集成电路》、《HTL集成电路》等分册，介绍了这些集成电路的功能、外部引脚、电气参数特性、动态特性等各种数据以及有关的内部电路、典型电路应用等。

另一套是《电子工程手册系列》，它有《标准集成电路数据手册——TTL集成电路》、《标准集成电路数据手册——CMOS集成电路》等分册，它给出了每一种集成电路的逻辑图、引脚定义以及详细的电气特性参数等。

2. 学会通过Internet查找电子器件

通过Internet查找电子器件有以下几个先决条件：

① 有使用计算机访问Internet的操作能力；

② 熟悉国内和世界各大电子器件厂的网址；

③ 要熟悉每个电子厂家的产品特点和公司的英文名称。

例如，Motorola Semiconductor Products Inc. 是摩托罗拉半导体公司，公司的缩写为Motorola，公司的主要产品是通信设备、各类单片机、数字集成电路等。

再如，Lattice Semiconductor Corp. 是晶格半导体公司，公司的缩写为Lattice，该公司主要生产可编程器件PLD。

当在电子设计和维修中要用到单片机的时候，可通过Internet浏览Motorola主页，检索有关信息。要用到PLD器件的时候，通过Lattice公司的网址http://www.Latticesemi.com浏览其主页，就可以查阅或下载PLD的有关资料。

3. 国际上最新和最全的资料手册—D. A. T. A. BOOK

全世界生产的器件种类很多，那么哪一种器件手册是世界上包含器件资料最新和最全的呢？这就是下面要介绍的D. A. T. A. BOOK。

D. A. T. A. BOOK专门收集和提供世界各国生产的、有商品供应的各类电子器件，包括电子器件的功能、特性和数据资料，还有器件的典型应用电路图和器件的外形图，生产厂的有关资料也在其中。

D. A. T. A. BOOK创刊于1952年（现已改名为D. A. T. A. DIGEST，为了叙述方便，下面仍称之为D. A. T. A. BOOK），每年以期刊形式出版各个分册，分册品种逐年增加，整套D. A. T. A. BOOK具有资料累积性，一般不必作回溯性检索。最新出版的整套D. A. T. A. BOOK除了增加以前没有收录的电子器件的资料外，还包括了以前历年收集的电子器件的资料，原则上有一套最新的版本，就可以将所有的器件资料一览无遗。

D. A. T. A. BOOK由美国D. A. T. A.公司（Derivation And Tabulation Associates Inc.）以英文出版，初通英语的电子科技人员，只要掌握该资料的检索方式，均可以查找到要找的电子器件资料。可以这样说，D. A. T. A. BOOK 是当今世界上信息最全的电子器件手册，只要知道电子器件的型号，就可以查找到该电子器件的所有信息。在一般的电子器件手册上找不到某器件，或反映该器件的信息不全时，可以在 D. A. T. A. BOOK 这部手册中查找。

项目评价表

项目	考核内容	配分	评分标准	得分
识读电路原理图	原理图识读正确	15 分	①元器件识读错一个扣 3 分； ②分析图时错误四处扣 10 分； ③基本会分析电路功能，但不会分析信号流程扣 5 分	
识读电路印制板图	对照原理图，找出相应元件在印制板图上的位置	10 分	①错误一处扣 3 分； ②错误三到五处扣 6 分； ③错误六处以上扣 10	
绘制电路图	①对照实物，绘出其相应的原理图； ②对照实物，绘出其相应的印制板图	10 分	①错误一次扣 3 分； ②错误三到五处扣 6 分； ③错误六处以上扣 10	
常用仪器的使用	①面板按钮及按键的识别； ②能根据要求选择仪器输出需要的直流电压及交流信号； ③会示波器的读数； ④能进行直流测试、交流测试及双踪测试	30 分	①不认识面板主要按钮或按键，错一个扣 1～3 分； ②不知如何选仪器扣 5 分，不会输出电压或信号扣 2 分； ③不会读数或读数错误扣 3 分； ④任何一种测试都不会扣 5 分； ⑤其中一种测试不会扣 2 分； ⑥其中两种测试不会扣 3 分	
电子线路的安装与调试	①熟悉电子线路的装接工艺； ②熟悉电子线路的调试工艺； ③掌握电子线路的故障分析与排除	25 分	①不清楚装接工艺的扣 5 分； ②不清楚调试工艺的扣 5 分； ③不能正确按照装接工艺进行的错一处扣 2 分； ④不能正确按照调试工艺进行的错一处扣 2 分； ⑤不知如何进行故障分析和排除扣 5 分	
安全文明生产	严格遵守操作规程	10 分	①损坏、丢失图纸或仪器配件，扣 1～5 分； ②物品随意乱放，扣 1～5 分； ③违反操作规程，酌情扣 1～10 分	
合计		100 分		

能力鉴定表

实训项目	项目二　电子线路的安装与调试				
姓名		学号		日　期	
组号		组长		其他成员	
序号	能力目标	鉴定内容	时间(总时间80分钟)	鉴定结果	鉴定方式
1	专业技能	电子电路图的分类及识读分析	20分钟	□具备 □不具备	教师评估 小组评估
2		常用电子仪器的使用	30分钟		
3		电子线路的安装、调试工艺	15分钟	□具备 □不具备	
4		电子产品的故障分析及排除	15分钟	□具备 □不具备	
5	学习方法	是否主动进行任务实施	全过程记录	□具备 □不具备	小组评估 自我评估 教师评估
6		能否使用各种媒介完成任务		□具备 □不具备	
7		是否具备相应的信息收集能力		□具备 □不具备	
8	能力拓展	团队是否配合	全过程记录	□具备 □不具备	
9		调试方法是否具有创新		□具备 □不具备	
10		是否具有责任意识		□具备 □不具备	
11		是否具有沟通能力		□具备 □不具备	
12		总结与建议		□具备 □不具备	
鉴定结果	合格 □ 不合格 □	教师意见		教师签字 学生签名	

注：1. 请根据结果在相关的□内画√。

2. 请指导教师重点对相关鉴定结果不合格的同学给予指导意见。

信息反馈表

实训项目：电子线路的安装与调试　　组号：________

姓　　名：________________　　日期：________

请你在相应栏内打钩	非常同意	同意	没有意见	不同意	非常不同意
1. 这一项目给我很好地提供了各种电子电路图的识读?					
2. 这一项目帮助我掌握了常用电子仪器的使用?					
3. 这一项目帮助我掌握了电子线路的安装、调试工艺?					
4. 这一项目帮助我熟悉了电子产品的故障分析及排除方法?					
5. 该项目的内容适合我的需求?					

续表

请你在相应栏内打钩	非常同意	同意	没有意见	不同意	非常不同意
6. 该项目在实施中举办了各种活动？					
7. 该项目中不同部分融合得很好？					
8. 实训中教师待人友善愿意帮忙？					
9. 项目学习让我做好了参加鉴定的准备？					
10. 该项目中所有的教学方法对我学习起到了帮助的作用？					
11. 该项目提供的信息量适当？					
12. 该实训项目鉴定是公平、适当的？					
你对改善本科目后面单元的教学建议：					

项目六　电子技能综合实训

项目概述

本项目一共安排了超外差调幅收音机的安装与调试、摩托车防盗报警器的安装与调试、叮咚门铃的安装与调试、集成直流稳压电源的安装与调试及计数、译码、显示电路的安装与调试五个任务。 通过本项目的学习，掌握电子线路的安装与调试所需电子装配的各项基本技能，为以后的整机装配打下坚实的基础。

任务一　超外差调幅收音机的安装与调试

能力标准

学完这一单元，你应获得以下能力：

- 认识调幅收音机的原理框图及电路图；
- 能正确识别和检测调幅收音机套件中的各元件及零部件；
- 能正确地安装、调试调幅收音机。

任务描述

请以以下任务为指导，完成对相关理论知识学习和实施练习：

- 以 HX108-2 型收音机套件为例识别和检测各种元件；
- 进一步熟悉万用表的使用，能正确组装、调试收音机。

相关知识

超外差调幅收音机的安装与调试

教学导入

超外差式收音机属于中波段袖珍式半导体收音机，采用可靠的全硅管线路，具有机内磁性天线，体积小巧、音质清晰、携带方便。HX108-2 型超外差式收音机套件具有安装调试方便、工作稳定、灵敏度高、选择性好等特点，功放级采用无输出变压器的功率放大器(OTL 电路)，具有效率高、频率特性好、声音洪亮、耗电省等特点。

理论知识

一、超外差式收音机电路基础知识

1. “超外差”的定义

超外差式收音机中的“超外差”是指：无论收音机接收到哪个广播电台的信号，都要经过“变频电路”把高频载波信号的频率变为统一的、频率较低的 465kHz 中频信号，然后再经中频放大、解调，得到音频信号。超外差式电路具有灵敏度高、选择性好及工作稳定等优点，所以不仅应用于调幅收音机，而且还在调频收音机及电视接收机中得到广泛的应用。

2. 超外差式收音机的组成

一般超外差式收音机由接收天线、输入回路、变频级、中频放大级、检波及自动增益控制电路、低频放大级及功率放大级组成。其结构框图及各部分波形如图 6-1 所示。

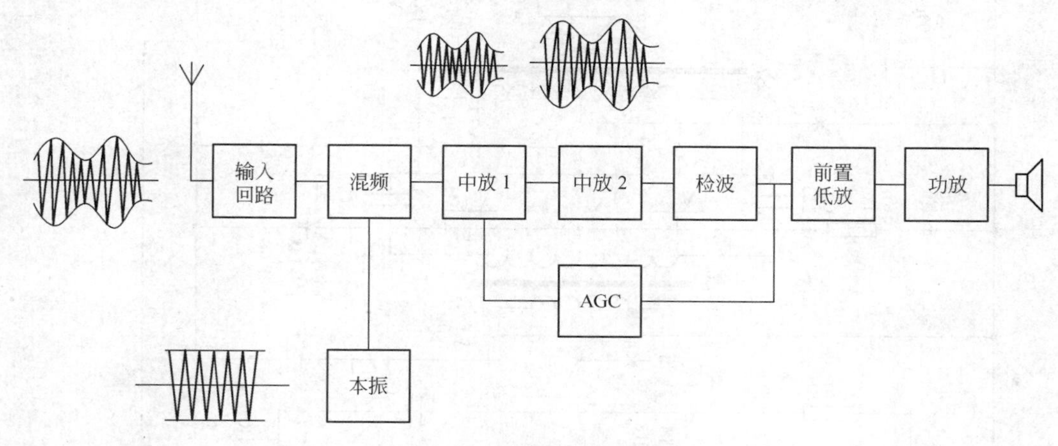

图 6-1　超外差收音机结构框图

二、超外差式收音机的工作原理

天线从空间接收到各广播电台发射来的高频调幅信号，由输入电路选择出所要接收电台的信号后，送给变频级。

变频级的本机振荡电路产生一个等幅的高频振荡信号，它的振荡频率始终比输入的高频调幅信号频率高 465kHz。本机振荡信号和输入信号同时输入混频管。利用混频管的非线性作用，即可在混频管的输出端得到本机振荡信号与输入信号的差频信号，即 465kHz 的中频信号。由于中频信号只是使输入信号频率变低了，因此它仍是调幅信号，即调制方式并没有改变。

中频信号经中频放大级放大后再送给检波电路；经检波电路解调，就得到了音频信号。自动增益控制电路（AGC）能自动控制中频放大级的增益，有效地防止强信号输入时造成的失真。由于中频放大级的增益很高，若无自动增益控制电路，则在接收本地强电台信号时，会由于输入信号太大而造成大信号失真。

经自动增益控制电路控制的音频信号通过低频放大及功率放大后，送给扬声器还原成声音。

1. 电路原理图

超外差式收音机电路原理图如图 6-2 所示。

由原理图可知其信号流程：

空中的高频电台信号 $f_{高}$→天线输入回路接收（C1A、B1 的初级等构成）→磁棒天线 B1 感应耦合本振电路（VT1 及其偏置、B1 等构成）→本振电路自身产生的本机振荡频率 $f_{本}$ 与 $f_{高}$ 进行差频→便获得收音机的固定中频频率信号 $f_{中}$（$f_{本}-f_{高}=465\text{kHz}$）→经过第一中频选频回路（B3 及槽路电容构成）→加到第一中放电路（VT2 及其偏置构成）→较大幅度的中频信号 $f_{中}$→经过第二中频选频回路（B4 及槽路电容构成）→加到第二中放电路（VT3 及其偏置构成）→更大幅度的中频信号 $f_{中}$→经过第三中频选频回路（B5 及槽路电容构成）→检波电路（VT4 作检波二极管）→低频滤波器（C_8、C_9 和 R_9 构成）获得频率在 20Hz～20kHz 范围的音频信号 $f_{音}$→经过音量电位器进行幅度大小调节→加到低放电路（VT5 及其偏置构成）→经输入变压器 B6 耦合→功放电路（VT6、VT7 及偏置构成）→输出变压器 B7 进行匹配→扬声器发出声音。

2. 整机元器件作用

HX108-2 型调幅收音机各元器件的作用如表 6-1 所示。

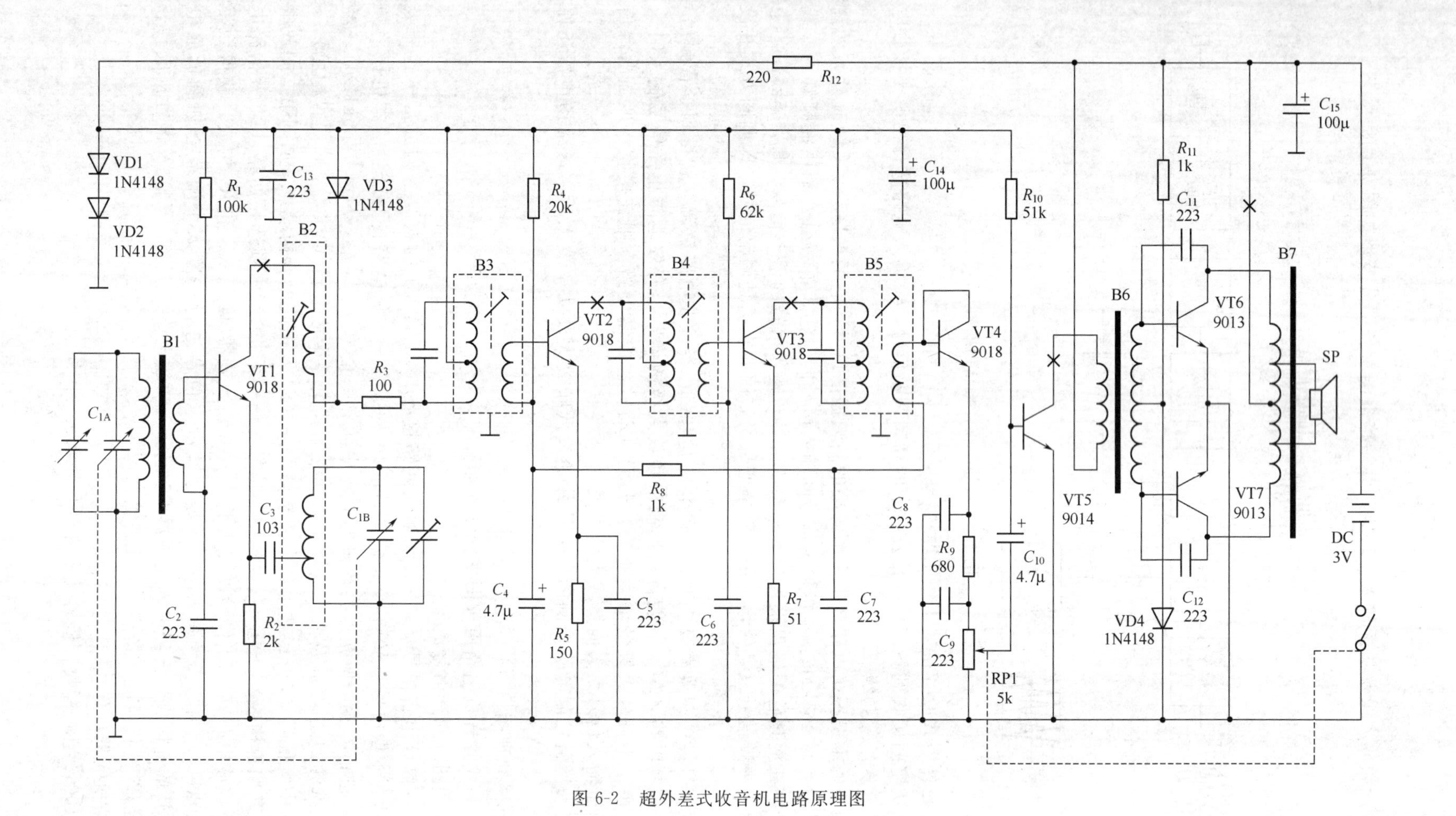

图 6-2　超外差式收音机电路原理图

表 6-1 HX108-2 型调幅收音机各元器件

序号	型号规格(参数)	作用	备注
R_{12}	RT-1/8W-220Ω	电源退耦电路	
C_{14}、C_{15}	CD-16V-100μF		滤除低频成分
C_{13}	CC-63V-0.022μF		滤除高频成分
VD1、VD2	1N4148	获得+1.4V的电压,为小信号电路供电	稳压电路
C_1	—	C_{1A}及其半可调与B1初级构成选台回路	双联可调电容器
B1	—	用于接收高频电磁波	磁棒天线
B2	—	高放及混频电路。C_{1B}及其半可调与B2初级构成本振回路,产生的本振频率 $f_{本}$ 随不同电台的高频信号 $f_{高}$ 变化而变化,但总是比 $f_{高}$ 高465kHz	本振线圈
C_3	CC-63V-0.01μF		反馈电容
R_1	RT-1/8W-100kΩ		偏置电阻
R_2	RT-1/8W-2kΩ		
R_3	RT-1/8W-100Ω		
C_2	CC-63V-0.022μF		交流旁路电容
VT1	9018		高放及混频管
VD3	1N4148	提高收音机的灵敏度	可用10~30kΩ电阻器代替
B3	—	与槽路电容一起形成465kHz的谐振回路	中周(内含槽路电容)
R_4	RT-1/8W-20kΩ	第一中频放大电路。对465kHz的中频信号进行幅度放大	偏置电阻
R_5	RT-1/8W-150Ω		
C_9	CC-63V-0.022μF		高频旁路电容
VT2	9018		第一中频放大管
B4	—	与槽路电容一起形成465kHz的谐振回路	中周(内含槽路电容)
R_6	RT-1/8W-62kΩ	第二中频放大电路。对465kHz的中频信号进行幅度再次放大	偏置电阻
R_7	RT-1/8W-51Ω		
C_6	CC-63V-0.022μF		高频旁路电容
VT3	9018		第二中频放大管
B5	—	与槽路电容一起形成465kHz的谐振回路	中周(内含槽路电容)
C_7	CC-63V-0.022μF		
R_8	RT-1/8W-1kΩ	获得AGC控制电压,以保证输出信号幅度几乎不变	AGC电路时间常数
C_4	CD-16V-4.7μF		
C_8	CC-63V-0.022μF	低通滤波器。让20Hz~20kHz范围的音频信号通过	构成“Π”形滤波器
C_9	CC-63V-0.022μF		
R_9	RT-1/8W-680Ω		
RP1	5kΩ	调节收音机声音大小	带电源开关的音量电位器
C_{10}	CD-16V-4.7μF	隔直耦合	
R_{10}	RT-1/8W-51kΩ	低频放大电路。对20Hz~20kHz的音频信号进行幅度再次放大	偏置电阻
VT5	9014		低频放大管
B6、B7	—	阻抗匹配	输入变压器/输出变压器

续表

序号	型号规格(参数)	作　　用	备注
R_{11}	RT-1/8W-1kΩ	功率放大电路。对 20Hz～20kHz 的音频信号进行功率放大,以推动扬声器发声	偏置电阻
VD4	1N4148		
VT6、VT7	9013		功放管
C_{11}、C_{12}	CC-63V-0.022μF		消除自激
SP	—	电能与声能的转换	扬声器

三、收音机的安装与调试

对收音机电路有了初步了解后，可按所给印制电路板图着手安装。六管超外差式收音机的印制电路板图如图 6-3 所示。

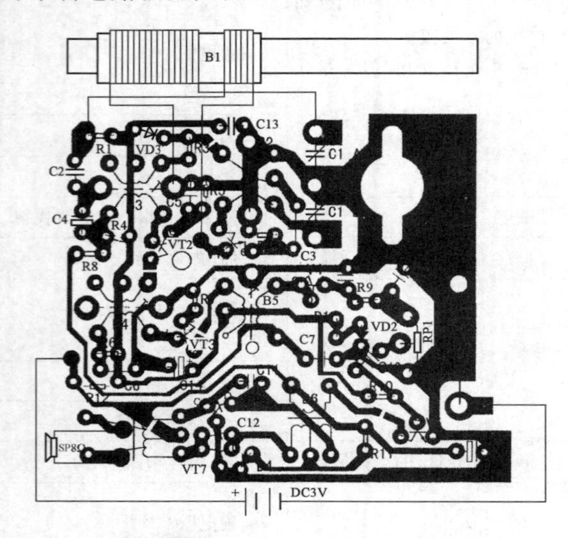

图 6-3　六管超外差式收音机的印制电路板图

收音机性能的好坏，不仅取决于电路结构、元件质量和整机布局，还决定于安装调试的工艺水平。收音机装配可在已给的印制电路板上进行，而印制电路板有元件面和焊接面之分，一般将元件安装面称为正面，敷铜焊接面称为反面。正面上的各个孔位都标明了应安装元件的图形符号和文字符号，只需按照印制电路板上标明的符号，再通过电路原理图查找其规格，将相应元件对号入座即可。在装配过程中工艺要求如下。

（一）装配前

先对照元件明细表对所供元器件、紧固件等进行清点核对，对电阻器、电容器、天线线圈、中周、晶体管等要用万用表逐一检测，判别其好坏。三极管最好用晶体管特性图示仪观察其特性曲线，并测量 β 值及穿透电流 I_{CEO} 的大小，一般要求高频管 $I_{CEO}<50\mu A$。为使收音机噪声低，且工作状态相对稳定，原则上选 I_{CEO} 最小的高频管作变频级，I_{CEO} 最小的低频管用在低放第一级。为保证收音机有足够的灵敏度和音频输出功率，各级放大器的 β 值选择要适宜。

（二）装配顺序

装配的顺序是先装低的元器件后装高的元器件，先装小的元器件后装大的元器件。一般顺序是电阻器、导线、二极管、瓷片电容器、电解电容器、三极管、中周、变压器及电位器、双联电容器等。

① 电阻器的安装。装配电阻器前要先用色标法或万用表将电阻的阻值读出，选择好后根据印制板上两孔的距离弯曲电阻器的引脚，装配时可采用卧式紧贴电路板安装，也可以采用立式安装，高度要统一。

② 瓷片电容器和三极管的安装。电容器和三极管的管脚剪得长度要适中，不要剪得太短，也不要留得太长，不要超过中周的高度。电解电容器紧贴线路板立式安装焊接，太高会影响后盖的安装。

③ 磁棒天线线圈的安装。磁棒天线线圈（采用进口的自焊线生产的，可以不用刀子刮或砂纸砂磨线头）的四根引线头，可以直接用挂锡的电烙铁来回摩擦几次，给引线头上锡，然后将四根引线头焊在对应的印制电路板的印制电路上。

④ 由于双联拨盘安装时离电路板很近，因此对拨盘圆周范围内的高出部分焊接前先用斜口钳剪去，以免安装或调谐时有障碍。

⑤ 耳机插座的安装。先将插座的靠尾部下面一个焊片往下从根部弯曲 90°插在电路板上，然后再用剪下来的一个引脚的一端插在靠尾部上端的孔内，另一端插在电路板对应的孔内，焊接时速度要快一点，以免烫坏插座的塑料部分。

(三) 安装注意事项

安装过程中，每个元件的焊接时间不要过长、焊锡不要过多，以免烫坏元件或发生短路。不要在整机通电时焊接，焊接前对元件必须先进行去氧化搪锡处理，以免虚焊或脱焊。

四、HX108-2 型收音机的整机安装过程

1. 元器件、结构件的分类与识别

① 元器件分类与识别：电阻器类共 13 只，其中色环电阻 12 只，电位器 1 只；电容器类共 15 只，其中瓷片电容 10 只（9 只 223 和 1 只 103），电解电容 4 只（2 只 100μF，2 只 4.7μF），双联可调电容 1 只；电感器类 7 只，其中变压器 2 个，中周 4 个，磁棒和线圈 1 套；二极管类 4 只；三极管类 7 只；扬声器 1 只。

② 结构件分类与识别：PCB 板 1 块；调谐盘、电位器盘各 1 只；前框、后盖各 1 只；正极片、负极弹簧各 1 只；频率标牌 1 片；磁棒支架 1 个；螺钉 5 颗；绝缘导线 4 根。

2. 元器件、结构件的检测

（1）元器件的检测

用指针万用表、数字万用表等完成对元器件的检测。

（2）结构件的检测

① 通过指针万用表对 PCB 板的印制条的通与断进行检测。

② 直观检测其余各结构件。

3. 印制电路板的装配

按照收音机“工艺说明及简图”工艺文件中给出的印制板及元器件分布图作如下的操作。

（1）根据电路原理图和 PCB 元器件分布图，对各元器件在印制板上安装位置进行熟悉。

（2）按照元器件整形、元器件插装、元器件引线焊接对元器件进行安装。

（3）按照从小到大，从低到高的顺序对元器件进行装配

比如，电阻器→二极管→瓷介电容器→三极管→电解电容器→中频变压器→入/出变压器→双联电容器和音量开关电位器。

装配时应注意以下几点。

① 瓷介电容器的整形、安装与焊接

a. 所有瓷介电容器均采用立式安装，高度距离印制板为 2mm。

b. 由于无极性，故标称值应处于便于识读的位置。

c. 在插装时，由于外形都一样，则参数值应保证正确。

d. 在焊接方面以平常焊接要求为准。

② 三极管的整形、安装与焊接

a. 所有三极管采用立式安装，高度距离印制板为 2mm。

b. 在型号选取方面要注意的是 VT5 为 9014，VT6 和 VT7 为 9013，其余为 9018。

c. 二极管是有极性的，故在插装时，要与印制板上所标极性一一对应。

d. 由于引脚彼此较近，则在焊接方面要防止桥连现象。

③ 电阻器、二极管的整形、安装与焊接

a. 所有电阻器和二极管均采用立式安装，高度距离印制板为 2mm。

b. 在安装方面，首先应弄清各电阻器的参数值。

c. 然后再插装，且识读方向应是从上往下；二极管要注意正、负极性。

d. 在焊接方面，由于二极管属于玻璃封装，故要求焊接要迅速，以免损坏。

④ 电解电容器的整形、安装与焊接

a. 电解电容器采用立式贴近安装，在安装时要注意其极性。

b. 在焊接方面以平常焊接要求为准。

⑤ 振荡线圈与中周的安装与焊接

a. 安装前先将引脚上氧化物刮除。

b. 由于振荡线圈与中周在外形上几乎一样，则安装时一定要认真选取。

注：• 不同线圈是以磁帽不同的颜色来加以区分的。B2：振荡线圈（红磁芯）、B3：中周 1（黄磁芯）、B4：中周 2（白磁芯）、B5：中周 3（黑磁芯）。

• 所有中周里均有槽路电容，但振荡线圈中却没有。

• 所谓“槽路电容”，就是与线圈构成的并联谐振时的电容器，由于放置在中周的槽路中，故称这为“槽路电容”。

c. 所有线圈均采用贴紧焊装，且焊接时间要尽量短，否则，所焊的线圈可能损坏。

⑥ 输入/输出变压器的安装与焊接

a. 安装前先用刀片将引脚上氧化物刮除。

b. 安装时，一定要认真选取。B6：输入变压器（蓝色或绿色）；B7：输出变压器（黄色或红色）。

c. 均采用贴紧焊装，且焊接时间要尽量短，否则变压器可能损坏。

HX108-2 型收音机各类元器件安装示意图如图 6-4 所示。

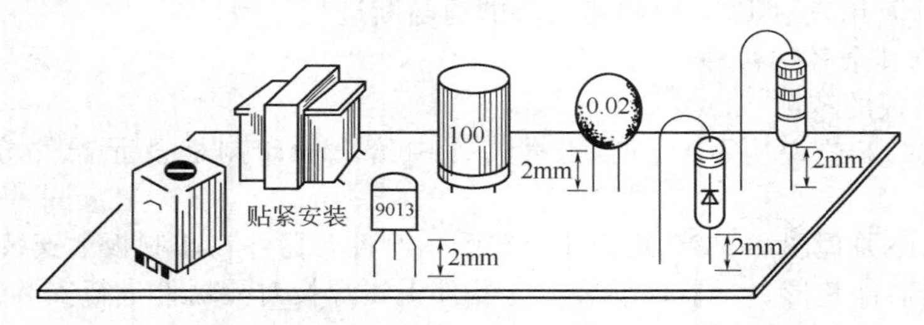

图 6-4　HX108-2 型收音机各类元器件安装示意图

⑦ 音量调节开关与双联电容的安装与焊接

a. 安装前先用刀片将引脚上氧化物刮除，且音量调节开关的引脚上镀上焊锡。

b. 两者均采用贴紧电路板安装，且双联电容的引脚弯折与焊盘紧贴。

c. 焊接双联电容时焊接时间要尽量短，否则该器件可能损坏。

(4) HX108-2 型收音机电路成品板整体检查

a. 首先检查电路成品板上焊接点是否漏焊、假焊、虚焊、桥连等现象。

b. 接着检查电路成品板上元器件是否有漏装，有极性的元器件是否装错引脚，尤其是二极管、三极管、电解电容器等元器件要仔细检查。

c. 最后检查 PCB 板上印制条、焊盘是否有断线、脱落等现象。

d. PCB 板焊装后的清洗。

4. 按照收音机的要求对导线的端头进行加工处理

5. 收音机的整机装配

按照收音机工艺文件中给出的要求对收音机整机装配进行调谐盘的装配、电位器盘的装配、磁棒支架及磁棒天线的装配、频率标牌的装配、扬声器的装配、整机导线连接、机壳组装。

(1) 天线组件的安装

① 首先将磁棒天线 B1 插入磁棒支架中构成天线组合件。

② 接着把天线组合件上的支架固定在电路板反面的双联电容上，用 2 个 M2.5×5 的螺钉连接。

③ 最后将天线线圈的各端与印制电路板上标注的顺序进行焊接。天线组件的安装如图 6-5 所示。

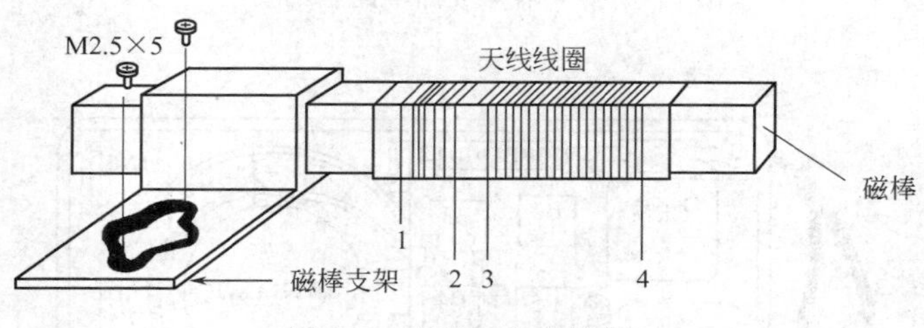

图 6-5 天线组件的安装

（2）电源连接线的连接与安装

① 首先将长弹簧插入到后盖的“1”端，正极连接片插入到后盖的“2”端，在长弹簧与正极连接片的交接处进行焊接。

② 接着将连接好导线的正极连接片插入到后盖的“3”端，将连接好导线的短弹簧插入到后盖的“4”端。具体连接与安装如图 6-6 所示。

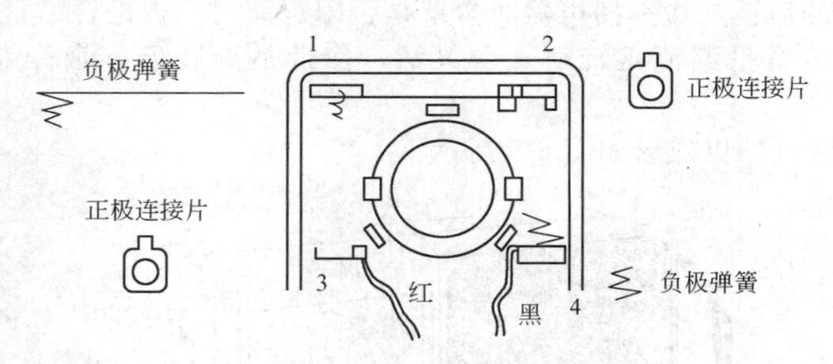

图 6-6 电源连接线的连接与安装

（3）调谐盘与音量调节盘的安装

① 将调谐盘与音量调节盘分别放入双联电容和音量电位器的转动轴上。

② 然后分别用沉头螺钉 M2.5×4 和 M1.7×4 进行固定。

（4）前盖标牌与扬声器防尘罩的安装

① 将扬声器防尘罩装入前盖喇叭位置处，且在机壳内进行弯折以示固定。

② 然后将周率板反面的双面胶保护纸去掉，贴于前框，到位后撕去周率板正面的保护膜。

（5）扬声器与成品电路板的安装

① 将喇叭放于前框中，用“一”字小螺钉旋具前端紧靠带钩固定脚左侧。

② 利用突出的扬声器定位圆弧的内侧为支点，将其导入带钩内固定，再用电烙铁热铆三只固定脚。

③ 接着将组装完毕的电路机芯板有调谐盘的一端先放入机壳中，然后整个压下。扬声器与成品电路板的安装如图 6-7 所示。

（6）成品电路板与附件的连接

① 将电池连接线、扬声器连接线与主机成品板进行连接。

② 然后装上拎带绳。

③ 最后用机芯自攻螺钉 M2.5×5 将电路板固定于机壳内。成品电路板与附件的连接如

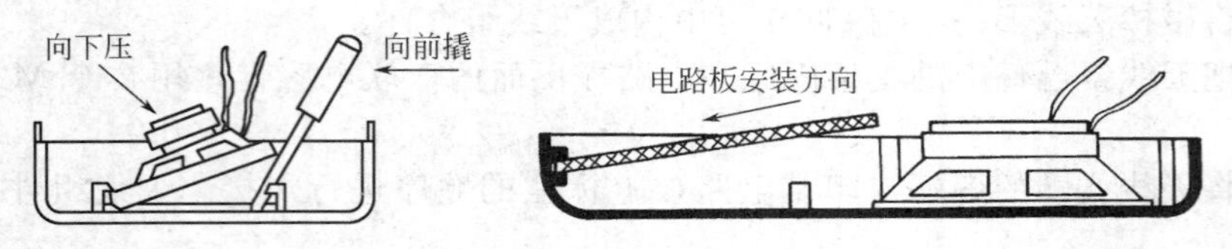

图 6-7　扬声器与成品电路板的安装

图 6-8 所示。

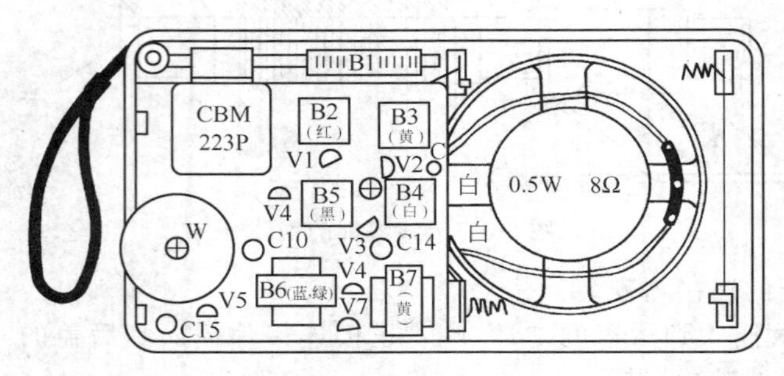

图 6-8　成品电路板与附件的连接

（7）整机检查

① 盖上收音机的后盖，检查扬声器防尘罩是否固定，周率板是否贴紧。

② 检查调谐盘、音量调节盘转动是否灵活，拎带是否装牢，前后盖是否有烫伤或破损等。

HX108-2 型收音机整机外形如图 6-9 所示。

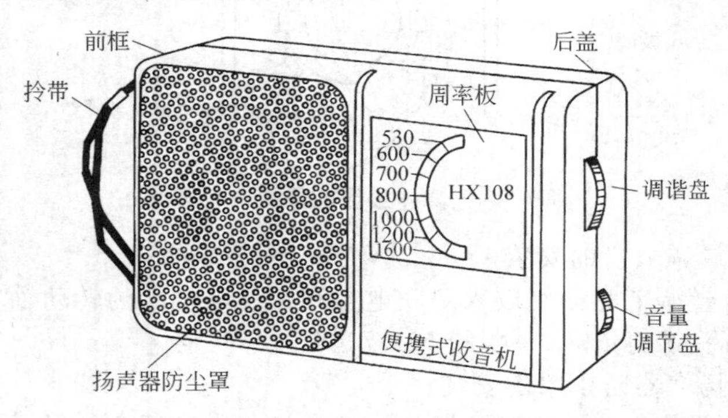

图 6-9　HX108-2 型收音机整机外形

五、超外差式晶体管收音机的调试

一台刚装配好的收音机，由于其各种元件的参数误差和线路分布电容的影响，往往会使晶体管偏置电流失常和调谐回路严重失调，使收音机不能正常工作或完全不能工作。因此，收音机装配好以后，要进行仔细的电路调试，才能达到预定的性能指标，以获得良好的收音效果。对超外差式收音机的调试可按下列步骤进行。

1. 检查电路

收音机安装完毕后，先对照电路图按顺序检查一遍，检查项目如下。

① 每个元件的规格型号、数值、安装位置、管脚接线等是否正确。

② 中周变压器的安装次序和初、次级线圈的接线位置是否正确。

③ 每一个焊点是否有漏焊、虚焊和搭锡现象，线头和焊锡等杂物是否残留在印制电路板上。

④ 分段绕制的磁性天线线圈的安装方向是否正确。

⑤ 用万用表 $R\times100$ 挡测量整机电阻，阻值应大于 500Ω。如阻值较小，应检查线路是否短路，晶体管电极是否接错，阻容元件是否合格。

2. 直流调试

HX108-2 型调幅收音机中共有五个单元电路能够作直流测试，它们分别为：由 VT1 构成的混频电路、由 VT2 构成的第一中放电路、由 VT3 构成的第二中放电路、由 VT5 构成的低放电路、由 VT6、VT7 构成的功放电路。

(1) 直流电流测量与调试

① 首先将被测支路断开。

② 将万用表置于所需的直流电流挡，且串联在断开的支路中。

③ 测量时要注意万用表表笔的极性，否则，万用表的指针可能反偏。

④ 将所测电流值与参考值进行比较，相差较大时，可对相应的偏置作一定的调整。

注：对电路直流电流的测量比较麻烦些，因为得断开支路才能进行。当然，HX108-2 型调幅收音机中五个单元电路的直流电流的测量处在制作 PCB 时已经断开。操作步骤如下。

a. 将 500A 型万用表置于直流电流挡（1mA 或 10mA）。

b. 对收音机各级电路的直流电流进行测量。

c. 具体测试点（以测量第二中放级的电流为例）如图 6-10 所示。

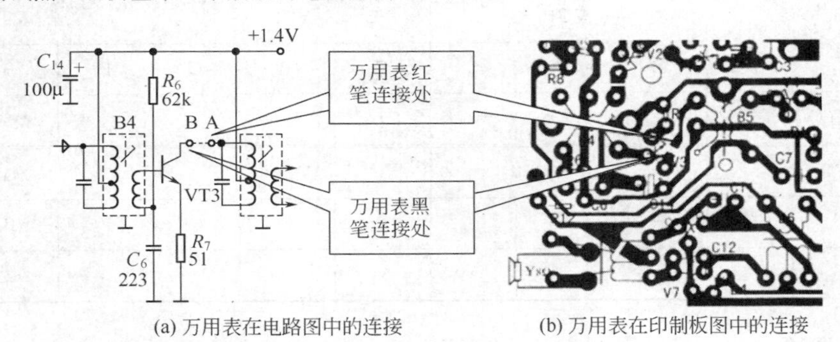

(a) 万用表在电路图中的连接　　(b) 万用表在印制板图中的连接

图 6-10　第二中放级的电流测量方法

d. 如果测试的电流在规定的范围内，则应该将印制电路板与原理图 A、B 处相对应的开口连接起来。

e. 各单元电路都有一定的电流值，如果电流值不在规定的范围内，可改变相应的偏置电阻。具体电流值与参数调整如表 6-2 所示。

表 6-2　HX108-2 型调幅收音机单元电路的电流值

测试电路	混频级（VT1）	第一中放级（VT2）	第二中放级（VT3）	低放级（VT5）	功放级（VT6、VT7）
电流值/mA	0.18～0.22	0.4～0.8	1～2	2～4	4～10
参数调整	* R_1	* R_4	* R_6	* R_{10}	* R_{11}

(2) 直流电压测量与调试

① 将万用表置于所需的直流电压挡。

② 将万用表的表笔并联在被测电路的两端。

③ 测量时要注意万用表表笔的极性，否则，万用表的指针可能反偏。

④ 将所测电压值与参考值进行比较，相差较大时，可对相应的偏置作一定的调整。

注：直流电压测量在直流调试中是常用的方法，HX108-2 型调幅收音机中共五个单元电路可作直流电压的测量。具体步骤如下。

a. 将 500A 型万用表置于直流电压（1V 或 10V）挡。

b. 对收音机各级电路的直流电压进行测量。

c. 具体测量点（以测量第二中放级的电压为例）如图 6-11 所示。

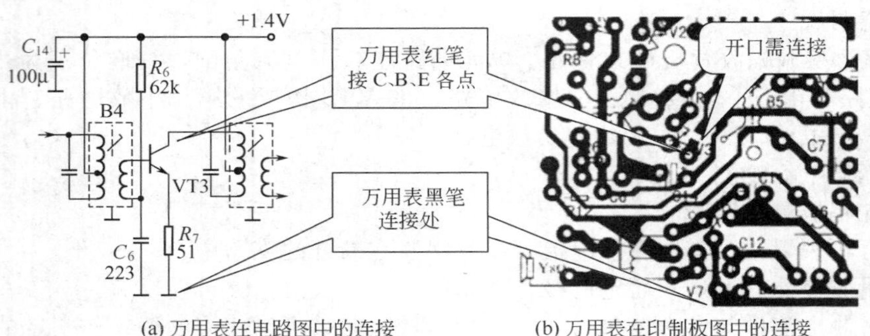

(a) 万用表在电路图中的连接　　(b) 万用表在印制板图中的连接

图 6-11　第二中放级的电压测量方法

d. 将各单元电路的电压值填入表 6-3 中。

表 6-3　HX108-2 型调幅收音机单元电路的电压值

测试点	VT1			VT2			VT3		
	E	B	C	E	B	C	E	B	C
电压值/V									

VT4			VT5			VT6			VT7		
E	B	C	E	B	C	E	B	C	E	B	C

3. 交流调试

交流调试是针对交流小信号而言的，若用万用表来测试就显得十分困难。为了使 HX108-2 型调幅收音机的各项指标达到要求，要用到专用设备对如下内容进行调试。

（1）中频频率调整

① 中频频率准确与否是决定 HX108-2 型调幅收音机灵敏度的关键。

② 当收音电路安装完毕，并能正常收到信号后，便可调整中频变压器。

③ 维修中更换过中频变压器，需要进行调整。是因为和它并联的电容器的电容量总存在误差，机内布线也有分布电容等，这些会引起中频变压器的失谐。

④ 但应注意，此时中频变压器磁芯的调整范围不应太大。具体步骤如下。

a. 将示波器、晶体管毫伏表、函数信号发生器/计数器等设备按如图 6-12 所示进行连接。

b. 将所连接的设备调节到相应的量程。

c. 把收音部分本振电路短路，使电路停振，避去干扰。也可把双联可变电容器置于无电台广播又无其他干扰的位置上。

d. 使函数信号发生器/计数器输出频率为 465kHz、调制度为 30％的调幅信号。

e. 由小到大缓慢地改变函数信号发生器/计数器的输出幅度，使扬声器里能刚好听到信号的声音即可。

f. 用无感起子首先调节中频变压器 B5，使听到信号的声音最大，晶体管毫伏表中的信

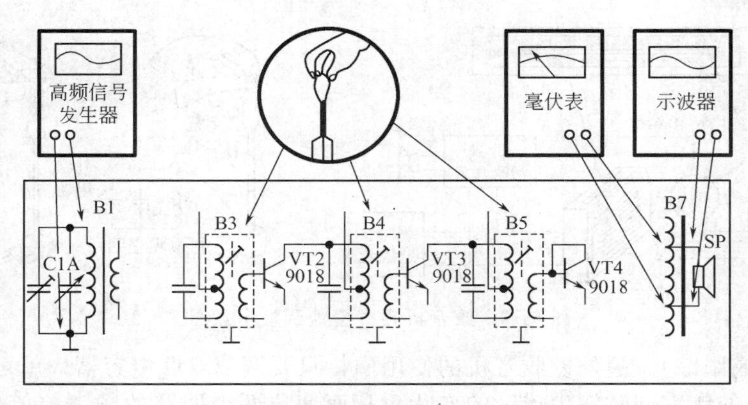

图 6-12　中频频率调整与设备连接示意图

号指示最大。

g. 然后再分别调节中频变压器 B4、B3，同样需使扬声器中发出的声音最大，晶体管毫伏表中的信号指示最大。

h. 中频频率调试完毕。

若中频变压器谐振频率偏离较大，在 465kHz 的调幅信号输入后，扬声器里仍没有低频输出时可采取如下方法。

- 左右调节信号发生器的频率，使扬声器出现低频输出。
- 找出谐振点后，再把函数信号发生器/计数器的频率逐步地向 465kHz 位置靠近。
- 同时调整中频变压器的磁芯，直到其频率调准在 465kHz 位置上。这样调整后，还要减小输入信号，再细调一遍。

对于中频变压器已调乱的中频频率的调整方法如下。

- 将 465kHz 的调幅信号由第二中放管的基极输入，调节中频变压器 B5，使扬声器中发出的声音最大，晶体管毫伏表中的信号指示最大。
- 将 465kHz 的调幅信号由第一中放管的基极输入，调节中频变压器 B4，使声音和信号指示都最大。
- 将 465kHz 的调幅信号由变频管的基极输入，调节中频变压器 B3，同样使声音和信号指示都最大。

（2）频率覆盖调整

① 频率覆盖范围是否达到要求是决定 HX108-2 型调幅收音机选择性的关键。

② 收音部分中波段频率范围一般规定在 525～1605kHz，调整时一般把中波频率调整在 515～1640kHz 范围并保持一定的余量。具体步骤如下。

a. 把函数信号发生器/计数器输出的调幅信号接入具有开缝屏蔽管的环形天线。

b. 天线与被测收音机部分天线磁棒距离为 0.6m。仪器与收音机连接如图 6-13 所示。

c. 通电，把双联电容器全部旋入时，指针应指在刻度盘的起始点。

d. 然后将 F40 型数字合成函数信号发生器/计数器调到 515kHz。

e. 用无感起子调整振荡线圈 B2 的磁芯，使晶体管毫伏表的读数达到最大。

f. 将函数信号发生器/计数器调到 1640kHz，把双联电容器全部旋出。

g. 用无感起子调整并联在振荡线圈 B2 上的补偿电容，使晶体管毫伏表的读数达到最大。如果收音部分高频频率高于 1640kHz，可增大补偿电容容量；反之则降低。

h. 用上述方法由低端到高端反复调整几次，直到频率调准为止。

（3）收音机统调

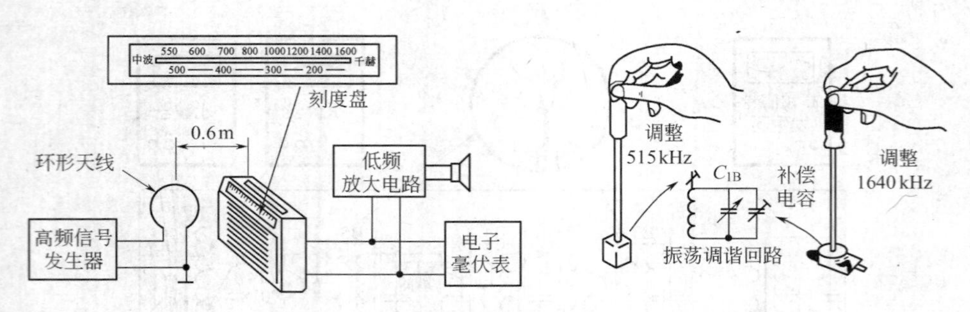

图 6-13　收音机频率覆盖调整示意图

1）同步（或跟踪）　超外差收音机的使用中，只要调节双联电容器，就可以使振荡与天线调谐两个回路的频率同时发生连续的变化，从而使这两个回路的频率差值保持在 465kHz 上，这就是所谓的同步（或跟踪）。

2）三点统调或三点同步　实际中要使整个波段内每一点都达到同步是不易的，为了使整个波段内都能取得基本同步，在设计振荡回路和天线调谐回路时，要求它在中间频率（中波 1kHz）处达到同步，并且在低频端（中波 600Hz）通过调节天线线圈在磁棒上的位置，在高频端通过调整天线调谐回路的微调补偿电容的容量，使低端和高端也达到同步，这样一来，其他各点的频率也就差不多了，所以在外差式收音机的整个波段范围内有三点是跟踪的，故称三点同步（或三点统调）。具体步骤如下。

① 调节函数信号发生器/计数器的频率，使环形天线送出 600kHz 的高频信号。

② 将收音部分的双联调到使指针指在 600kHz 的位置上。

③ 改变磁棒上输入线圈的位置，使晶体管毫伏表读数最大。

④ 再将函数信号发生器/计数器频率调到 1500kHz。

⑤ 将双联调到使指针指在 1500kHz 的位置上。

⑥ 调节天线回路中的补偿电容，使晶体管毫伏表读数最大。

⑦ 如此反复多次，直到两个统调点 600kHz、1500kHz 调准为止。

⑧ 统调方法示意图如图 6-14 所示。

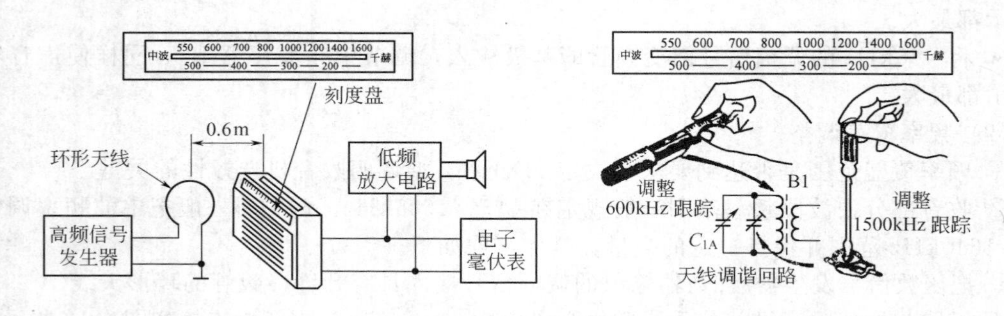

图 6-14　统调方法示意图

4. 电路故障原因

即使在组装前对元器件进行过认真地筛选与检测，也难保在组装过程中不会出现故障。为此，电子产品的检修也就成调试的一部分。为了提高检修速度，加快调试步伐，特将组装过程中常出现的问题列举如下。

① 焊接工艺不善，焊点有虚焊存在。

② 有极性的元器件在插装时弄错了方向。

③ 由于空气潮湿，导致元器件受潮、发霉，或绝缘降低甚至损坏。

④ 元器件筛选检查不严格或由于使用不当、超负荷而失效。

⑤ 开关或接插件接触不良。

⑥ 可调元件的调整端接触不良，造成开路或噪声增加。

⑦ 连接导线接错、漏焊或由于机械损伤、化学腐蚀而断路。

⑧ 元器件引脚相碰，焊接连接导线时剥皮过多或因热后缩，与其他元器件或机壳相碰。

⑨ 因为某些原因造成产品原先调谐好的电路严重失调。

任务实施

实施要求

任务目标与要求

- 小组成员分工协作，利用超外差调幅收音机的安装与调试相关知识，依据实训工作卡分析制定工作计划，并通过小组自评或互评检查工作计划；
- 准备万用表、HX108-2 型调幅收音机套件及焊接工具等配套器材 1 套/组；
- 通过资料阅读和电路原理图分析该调幅收音机电路的工作原理，确定装配注意事项；
- 能熟练地使用焊接工具完成电路的装配。

注意事项

在任务实施过程中严格遵守相关实验实训制度和规范的要求，注意职场健康与安全需求，做好废料的处理，并保持工作场所的整洁。

实施要点

准备工作

- 每小组接受工作任务，领取相关实验实训工具和仪器，做好实施准备工作；
- 组长带领组内成员阅读实训工作卡，查阅相关手册或指导书，合理分工，制定任务计划，并检查计划有效性。

实施步骤

- 依照实训工作卡的引导，观察认识并清点各元器件，同时相互描述所用套件里元器件的检测，并填写实训工作卡；
- 依照实训工作卡的引导，写出调幅收音机各部分电路的工作原理及性能分析；
- 依照实训工作卡的引导，写出组装 HX108-2 型调幅收音机时各元器件的安装次序及焊接注意事项；
- 依照实训工作卡的引导，记录调幅收音机电路各点的测量数据，对出现的故障进行分析。
- 依照实训工作卡的引导，写出组装调幅收音机的体会。

评估总结

- 回答指导教师提问并接受指导教师相关考核；
- 完成工作任务，对本次任务完成过程及效果进行自我评价和小组互评，完成实训工作卡填写；
- 清洁工作场所，清点归还相关工具设备，完成本次任务。

实训工作卡

1. 清点该电路套件的元器件，读出色环电阻的阻值，电容的标称容量，辨别电解电容、二极管及扬声器的正、负极，识别三极管的各电极；检测所有元器件的参数及质量并将结果填入表中。

标号	名称	规格	检测结果
R_1	色环电阻	100kΩ	标称值：
			实测值：
R_2		2kΩ	标称值：
			实测值：
R_3		100Ω	标称值：
			实测值：
R_4		20kΩ	标称值：
			实测值：
R_5		150Ω	标称值：
			实测值：
R_6		62kΩ	标称值：
			实测值：
R_7		51Ω	标称值：
			实测值：
R_8		1kΩ	标称值：
			实测值：
R_9		680Ω	标称值：
			实测值：
R_{10}		1kΩ	标称值：
			实测值：
R_{11}		51kΩ	标称值：
			实测值：
R_{12}		220Ω	标称值：
			实测值：
C_5、C_{11}	电解电容器	4.7μF/16V(2个)	正负极性：
			质量：
C_{14}、C_{15}		100μF/16V(2个)	正负极性：
			质量：
VD1、VD2、VD3、VD4	二极管	1N4148(4个)	正负极性：
			正向电阻：
			反向电阻：
			各电极的判别：
			质量：

续表

标号	名称	规格	检测结果
C_2、C_3、C_6、C_7、C_8、C_9、C_{10}、C_{12}、C_{13}	瓷片电容	223(9个)	标称容量的识读：
			质量：
C_4		103(1个)	标称容量的识读：
			质量：
RP1	电位器	5kΩ	质量：
C_1	双联 CBM223P		质量：
B3	中周	黄	质量：
B4		白	质量：
B5		黑	质量：
B6	输入变压器	蓝、绿	质量：
B7	输出变压器	黄、红	质量：
SP	扬声器	8Ω/0.5W	正负极性：　质量：
VT1～VT4	三极管	9018(4个)	检测各三极管的电极：
VT5		9014(1个)	
VT6、VT7		9013(2个)	判断各三极管质量好坏
B2	振荡线圈	红	质量：
	天线线圈		质量：
B1	磁棒	5×13×55	质量：

2. 清点收音机套件的结构件并与下列结构件清单对比，观察并检查其质量好坏。

序号	名称规格	数量	质量
1	前框	1	
2	后盖	1	
3	周率板	1	
4	调谐盘	1	
5	电位盘	1	
6	磁棒支架	1	
7	印制板	1	
8	正极片	2	
9	负极簧	2	
10	拎带	1	
11	调谐罗盘钉沉头 M2.5×4	1	
12	双联螺钉 M2.5×5	2	
13	机芯自攻螺钉 M2.5×5	1	
14	电位器螺钉 M1.7×4	1	
15	正极导线(9cm)	1	
16	负极导线(10cm)	1	
17	扬声器导线	2	

3. 按照收音机电路原理图，对照收音机的印制电路板，找出相应元器件所在位置。

4. 按照工艺要求对元器件的引脚进行加工成形；按布局图在电路板上依次进行元器件的排列、插装。

5. 按焊接工艺要求及元器件安装步骤对元器件进行焊接，直到所有元器件连接并焊完为止。

6. 进行调试，对出现的故障进行分析，记录电路各点的测量数据。

7. 写出制作调幅收音机的体会。

任务二　摩托车防盗报警器的安装与调试

能力标准

学完这一单元，你应获得以下能力：

- 掌握用晶闸管制作报警器的一般方法，充分理解晶闸管的特点。
- 了解摩托车电气部分的一般工作原理。

任务描述

请以以下任务为指导，完成对相关理论知识学习和实施练习：

- 以摩托车防盗报警器为例认识晶闸管报警器电路；
- 熟悉摩托车防盗报警器的安装与调试，掌握其装配技能。

相关知识

摩托车防盗报警器

教学导入

随着人民生活水平的不断提高，摩托车已成为众多家庭重要的交通工具。由于摩托车被盗事件时有发生，所以给摩托车安装防盗报警器具有非常现实的必要性。

理论知识

一、摩托车防盗报警器的特点

摩托车防盗报警器的体积（不包括扬声器）只有香烟盒的一半，可隐装在摩托车体内任意位置。它的最大特点是无论盗贼用什么办法打开车头锁，便会立即报警，同时还能切断发动机的点火电源，使车辆无法启动。若盗贼重新将车头锁锁上，也无济于事。如果盗贼企图将锁死的摩托车放在其他车辆上盗走，只要车辆一搬动便同样报警不止。

二、摩托车防盗报警器的工作原理

摩托车防盗报警器的电路如图 6-15 所示。SA 是与点火锁开关联动的锁控开关，SB 是随车头锁开启的锁控开关，SQ 是水银位置传感控制开关。继电器 K 与单向晶闸管 VS_1 等组成自锁开关电路，控制报警电路电源；555 时基集成电路 A 与 R_2、R_3、C 等组成无稳态自激多谐振荡电路，通过 VS_2 控制摩托车电扬声器 HA 发出断续的报警声。

当电路处于等待报警状态时，因只有电源开关 SA 接通，而 SB（车头锁锁死时相当于断开）、SQ 均处于断开状态，此时 VS_1 无工作电压，K 不吸动，整个报警电路无电不工作。

当车头锁被打开时，SB 随之自动接通，VS_1 通过 R_1，从电源 G 的正极获得触发信号，VS_1 导通，K 通电吸合，其常开触点 KH 接通报警电路，使电扬声器 HA 发出断续报警声。转换触点 KZ 的常开触点闭合，相当于将 SB 自锁，此时即使将 SB 断开（即锁上车头锁），电源仍处于接通状态，只有断开 SA，警报声方能被解除；在 KZ 动作时，其常闭触点还同时切断了发动机点火电路，使摩托车无法启动。如果窃贼未打开车头锁，而搬动摩托车，随着 SQ 的瞬间导通，报警电路同样会按上面方式工作。

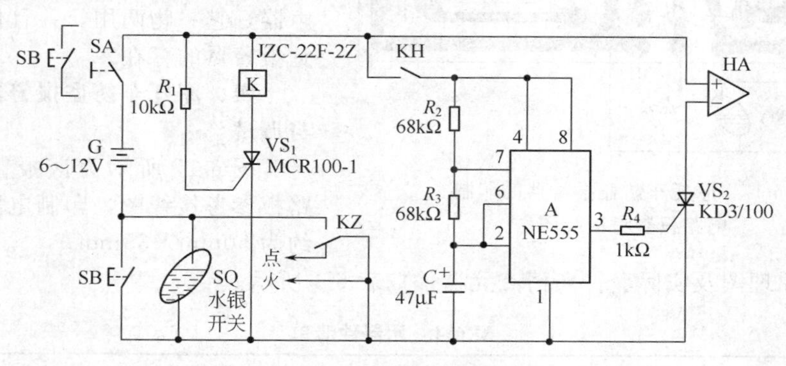

图 6-15　摩托车防盗报警器的电路

在这个摩托车防盗报警器的电路中，单向晶闸管 VS_2 的关断，是借助摩托车电扬声器 HA 的自身结构完成的，因电扬声器发声是通过振动膜实现的，振动膜上连着使扬声器断续通电的自动触点开关。而 VS_2 的控制极触发电压，则是由 A 和 R_2、R_3、C 组成的典型无稳态自激振荡电路来提供的。其工作过程为当电路刚接通电源时，由于 C 来不及充电，故 A 的低电位触发端第 2 脚处于低电平，导致输出端第 3 脚为高电平。此时 VS_2 控制端经限流电阻器 R_4 从 A 的第 3 脚获得触发信号，VS_2 导通，HA 通电工作。当电源经 R_2 和 R_3 向 C 充电达到电源电压的 2/3 以上时，与 C 正极相连的高电位触发端第 6 脚获得触发信号，A 复位，其输出端变为低电平，VS_2 阻断，HA 停止发声。此时，A 内部放电管导通，C 经 R_3 和放电管（第 7 脚）放电，当 C 两端电压降到电源电压的 1/3 时，A 的第 2 脚获得低电平触发信号，第 3 脚又变为高电平，A 内部放电管又截止，C 再次经 R_2 和 R_3 充电，过程周而复始，形成振荡，并通过 VS_2 控制 HA 发出有别于平常连续笛音的断续警报声。

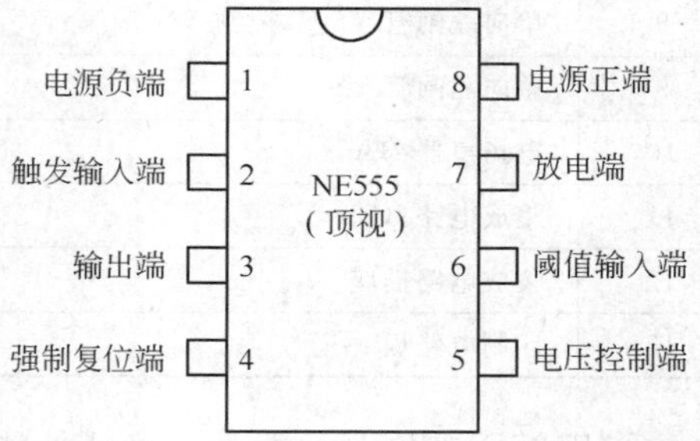

电源负端 1　　8 电源正端
触发输入端 2　　7 放电端
NE555
（顶视）
输出端 3　　6 阈值输入端
强制复位端 4　　5 电压控制端

图 6-16　555 引脚功能

三、摩托车防盗报警器电路的元器件选择

A 选用 NE555 或 μA555、LM555、5G1555 等型 555 时基集成电路，它是一种模拟、数字混合集成电路，其引脚功能如图 6-16 所示。555 时基集成电路具有定时精确、驱动能力强、电源电压范围宽、外围电路简单及用途广泛等特点。

VS_1 用 MCR100-1 或 BT169、2N6565 型单向晶闸管，VS_2 用 KD3/100 或 CSM3B 型单向晶闸管，其他额定通态电流 $I_T \geqslant 3A$，断态重复峰值电压 $U_{DRM} \geqslant 100V$ 的单向晶闸管也可直接代用。

R_1～R_4 均用 RTX-1/8W 型碳膜电阻器。C 用 CD11-16V 型电解电容器。SQ 用 KG-101 型玻璃水银导电开关。锁控开关 SA、SB 应根据摩托车情况自行加工制作。

K 选用适合在印制电路板上直接焊接的 JZC-22F/2Z 型超小型中功率电磁继电器，它的

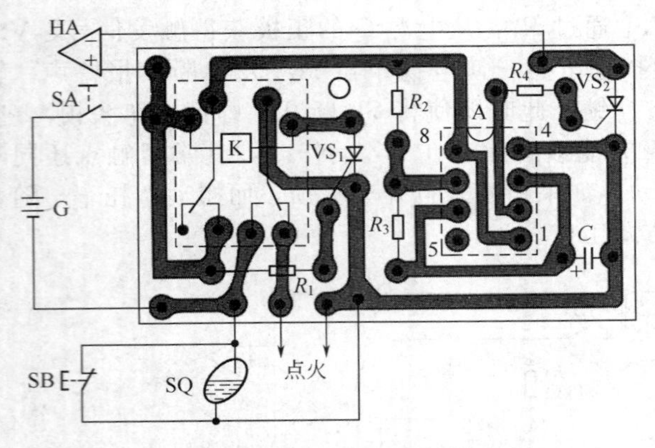

图 6-17 摩托车防盗报警器的印制电路板参考接线图

体积仅为 22.5mm × 16.5mm × 16.5mm，非常适合在这里使用。继电器的工作电压应与电源电压（即摩托车蓄电池电压）保持一致。

电源 G 借助于摩托车上的蓄电池，不再另外配置。HA 为摩托车原有电扬声器，它一物两用，并且使盗贼不易察觉报警器的存在。

四、摩托车防盗报警器电路的制作与调试

图 6-17 所示为该报警器的印制电路板参考接线图，印制电路板实际尺寸约为 50mm×35mm。

① 对照原理图及实际套件，清点元器件如表 6-4 所示。

表 6-4 元器件清单

序号	名 称	型号与规格	数量
1	R_1	10kΩ(RTX-1/8W)	1
2	R_2、R_3	68kΩ(RTX-1/8W)	2
3	R_4	1kΩ(RTX-1/8W)	1
4	电解电容 C	47μF/16V	4
5	玻璃水银导电开关 SQ	KG-101	1
6	锁控开关 SA、SB	根据摩托车自行加工制作	2
7	小型中功率电磁继电器 K	JZC-22F/2Z	1
8	单向晶闸管 VS_1	MCR100-1	1
9	单向晶闸管 VS_2	KD3/100	1
10	电扬声器 HA		1
11	集成电路 IC	555	1
12	集成电路插座	8 脚	
13	印制电路板		1

② 用万用表检测元器件，确认性能完好后，清除元器件的氧化层，并搪锡。

③ 插装元器件，经检查无误后，用导线根据电路的电气连接关系进行布线。

④ 将所有元件安装好后，做好电源引线的连接和电路板交流输入端的连接。

① 晶闸管和电解电容应正向连接，否则可能会烧毁二极管和电容器；

② 不可出现虚假焊接及漏焊现象，一经发现应及时纠正。

在电路板上焊好元器件后，检查无误，就可进行组装了。为了增加本报警器的防破坏能力，整个装置需隐装在车体内，所有连线均为隐蔽线。SA 选用合适的小型微动开关，把它装在点火锁开关盘内，要求与点火开关联动，即点火钥匙拔出时，SA 处于“通”位置；当点火钥匙插入锁内并转到点火位置时，SA 处于“断”位置。SB 选用微型自动复位式开关，装在车头锁的锁孔（管）内。当车头锁锁上时，其锁鞘将 SB 置于“断”位置；车头锁打开(即锁鞘拉出）时，SB 自动复位于“通”位置。玻璃水银式开关 SQ 装在车体内任意位置，要求车辆停放时内部接点处于“断”状态；一旦车辆被人搬动，即处于“通”位置（只要瞬间“通”一下，电路便被触发自锁）。

为防止警报声响起后盗贼切断摩托车扬声器的引线，可选一定长度的钢管，将其一头加工成扁口状，套住扬声器引线及两接线柱。

只要元器件良好，装配无误，接通电源并人为合上 SA、SB（或 SQ），报警电路即会正常工作。报警声响的长短与间歇时间通过改变 R_2 和 R_3、C 的数值来完成。按图 6-15 参数选择元器件，电扬声器 HA 每响 4.4s，就会间歇 2.2s，声音既响亮、又明显区别于一般电扬声器声。

本装置的使用方法很简单，只是开车锁有所要求。通常摩托车车头锁与点火锁是共用一把钥匙，先打开车头锁再去点火，点火钥匙放在点火锁内。使用本报警器后，需要两把相同的钥匙，即先将钥匙插入点火锁内并转到点火位置，然后再用另一把钥匙打开车头锁，即可开车了。锁车时，应先锁上车头锁，然后再把点火钥匙转到关位置拔出。这个操作顺序必须遵守，否则会发生误报警。电路一旦报警，只有接通摩托车点火锁开关（即断开 SA），方能解除警报声。

任务实施

实施要求

任务目标与要求

- 小组成员分工协作，利用摩托车防盗报警器相关知识，依据实训工作卡分析制定工作计划，并通过小组自评或互评检查工作计划；
- 准备万用表、报警器套件及焊接工具等配套器材 1 套/组；
- 通过资料阅读和电路原理图分析该防盗报警器电路的工作原理，确定装配注意事项；
- 能熟练地使用焊接工具完成电路的装配。

注意事项

在任务实施过程中严格遵守相关实验实训制度和规范的要求，注意职场健康与安全需求，做好废料的处理，并保持工作场所的整洁。

实施要点

准备工作

- 每小组接受工作任务，领取相关实验实训工具和仪器，做好实施准备工作；
- 组长带领组内成员阅读实训工作卡，查阅相关手册或指导书，合理分工，制定任务计划，并检查计划有效性。

实施步骤

- 依照实训工作卡的引导，观察认识并清点各元器件，同时相互描述所用套件里元器件的检测，并填写实训工作卡；
- 依照实训工作卡的引导，写出摩托车防盗报警器各部分电路的工作原理及性能分析；

- 依照实训工作卡的引导，画出摩托车防盗报警器的电路原理详图、整机布局图、整机电路配线接线图；
- 依照实训工作卡的引导，记录摩托车防盗报警器电路各点的测量数据，对出现的故障进行分析。
- 依照实训工作卡的引导，写出制作摩托车防盗报警器的体会。

评估总结

- 回答指导教师提问并接受指导教师相关考核；
- 完成工作任务，对本次任务完成过程及效果进行自我评价和小组互评，完成实训工作卡填写；
- 清洁工作场所，清点归还相关工具设备，完成本次任务。

实训工作卡

1. 清点该电路套件的元器件，读出色环电阻的阻值，电容的标称容量，辨别电解电容、二极管及扬声器的正、负极，识别集成块的引脚；检测所有元器件的参数及质量并将结果填入表中。

<table>
<tr><th>标号</th><th>名称</th><th>规格</th><th>检测结果</th></tr>
<tr><td rowspan="2">R_1</td><td rowspan="6">RTX-1/8W</td><td rowspan="2">10kΩ</td><td>标称值：</td></tr>
<tr><td>实测值：</td></tr>
<tr><td rowspan="2">R_2、R_3</td><td rowspan="2">68kΩ</td><td>标称值：</td></tr>
<tr><td>实测值：</td></tr>
<tr><td rowspan="2">R_4</td><td rowspan="2">1kΩ</td><td>标称值：</td></tr>
<tr><td>实测值：</td></tr>
<tr><td rowspan="2">C</td><td rowspan="2">电解电容器</td><td rowspan="2">47μF/16V</td><td>正负极性：</td></tr>
<tr><td>质量：</td></tr>
<tr><td rowspan="2">VS_1</td><td rowspan="4">单向晶闸管</td><td rowspan="2">MCR100-1</td><td>各电极的判别：</td></tr>
<tr><td>质量：</td></tr>
<tr><td rowspan="2">VS_2</td><td rowspan="2">KD3/100</td><td>各电极的判别：</td></tr>
<tr><td>质量：</td></tr>
<tr><td rowspan="4">SQ</td><td rowspan="4">玻璃水银导电开关</td><td rowspan="4">KG-101</td><td>正负极性：</td></tr>
<tr><td>正向电阻：</td></tr>
<tr><td>反向电阻：</td></tr>
<tr><td>质量：</td></tr>
<tr><td>SA、SB</td><td>锁控开关</td><td>根据摩托车自行加工制作</td><td>质量：</td></tr>
<tr><td>K</td><td>小型中功率电磁继电器</td><td>JZC-22F/2Z</td><td>质量：</td></tr>
<tr><td rowspan="2">HA</td><td rowspan="2">电扬声器</td><td rowspan="2"></td><td>正负极性：</td></tr>
<tr><td>质量：</td></tr>
</table>

续表

标号	名称	规格	检测结果
IC	集成电路	NE555	引脚排序
			引脚识别
	集成电路插座	8脚	

2. 按照摩托车电路原理图，对照该电路的印制电路板，找出相应元器件所在位置。

3. 按照工艺要求对元器件的引脚进行加工成形；按布局图在电路板上依次进行元器件的排列、插装。

4. 按焊接工艺要求对元器件进行焊接，直到所有元器件连接并焊完为止；焊接电源输入线或输入端子。

5. 对出现的故障进行分析，记录摩托车防盗报警器电路各点的测量数据。

6. 写出制作摩托车防盗报警器的体会。

任务三　集成直流稳压电源的安装与调试

能力标准

学完这一单元，你应获得以下能力：

- 掌握直流稳压电源电路的工作原理；
- 巩固元器件检测与电路安装和焊接技术；
- 熟练使用万用表对电源电路进行检测；
- 熟练使用示波器测量电源电路电压波形。

任务描述

请以以下任务为指导，完成对相关理论知识学习和实施练习：

- 以集成直流稳压电源为例认识直流稳压电源电路；
- 熟悉集成直流稳压电源的安装与调试，掌握其装配技能。

相关知识

直流稳压电源

教学导入

在各种电子设备中，电源是必不可少的组成设备，它是电子设备唯一的能量来源。直流稳压电源的主要任务是将交流电网电压转换成稳定的直流电压和电流，以满足负载的需要。直流稳压电源一般由整流电路、滤波电路、稳压电路组成。

理论知识

一、直流稳压电源的组成及各部分作用

直流稳压电源的主要组成部分有电源变压器、整流器、滤波器和稳压器等，其组成框图如图 6-18 所示。

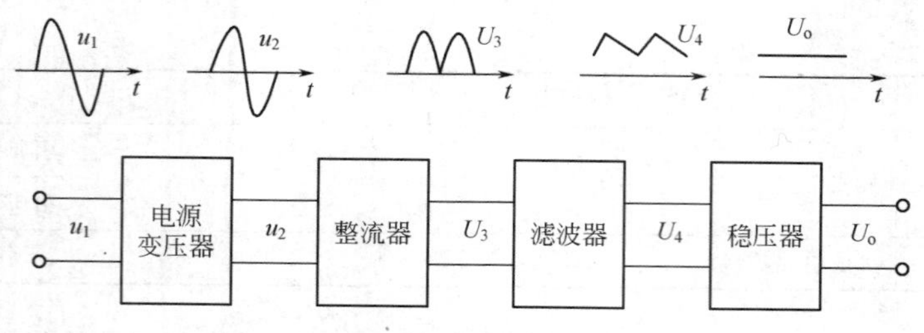

图 6-18　直流稳压电源组成框图

电源供给的交流电压 u_1（220V，50Hz）经电源变压器降压后，得到符合电路需要的交流电压 u_2，然后由整流器（整流电路）变换成方向不变，大小随时间变化的脉动电压 U_3，再由滤波器滤去其交流分量，就可得到比较平直的直流电压 U_4。但这样的直流输出电压，还会随交流电网电压的波动或负载的变动而变化。在对直流供电要求较高的场合，还需要使用稳压器，以保证输出更加稳定的直流电压。

1. 电源变压器

由于大多数电子设备所需的直流电压一般为几伏至几十伏，而交流电网提供的是有效值为 220V 的电压，因此，电源变压器的作用就是对电网电压进行降压，另外，变压器还起到将直流电源与电网隔离的作用。

2. 整流器

整流器的主要作用是将降压后的交流电压转换成单向的脉动电压。不过这种脉动电压中存在着很大的脉动成分（称为纹波），因此，一般不能直接用来给负载供电，需要进一步处理。

3. 滤波器

滤波器用以减小整流后直流电中的脉动成分。一方面尽量降低输出电压中的脉动成分，另一方面尽量保存输出电压中的直流成分，使输出电压接近于较理想的直流电源的输出电压。

4. 稳压器

经过整流滤波后的电压接近于直流电压，但是其电压值的稳定性很差，它受温度、负载、电网电压波动等因素的影响很大，因此稳压电路的作用就是对输出电压进行稳压，从而保证输出直流电压的基本稳定。

整流滤波电路一般采用单相桥式整流、电容滤波电路；稳压电路采用串联型稳压电路或三端集成稳压器。一般来讲，串联型稳压电路通常由启动电路、基准电路、误差放大器、调整管、取样电阻及保护电路等组成，用在实际中又显得比较复杂，为此，选用与分立元件的串联调整稳压器电路工作原理完全相同的三端集成稳压器来制作直流稳压电源。三端集成稳压器与分立元件组成的稳压器相比，具有体积小、性能高、工作可靠及使用方便等优点，同时，焊装电路简单，使用的元件少，非常适合学生初次组装用。

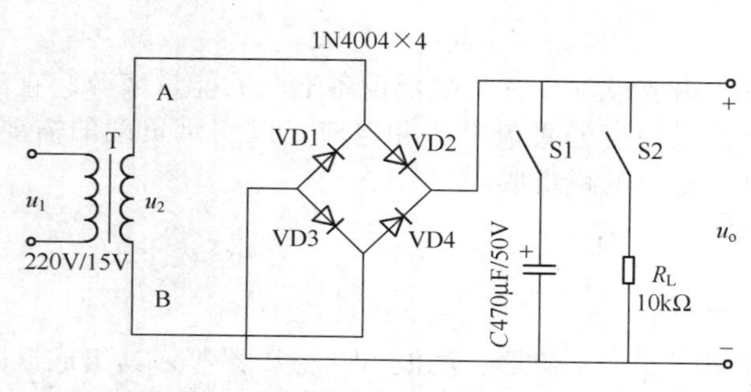

图 6-19　单向桥式整流滤波电路原理图

二、单向桥式整流滤波电路的安装与调试

单向桥式整流滤波电路原理图如图 6-19 所示。

1. 电路原理分析

① 当开关 S1 断开、S2 合上时，电路为单相桥式整流电路。

当变压器次级交流电压 u_2 为正半周时，二次绕组的上部为正极，下部为负极，VD2 管、VD3 管导通，VD1 管、VD4 管截止，电流的流通路径为：从 A 点出发，经过 VD2 管和负载 R_L，再经过 VD3 管回到 B 点。若忽略二极管的正向压降，可以认为 R_L 上的电压 u_o 与 u_2 几乎相等，即 $u_o=u_2$；当 u_2 为负半周时，下部为正极，上部为负极，VD1 管、VD4 管导通，VD2 管、VD3 管截止，电流的流通路径为：从 B 点出发，经过 VD4 管和负载 R_L，再经过 VD1 管回到 A 点。若忽略二极管的正向压降，可以认为 $u_o=-u_2$。由此可见，在 u_2 的正负半周，都有同一方向的电流通过 R_L，四只二极管中两只为一组，两组轮流导通，在负载上即可得到全波脉动的直流电压和电流，所以这种整流电路属于全波整流类型。单相桥式整流电路的电压输出波形如图 6-20 所示。

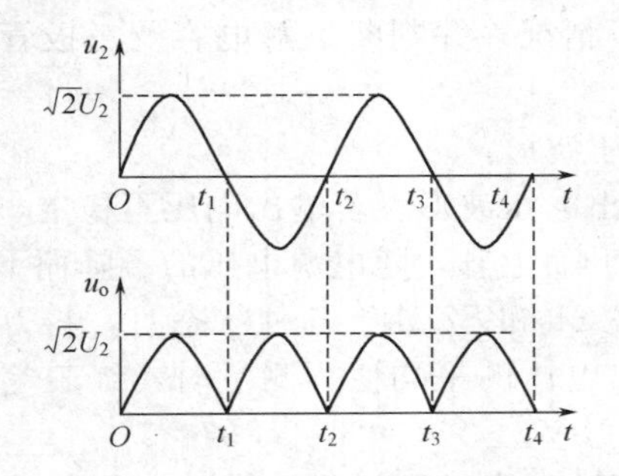

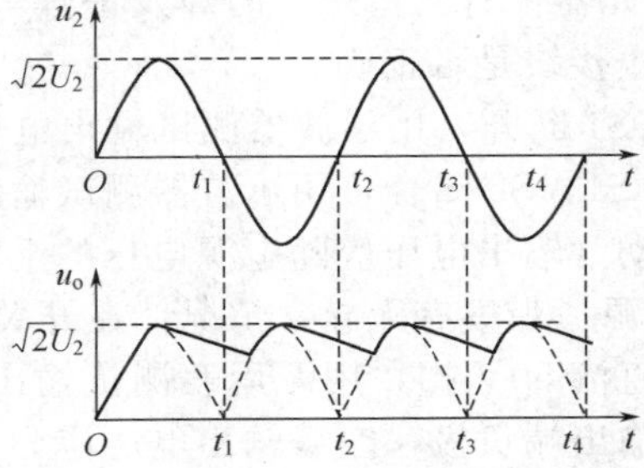

图 6-20　单相桥式整流电路的电压输出波形

单相桥式整流电路在负载 R_L 上得到的波形是全波脉动直流电，其中负载 R_L 上的全波脉动直流电压平均值 $u_o=0.9U_2$，式中，U_2 为变压器次级电压有效值。

② 当开关 S1 和 S2 都合上，接电容 C 时，电路为单相桥式整流电容滤波电路。

交流电压经过整流二极管 VD1～VD4 整流后，再利用电容 C 进行滤波，其输出电压波形如图 6-20 所示。

单相桥式整流电路经过电容滤波后，有关电压和电流的估算可以参考表 6-5。

表 6-5　单相桥式整流电容滤波电路电压和电流的估算

整流电路形式	输入交流电压（有效值）	整流电路输出电压		整流器件上电压和电流	
		负载开路时的电压	带负载时的电压（估计值）	最大反向电压 U_{RM}	电流 I_F
桥式整流	U_2	$\sqrt{2}U_2$	$1.2U_2$	$\sqrt{2}U_2$	$\frac{1}{2}I_L$

2. 电路的安装

① 对照原理图及实际套件，清点元器件如表 6-6 所示。

表 6-6　元器件清单

序号	名　　称	型号与规格	数量
1	电源变压器	220V/15V	1
2	整流二极管 VD1、VD2、VD3、VD4	1N4004	4
3	电解电容 C	470μF/50V	1
4	电阻 R_L	10kΩ/0.25W	1
5	开关 S1、S2	单刀单掷	2
6	万能板	5mm×50mm×50mm	1

② 用万用表检测元器件，确认性能完好后，清除元器件的氧化层，并搪锡。

③ 插装元器件，经检查无误后，用导线根据电路的电气连接关系进行布线。

④ 将所有元件安装好后，做好电源引线的连接和电路板交流输入端的连接。

① 二极管和电解电容应正向连接，否则可能会烧毁二极管和电容器；

② 不可出现虚假焊接及漏焊现象，一经发现应及时纠正。

3. 电路的调试

① 检查各元器件有无错焊、漏焊及虚焊等情况，并判断电解电容及二极管的极性正确与否，同时检查接线是否正确。

② 将开关 S1 断开，用示波器测试输出电压波形。

③ 将开关 S1、S2 闭合，用示波器测试输出电压波形。若输出电压不稳定，则应检查电源电压是否波动（输出电压应随电源电压的上升而上升，随电源电压的下降而下降）。

④ 接通电源，观察有无异常情况，在开关 S1 和 S2 处于各种状态时，将万用表的量程转换开关置于直流 50V 挡，用万用表测量输出电压的平均值。测量时，红表笔接输出端正极，黑表笔接输出端负极，空载输出电压应为 18V。

⑤ 开关 S1、S2 闭合，若输出电压为 13.5V 左右，则说明滤波电容脱焊或已损坏；若输出电压为 6.7V 左右，则说明除滤波电容脱焊或已损坏外，整流桥某个臂脱焊或有一只二极管断路；若输出电压为 0V，变压器又无异常发热现象，则是电源变压器一次侧或二次侧绕组已断开或未接妥，或是熔断丝已熔断，也可能是电源与整流桥未接妥；若接通电源后，熔丝立即熔断，则是电源变压器一次侧或二次侧绕组已短路，或是整流桥中一只二极管反接，或是滤波电容短路。此时应立即切断电源，查明原因。

三、集成稳压器

集成稳压器又叫集成稳压电路，是指输入电压或负荷发生变化时，能使输出电压保持不变的集成电路。它是将稳压电路的主要元件甚至全部元件制作在一块硅基片上的集成电路。集成稳压器的种类很多，常用的有三端固定式集成稳压器、三端可调式集成稳压器、多端可调式集成稳压器等。从外形上看，集成串联型稳压器有 3 个引脚，分别为输入端、输出端和公共端，因此又称为三端稳压器。

1. 三端稳压器的类别与封装

三端稳压器由启动电路、基准电路、误差放大器、调整管、取样电阻及保护电路等组成。它与分立元件的串联调整稳压电路工作原理完全相同。

三端稳压器有三端固定式集成稳压器和三端可调式集成稳压器。三端固定式集成稳压器常见的有 CW78（LM78）系列（正电源）和 CW79（LM79）系列（负电源），输出电压由具体型号中的后面两个数字表示，有 5V、6V、8V、9V、12V、15V、18V、24V 等挡次。输出电流以 78 或 79 后面加字母来区分：L 表示 0.1A，M 表示 0.5A，无字母表示 1.5A，如 78L05 表示 5V，0.1A。

三端可调式集成稳压器是指输出电压可以连续调节的稳压器。有输出正电压的 CW137（LM137）、CW337（LM337）；输出负电压的 CW117（LM117）、CW317（LM317）。LM117、LM317 的输出电压范围为 1.2～37V，负载电流最大为 1.5A。LM117、LM317 仅需两个外接电阻来设置输出电压。此外，它的线性调整率和负载调整率也比标准的固定稳压器要好。

三端稳压器的封装有 TO-220 塑料封装、TO-3 铝壳封装、TO-202 塑料封装、TO-39 金属封装。三端固定式集成稳压器外形及管脚排列如图 6-21 所示。

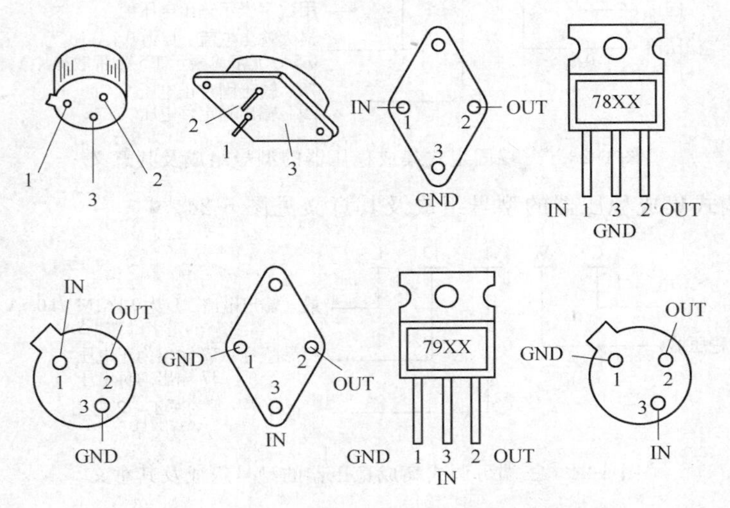

图 6-21　三端固定式集成稳压器外形及管脚排列

图中的引脚号是按照引脚电位从高到低的顺序标注的，这样便于记忆。1 脚为最高电位，3 脚为最低电位，2 脚居中。从图中可以看出，不论正电压还是负电压，2 脚均为输出端。对于 78 正电压系列，输入是最高电位，自然是 1 脚，地端为最低电位，即 3 脚；对于 79 负电压系列，输入为最低电位，自然是 3 脚，地端为最高电位，即 1 脚。

注意

散热片总是和电位最低的 3 脚相连，这样在 78 系列中，散热片和地相连接；而在 79 系列中，散热片却和输入端相连。

三端可调式集成稳压器外形及管脚排列如图 6-22 所示。

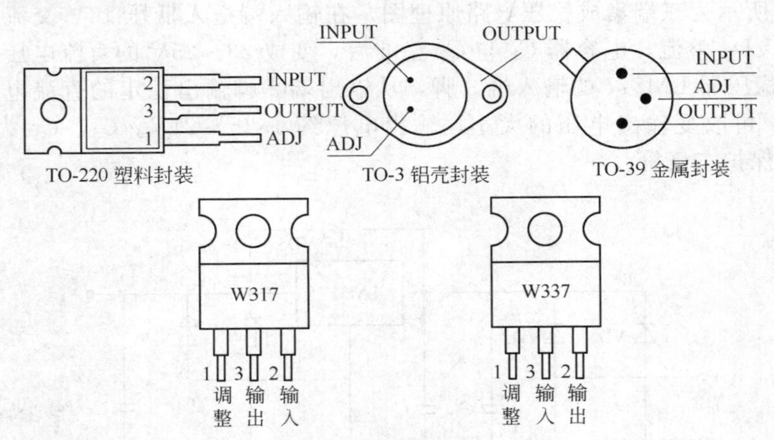

图 6-22　三端可调式集成稳压器外形及管脚排列

2. 三端稳压器的型号命名

① 三端固定式集成稳压器的型号组成及其意义见图 6-23。

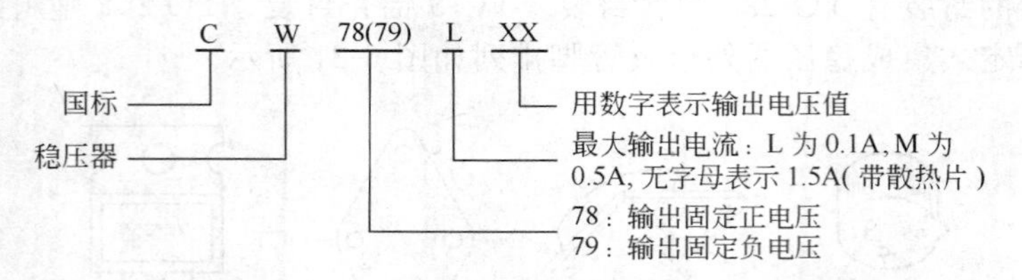

图 6-23　三端固定式集成稳压器的型号组成及其意义

② 三端可调式集成稳压器的型号组成及其意义见图 6-24。

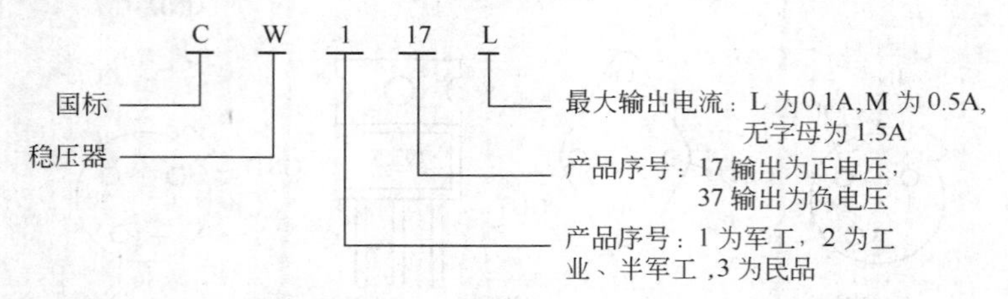

图 6-24　三端可调式集成稳压器的型号组成及其意义

3. 三端稳压器的典型电路

电路组成如图 6-25 所示。在图中，C_1 为滤波电容，C_2 用以旁路高频干扰信号，C_3 的作用是改善负载瞬态响应。

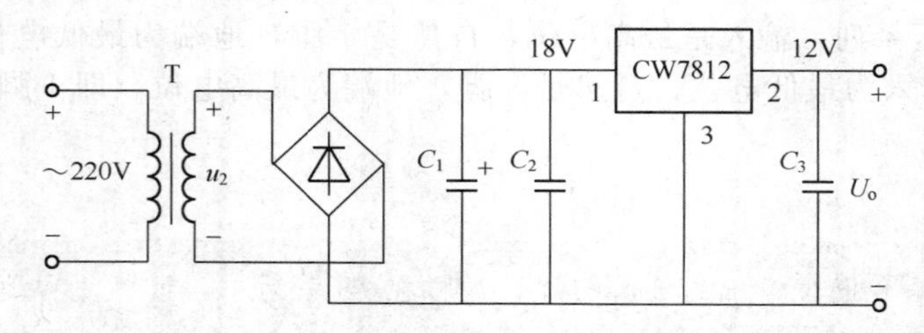

图 6-25　三端稳压器的典型电路组成

四、集成稳压电源电路的安装与调试

如图 6-26 所示为三端集成稳压电路原理图。在输入端送入低压 16V 交流电，经过整流二极管 VD1～VD4 整流，电容器 C_1 与 C_2 滤波后，变成 23～25V 的直流电压。此直流电压加在三端集成稳压器 LM317 的输入端③脚，从输出端②脚输出稳定的直流电压。改变电位器 RP 的阻值，可改变输出电压的大小，输出电压约 1.25～21V。C_3、C_4 为滤波电容器，VD5、VD6 为保护二极管。

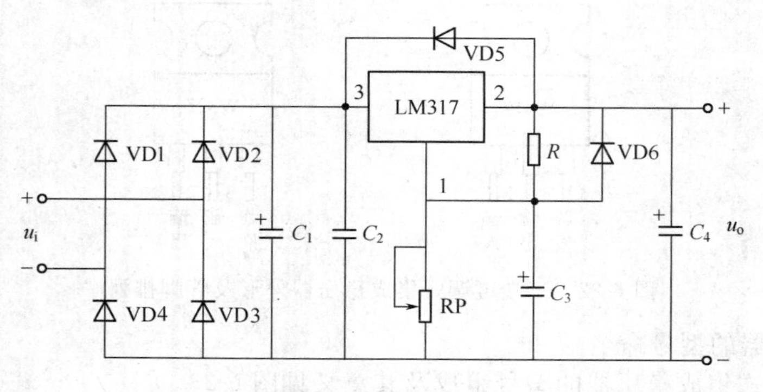

图 6-26　可调输出三端集成稳压器应用电路

1. 电路的安装

① 对照原理图及实际套件，清点元器件如表 6-7：

表 6-7　元器件清单

序号	名　　称	型号与规格	数量
1	色环电阻器 R	120Ω	1
2	微调电位器 RP	3kΩ	1
3	二极管 VD1～VD4	1N4007	4
4	电解电容 C_1	2200μF/25V	1
5	电解电容 C_3	10μF/25V	1
6	电解电容 C_4	100μF/25V	
7	涤纶电容 C_2	0.22μF	1
8	三端集成稳压器	LM317	1
9	万能板	5mm×50mm×50mm	1

② 用万用表检测元器件，确认性能完好后，清除元器件的氧化层，按工艺要求对元器件的引脚进行成形加工，并搪锡。

③ 插装元器件，经检查无误后，用导线根据电路的电气连接关系进行布线。

④ 按焊接工艺要求对元器件进行焊接，直到所有元器件连接并焊完为止。

⑤ 将所有元件安装好后，焊好电源输入线或输入端子。

具体可参考如图 6-27 所示的装接布线图。

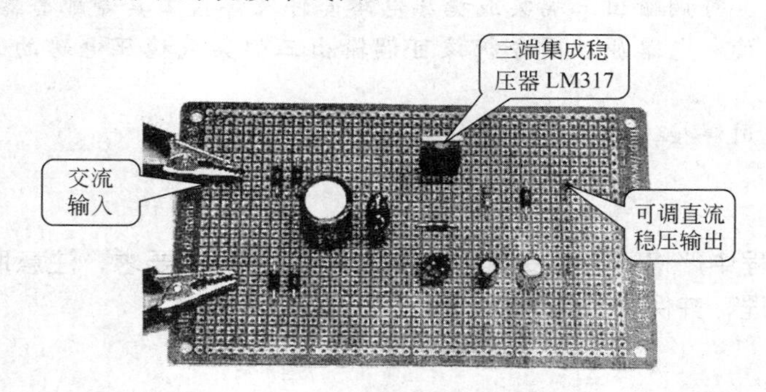

图 6-27　三端集成稳压器电路装接参考图

元器件的排列和布局以合理、美观为标准。其中，电阻、二极管采用卧式安装，需贴近电路板。电容采用立式安装，电解电容底面应尽量贴近板子。电位器、三端稳压器采用立式安装，安装时不能倾斜，三只脚均要焊牢。

① 二极管、电解电容及扬声器应注意正负极性不能接错；

② 不可出现虚假焊接及漏焊现象，一经发现应及时纠正。

2. 电路的调试

电路检查正确无误后，在输入端送入 16V 交流电，可进行如下调试。

① 将万用表置于直流电压 10V 挡，黑表笔接地，红表笔接 LM317 的①脚，测试

LM317 的①脚电位的同时，用起子调节电位器 RP 的阻值，①脚电位应均匀地升高或降低。

② 将万用表置于直流电压 50V 挡，黑表笔接地，红表笔接 LM317 的②脚，测试 LM317 的②脚电位的同时，用起子调节电位器 RP 的阻值，②脚输出电压应在 1.25～21V 之间变化。

如果上述条件满足，说明三端稳压器制作成功。可能出现的故障情况如下。

① 三端稳压器输出端无电压，可断电检查 LM317 的好坏。

② 三端稳压器输出端电压调整范围很小。此故障出现在 *R* 电阻器性能损坏或 RP 电位器性能不好，使调压电路的分压比达不到要求。

③ 三端稳压器输出端电压只有 2V，并且不可调，则 *R* 电阻开路。

④ 三端稳压器输出端电压为最大值 21V，并且不可调，原因可能有两种：LM317 的③脚虚焊或 RP 电位器开路。

⑤ 三端稳压器输出端电压为最小值 1.25V，并且不可调，此故障出现在调压电路，即 RP 电位器被短路。

任务实施

实施要求

任务目标与要求

- 小组成员分工协作，利用可调输出三端集成稳压电路，依据实训工作卡分析制定工作计划，并通过小组自评或互评检查工作计划；
- 准备万用表、可调输出三端集成稳压电路套件及焊接工具等配套器材 1 套/组；
- 通过资料阅读和电路原理图分析该可调输出三端集成稳压电路的工作原理，确定装配注意事项；
- 能熟练地使用焊接工具完成电路的装配。

注意事项

在任务实施过程中严格遵守相关实验实训制度和规范的要求，注意职场健康与安全需求，做好废料的处理，并保持工作场所的整洁。

实施要点

准备工作

- 每小组接受工作任务，领取相关实验实训工具和仪器，做好实施准备工作；
- 组长带领组内成员阅读实训工作卡，查阅相关手册或指导书，合理分工，制定任务计划，并检查计划有效性。

实施步骤

- 依照实训工作卡的引导，观察认识并清点各元器件，同时相互描述所用套件里元器件的检测方法，并填写实训工作卡；
- 依照实训工作卡的引导，写出可调输出三端集成稳压电路的工作原理；
- 依照实训工作卡的引导，画出可调输出三端集成稳压电路的接线图、在板子上的正面布线图和焊接面连线图；
- 依照实训工作卡的引导，记录可调输出三端集成稳压电路各点的测量数据，对出现的故障进行分析。

● 依照实训工作卡的引导，写出制作可调输出三端集成稳压电路的体会。

评估总结

● 回答指导教师提问并接受指导教师相关考核；

● 完成工作任务，对本次任务完成过程及效果进行自我评价和小组互评，完成实训工作卡填写；

● 清洁工作场所，清点归还相关工具设备，完成本次任务。

实训工作卡

1. 清点该电路套件的元器件，读出色环电阻的阻值，电容的标称容量，辨别电解电容、二极管及扬声器的正、负极，识别集成块的引脚；检测所有元器件的参数及质量并将结果填入表中。

标 号	名 称	规 格	检测结果
R	色环电阻器	120Ω	标称值：
			实测值：
RP	微调电阻器	5kΩ	标称值：
			实测值：
			质量：
C_1	电解电容器	2200μF/25V	正负极性：
			质量：
C_3		10μF/25V	正负极性：
			质量：
C_4		100μF/25V	正负极性：
			质量：
C_2	涤纶电容器	0.22μF	标称容量的识读：
			质量：
VD1～VD4	二极管	1N4007	正负极性：
			正向电阻：
			反向电阻：
			质量：
LM317	三端集成稳压器	LM317	引脚排序
			引脚识别

2. 按照电路原理图的结构和所发电路板，绘制电路元器件的布线草图。

3. 按照工艺要求对元器件的引脚进行加工成形；按布局图在电路板上依次进行元器件的排列、插装。

4. 按焊接工艺要求对元器件进行焊接，直到所有元器件连接并焊完为止；焊接电源输入线或输入端子。

5. 在输入端送入 16V 交流电后，用万用表测整流滤波后送入 LM317③脚电位。
6. 调节电位器 RP 的阻值，用万用表测 LM317①脚电位的变化。
7. 调节电位器 RP 的阻值，用万用表测 LM317②脚电位的变化。将测试结果填入下表中。

测试项目	测量值/V
LM317③脚电位	
调节电位器 RP 的阻值，用万用表测 LM317①脚电位的变化	
调节电位器 RP 的阻值，用万用表测 LM317②脚电位的变化	

8. 送入 LM317③脚的电压为什么比输入端的 16V 交流电压高？

9. 调节电位器 RP 的阻值，LM317②脚的输出电压将发生怎样变化？

任务四 叮咚门铃的安装与调试

能力标准

学完这一单元，你应获得以下能力：

- 掌握用 555 集成块制作门铃的一般方法，熟悉 555 集成块的引脚排列；
- 掌握门铃电路的安装与调试，初步具有排除电路故障的能力。

任务描述

请以以下任务为指导，完成对相关理论知识学习和实施练习：

- 以叮咚门铃为例认识 555 集成电路；
- 熟悉叮咚门铃的安装与调试，掌握其装配技能。

相关知识

叮咚门铃

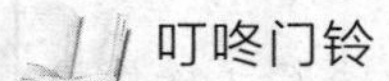

教学导入

叮咚门铃成本低、方便快捷、音色优美，现在不少家庭都已安装了这种门铃，利用 555 集成块组成的多谐振荡器也能逼真地模拟出“叮咚”声，用它制作门铃简单容易，成本较低。

理论知识

一、叮咚门铃电路工作原理

如图 6-28 所示为 555 集成电路组成的叮咚门铃电路原理图。由该电路的组成可见其是一个由 555 电路组成的音频振荡器，它的工作状态受④脚的控制。当按下按钮开关 SB 时，电源经 VD1 对电容器 C_1 充电，当 555 集成电路④脚（复位端）电压大于 1V 时，电路振荡，扬声器中发出“叮”声。松开按钮开关 SB，电容器 C_1 存储的电能经 R_1 电阻放电，但 555 集成电路④脚继续维持高电平而保持振荡，这时因 R_2 电阻器也接入了振荡电路，振荡频率变低，使扬声器发出“咚”声。当 C_1 电容器上的电能释放一定时间后，555 集成电路④脚电压低于 1V，此时电路将停止振荡。再按一次按钮，电路将重复上述过程。

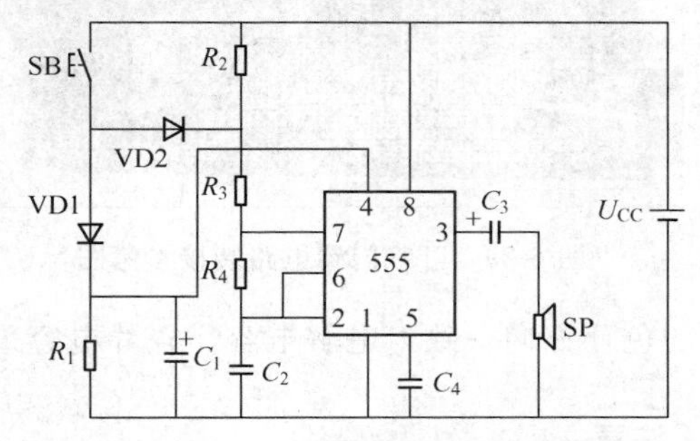

图 6-28　叮咚门铃电路原理图

图中 NE555 集成电路的④脚为复位端，①脚接地，⑧脚接电源，⑤脚接 0.01μF 电容器到地，③脚为输出端。

二、叮咚门铃的制作与调试

1. 电路的安装

① 对照原理图及实际套件，清点元器件如表 6-8 所示。

表 6-8　元器件清单

序号	名　　称	型号与规格	数量
1	集成电路插座	8 脚	1
2	集成电路	NE555	1
3	二极管 VD1、VD2	1N4007	2
4	电解电容 C_1	47μF/16V	1
5	电解电容 C_3	10μF/50V	1
6	瓷片电容 C_2	0.1μF	1
7	瓷片电容 C_4	0.01μF	1
8	色环电阻 R_1	3.9kΩ	1
9	色环电阻 R_2、R_3	3kΩ	2
10	色环电阻 R_4	4.7kΩ	1
11	按钮 SB	轻触开关	1
12	扬声器 SP	8Ω/0.5W	1
13	万能板	5mm×50mm×50mm	1

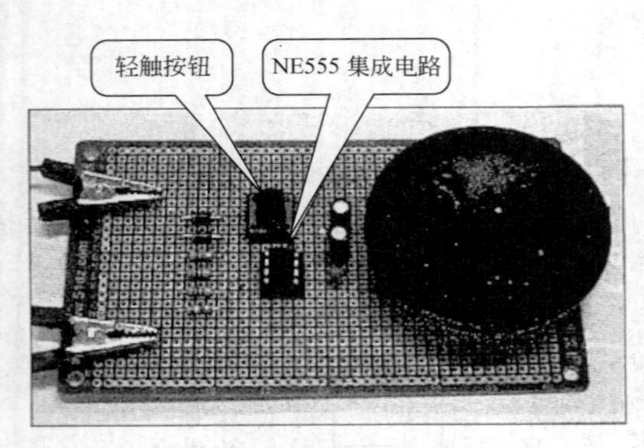

图 6-29　叮咚门铃电路装接参考图

② 用万用表检测元器件，确认性能完好后，清除元器件的氧化层，按工艺要求对元器件的引脚进行成形加工，并搪锡。

③ 插装元器件，经检查无误后，用导线根据电路的电气连接关系进行布线。

④ 按焊接工艺要求对元器件进行焊接，直到所有元器件连接并焊完为止。

⑤ 将所有元件安装好后，焊好电源输入线或输入端子。

具体可参考如图 6-29 所示的装接布线图。其中，电阻、二极管采用卧式安装，电阻的色环方向一致，电解电容、瓷片电容采用立式安装。按钮开关紧贴电路板安装。

① 二极管、电解电容及扬声器应注意正负极性不能接错；
② 不可出现虚假焊接及漏焊现象，一经发现应及时纠正。

2. 电路的调试

接通电源，若电路工作正常，按下和松开轻触按钮，扬声器发出悦耳的“叮咚”声。若电路工作不正常，可能出现以下故障情况，可根据故障现象对其排除修改使电路工作正常。

(1) 按下和松开按钮时，扬声器不发声

此时可作如下几种检查：

① 检查按钮是否损坏；

② NE555 引脚是否接错；

③ 检查扬声器是否损坏；

④ 检查电路是否有虚焊或脱焊等。

(2) 按下和松开按钮时，扬声器一直发“叮”或“咚”声

此时可作如下几种检查：

① 检查按钮是否失灵；

② NE555 的④脚是否接错。

任务实施

实施要求

任务目标与要求

- 小组成员分工协作，利用叮咚门铃电路相关知识，依据实训工作卡分析制定工作计划，并通过小组自评或互评检查工作计划；
- 准备万用表、叮咚门铃套件及焊接工具等配套器材 1 套/组；
- 通过资料阅读和电路原理图分析该叮咚门铃电路的工作原理，确定装配注意事项；
- 能熟练地使用焊接工具完成电路的装配。

注意事项

在任务实施过程中严格遵守相关实验实训制度和规范的要求，注意职场健康与安全需

求，做好废料的处理，并保持工作场所的整洁。

实施要点

准备工作

- 每小组接受工作任务，领取相关实验实训工具和仪器，做好实施准备工作；
- 组长带领组内成员阅读实训工作卡，查阅相关手册或指导书，合理分工，制定任务计划，并检查计划有效性。

实施步骤

- 依照实训工作卡的引导，观察认识并清点各元器件，同时相互描述所用套件里元器件的检测方法，并填写实训工作卡；
- 依照实训工作卡的引导，写出叮咚门铃电路的工作原理；
- 依照实训工作卡的引导，画出叮咚门铃电路的接线图、在板子上的正面布线图和焊接面连线图；
- 依照实训工作卡的引导，记录叮咚门铃电路各点的测量数据，对出现的故障进行分析。
- 依照实训工作卡的引导，写出制作叮咚门铃的体会。

评估总结

- 回答指导教师提问并接受指导教师相关考核；
- 完成工作任务，对本次任务完成过程及效果进行自我评价和小组互评，完成实训工作卡填写；
- 清洁工作场所，清点归还相关工具设备，完成本次任务。

实训工作卡

1. 清点该电路套件的元器件，读出色环电阻的阻值，电容的标称容量，辨别电解电容、二极管及扬声器的正、负极，识别集成块的引脚；检测所有元器件的参数及质量并将结果填入表中。

标　　号	名　　称	规　　格	检测结果
R_1	色环电阻器	3.9kΩ	标称值：
			实测值：
R_2、R_3		3kΩ	标称值：
			实测值：
R_4		4.7kΩ	标称值：
			实测值：
C_1	电解电容器	47μF/16V	正负极性：
			质量：
C_3		10μF/50V	正负极性：
			质量：

续表

标　　号	名　　称	规　　格	检测结果
C_2	瓷片电容器	0.1μF	标称容量的识读：
			质量：
C_4		0.01μF	标称容量的识读：
			质量：
VD1、VD2	二极管	1N4007	正负极性：
			正向电阻：
			反向电阻：
			质量：
SB	按钮	轻触开关	质量：
SP	扬声器	8Ω/0.5W	正负极性：
			质量：
IC	集成电路	NE555	引脚排序
			引脚识别
	集成电路插座	8脚	

2. 按照电路原理图的结构和所发电路板，绘制电路元器件的布线草图。

3. 按照工艺要求对元器件的引脚进行加工成形。

4. 按布局图在电路板上依次进行元器件的排列、插装。

5. 按焊接工艺要求对元器件进行焊接，直到所有元器件连接并焊完为止；焊接电源输入线或输入端子。

6. 用指针式万用表测量按下和松开按钮时，电容器 C_1 两端电压（或NE555④脚电位）的变化情况。

7. 用指针式万用表测量按下和松开按钮时，NE555②或⑥脚及③脚的电位变化情况。将测试结果填入下表中。

测试项目		电压值(或电压变化情况)				
NE555引脚		④脚或 U_{C1}	②或⑥脚	③脚	①脚	⑧脚
扬声器鸣叫时	按下按钮SB时					
	松开按钮SB时					
扬声器不鸣叫时						

8. 为什么扬声器按下按钮时发出“叮”声，而松开按钮时发出“咚”声？

9. 当松开按钮SB时，发出“咚”的余声长短跟哪些参数有关？

任务五　计数、译码、显示电路的安装与调试

能力标准

学完这一单元，你应获得以下能力：

- 熟悉计数、译码、显示电路的构成及工作原理；
- 会查阅集成电路手册，能识读计数器、译码器等集成电路引脚，合理选用元器件；
- 能正确连接计数器、译码器、数码显示器电路。

任务描述

请以以下任务为指导，完成对相关理论知识学习和实施练习：

- 以十进制计数、译码、显示电路为例认识计数、译码、显示电路的构成；
- 熟悉计数译码显示电路的功能，能正确装配与调试。

相关知识

计数、译码、显示电路

教学导入

在日常生活中，经常有计数和显示的应用，如汽车行车里程、自动生产线工件计数、口岸进出人数、秒表、微波炉倒计时等。此任务主要就是要训练如何运用计数、译码及显示集成电路实现 0～9 以内的计数显示功能。

理论知识

一、一百进制计数、译码、显示电路的工作原理

一百进制计数、译码、显示电路的功能主要是用计数器统计输入脉冲的个数，并把计数结果通过译码器译码，翻译成人们习惯的十进制数码的字形 0～99，从而直观地显示出来，以便于观察和记录。

电路如图 6-30 所示。

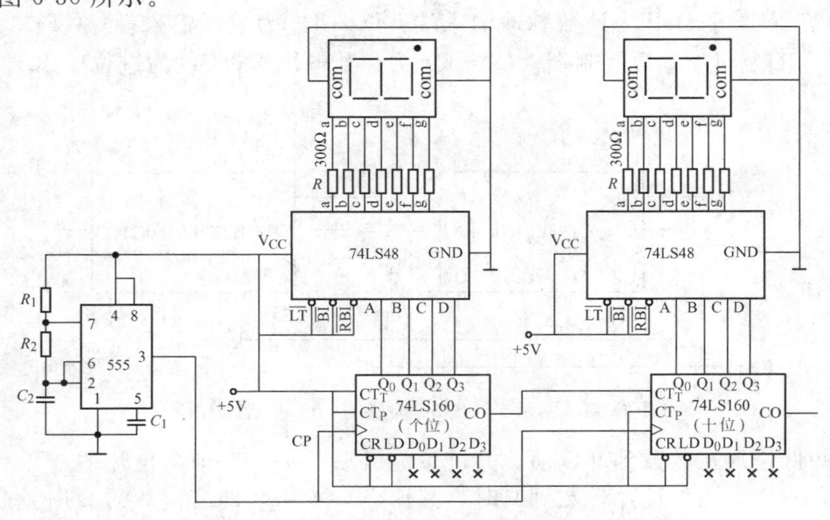

图 6-30　一百进制计数译码显示电路原理图

1. 秒脉冲发生电路

也叫时钟振荡电路。该电路对频率的精度要求不高，所以采用555电路构成多谐振荡器，图6-31中元件参数如下：取 $C_2=C$，由电路知 $T=(R_1+2R_2)C\ln2$，再取 $R_1=R_2=R$，则 $T=3RC\ln2\approx2RC=1\text{s}$。选择 $C=1\mu\text{F}$，则 $R=T/3C\ln2\approx T/2C=500\text{k}\Omega$；$C_1$ 一般取 $0.01\mu\text{F}$。

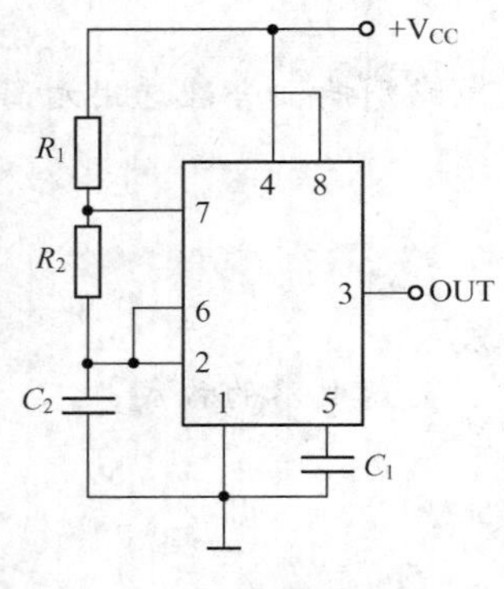

图6-31 秒脉冲电路

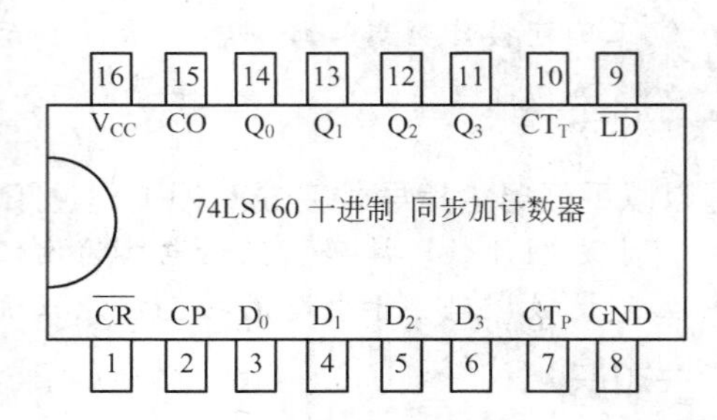

图6-32 74LS160的管脚分布图

2. 一百进制计数器电路

计数器电路用的是集成十进制同步加法计数器CT74LS160。74LS160输出8421 BCD码直接传输给显示译码器，驱动显示器显示出十进制数字。如图6-32所示为74LS160的管脚分布图，74LS160的功能如表6-9所示。图6-33所示为两片74LS160构成的一百进制计数器。

表6-9 74LS160的功能

CP	$\overline{CR}$	$\overline{LD}$	CT_P	CT_T	工作状态
×	0	×	×	×	置零
↑	1	0	×	×	预置数
×	1	1	0	1	保持
×	1	1	×	0	保持(C=0)
↑	1	1	1	1	计数

$\overline{CR}$为异步置零端；CP为计数脉冲输入端，$D_0\sim D_3$ 为数据输入端；CT_T、CT_P 为工作状态控制端；$\overline{LD}$为同步置数控制端；$Q_0\sim Q_3$ 为计数输出端；CO为进位输出端。

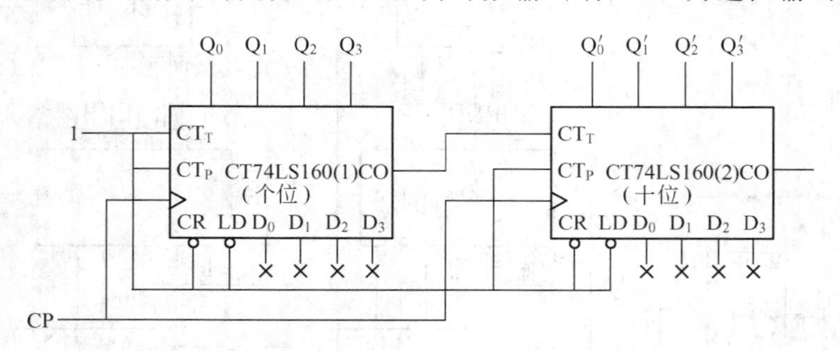

图6-33 两片74LS160构成的100进制计数器

由图可知低位片在计数到9以前，其进位输出端CO=0，即高位片的 $CT_T=0$，故高位片保持原状态不变。当低位片计数到9时，其输出CO=1，即高位片的 $CT_T=1$，这时高位片才能接收CP端输入的计数脉冲。所以，输入第10个计数脉冲时，低位片回到0状态，同时使高位片加1。

3. 驱动显示器电路

(1) 显示电路

在实际电子电路中，很多地方都要用到数字显示，如计数器、频率计、时钟、计分牌等。显示器可用LED数码管和LCD液晶显示器。LED显示器亮度高，如果在环境亮度高的地方还可选用高亮度的LED显示器，所以，LED数码显示器是最常用的数字显示器。因为图中计数器输入给驱动显示器的是8421 BCD码，显示对应的十进制数。因此，图中采用LED数码显示器。

目前国内外生产的LED数码显示种类繁多，型号各异。按图形结构可分为数码管和符号管两种。如图6-34所示。其中“+”号管能显示出“+”、“−”号。“+1”符号管能显示“+1”或“−1”。米字管的功能最全，除能显示A～Z的26个英文字母外，还能显示“+”、“−”、“×”、“÷”几个运算符。七段显示器一般用来显示0～9，有DP的七段显示器可显示小数点。图6-35中，a、b、c、d、e、f、g表示七个笔段，也对应七个外引脚。

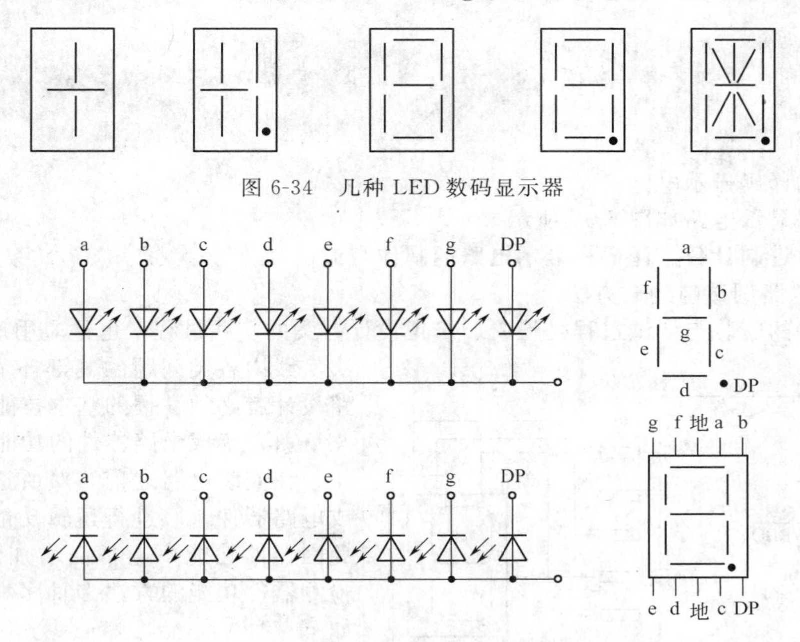

图6-34　几种LED数码显示器

图6-35　共阴和共阳数码显示器原理图和共阴外引脚

按一块显示器件所含显示数位多少，还可分为一位、二位和多位数码显示器。

(2) 驱动译码器

显示译码并能直接驱动LED显示器的TTL电路如74LS47(共阳)、74LS48(共阴)等。如需计数和译码显示功能的可选取74LS143和74LS144等。74LS47是集电极开路(OC门)电路，需外接上拉电阻。这里选用典型电路74LS48，其引脚功能如图6-36所示。

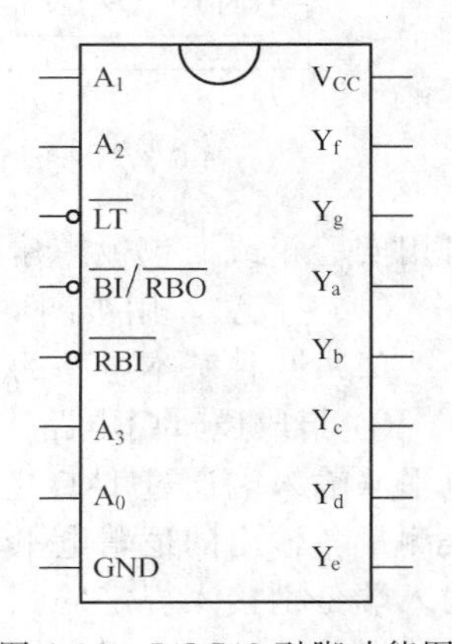

图6-36　74LS48引脚功能图

电路功能如表6-10所示。

$\overline{LT}$端为灯测试端，$\overline{LT}=0$时，Y_a～Y_g全部输出高电平，可驱动共阴数码管七笔都亮。平时应使$\overline{LT}=1$。

$\overline{RBI}$为灭零输入端，设置$\overline{RBI}$的目的是为了把不希望显示的

表 6-10　74LS48 的功能

$\overline{LT}$	$\overline{RBI}$	$\overline{BI}/\overline{RBO}$	$A_3A_2A_1A_0$	$Y_aY_bY_cY_dY_eY_fY_g$
×	×	0	××××	0000000
1	0	1	0000	0000000
0	×	1	××××	1111111
1	×	1	××××	显示字形

零灭掉。

$\overline{BI}/\overline{RBO}$作输入使用时，称灭零输入控制端。只要加入灭灯控制信号$\overline{BI}=0$，无论 A_3、A_2、A_1、A_0 的状态是什么，都将被驱动的数码管熄灭。

作输出端使用时，称灭零输出端。$\overline{RBO}=0$ 时表示 A_3、A_2、A_1、A_0 全为 0，并且$\overline{RBI}=0$。用$\overline{RBO}$的输出信号去控制其他译码器的$\overline{RBI}$。

数码管与驱动译码器相连时，一定要连接限流电阻，且要布局紧凑，放在面包板的合适位置。

(3) 驱动译码显示电路

驱动译码显示电路如图 6-37 所示。

二、一百进制计数、译码、显示电路的制作与调试

1. 数字电路调试与测试方法

数字电路的安装与调试过程是检验、修正设计方案的实践过程，也是应用理论知识来解决实践中各类问题的关键环节，是数字电路设计者必须掌握的基本技能。

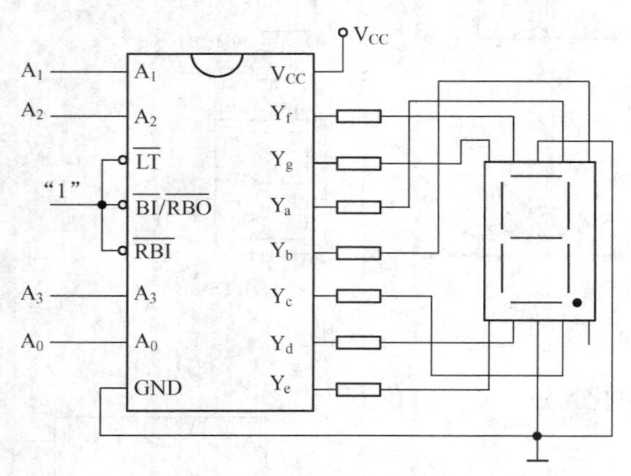

图 6-37　驱动译码显示电路

(1) 集成电路器件的功能测试

在安装电路之前，对所选用的数字集成电路器件，应进行逻辑功能检测，以避免因器件功能不正常而增加调试的困难。检测器件功能的方法多种多样，常用的有如下三种。

① 仪器检测法　有条件的可用数字电路逻辑测试仪进行测试。也可用一些简单而实用的数字集成电路测试仪进行检测。

② 功能试验检查法　没有测试仪时可用实验箱或面包板搭建实验电路，用实验电路进行逻辑功能验证性测试。

③ 替代法　用被测器件替代正常工作的数字电路中的相同器件进行功能测试。

(2) 几种基本电路的功能实验测试方法

① 集成逻辑门电路　静态测试，在各输入端分别接入不同的电平值，即逻辑"1"接高电平（输入端通过 1kΩ 电阻接电源正极），逻辑"0"接低电平（输入端接地）。用数字万用表测量各输出的逻辑电平，并分析各逻辑电平值是否符合电路的逻辑关系。动态测试是指各输入端分别接入规定的脉冲信号，用示波器观测各输出端的信号，并绘出这些脉冲信号的时序波形关系图，分析它们之间是否符合电路的逻辑关系。

② 集成触发器电路　静态测试，主要测试触发器的复位、置位、翻转功能。动态测试，在时钟脉冲的作用下测试触发器的计数功能，用示波器观测电路各处波形的变化情况，据此可以测定输出、输入信号之间的分频关系，输出脉冲的上升和下降时间，触发灵敏度和抗干扰能力以及接入不同性质负载时，对输出波形参数的影响。测试时，触发脉冲的宽度一般要大于数微秒，且脉冲的上升沿或下降沿要陡。

③ 计数器电路　计数器电路的静态测试主要是测试电路旳复位、置位功能及电路使能端的功能是否正确。动态测试是指在时钟作用下测试计数器各输出端的状态是否满足计数功能表的要求，可用示波器观测各输出端的波形，并记录这些波形与时钟脉冲之间的波形关系。

④ 显示译码电路　首先测试数码管各段（发光二极管）工作是否正常，如共阴极的发光二极管显示器，可以将阴极接地，再将各段通过 1kΩ 电阻接电源正极 $+V_{DD}$，各笔段应亮。再将数码管与译码器相接，给译码器的数据输入端依次输入 0000～1001，则数码管对应显示出 0～9 数字。

译码显示电路常见故障如下。

a. 数码显示器某段总是“亮”而不“灭”。可能是译码器的输出幅度不正常或译码器的工作不正常。

b. 数码显示器上某段总是不“亮”，可能是数码管或译码器的连接不正确或接触不良。

c. 数码管字符显示模糊，而且不随输入信号变化，可能是译码器的电源电压不正常、连接不正确或接触不良。

（3）集成电路器件的实验接插和布线方法

在面包板上插接集成器件时，使集成电路的缺口端朝左方，先对准插孔的位置，然后稍用力将其插牢，防止集成器件管脚弯曲或折断。各集成电路的位置应根据电路功能，尽可能靠近一些。

布线时应注意导线不宜太长，最好贴近底板并在集成器件的周围走线，切忌导线跨越集成器件的上空，杂乱地在空中搭成网状。布线应做到整齐美观，既可提高电路的可靠性，又便于检查、排除故障或更换器件。

导线的连接顺序是：先接固定电平端的连线，如电源的正极（一般用红色导线）、地线（一般用黑色导线）、各 MSI 电路的使能端、门电路的多余输入端及电平固定的某些输入端（如触发器的控制端 K 或 J）。然后按照电路中信号的流向顺序对所划分的子系统部分逐一布线，最后将各子系统连接起来。

实践表明，数字单元电路的故障大多都是接线错误或接触不良引起的。如果在开始就将集成电路进行严格的测试，问题出在集成器件本身就会更少。然而设计者在调试中发现工作不正常时，往往一开始就怀疑集成器件损坏，这是应该引起注意的。在实验电路搭建前，首先对所用集成电路进行功能测试，一般情况下在检查电路故障时，应是先查外围连接，再查集成电路。

在面包板或实验箱上对电路进行试验测试正常后，设计印制电路板，制作 PCB 板并安装元器件，对电路进行制作，并作最后的调试和检测。

2. 一百进制计数译码显示器的安装

① 对照原理图及实际套件，清点元器件如表 6-11 所示。

② 用万用表检测元器件，确认性能完好后，清除元器件的氧化层，按工艺要求对元器件的引脚进行成形加工，并搪锡。

③ 插装元器件，经检查无误后，用导线根据电路的电气连接关系进行布线。

④ 按焊接工艺要求对元器件进行焊接，直到所有元器件连接并焊完为止。

表 6-11 元器件清单

序号	名 称	型号与规格	数量
1	色环电阻器 R_1、R_2	500kΩ	2
2	色环电阻器 R	300Ω	14
3	数码管	共阴	2
4	电容 C_1	1μF	1
5	瓷片电容 C_2	103	1
6	集成电路底座	16 脚	4
7	集成电路底座	8 脚	1
8	555	NE555	1
9	74LS48	CT74LS48	2
10	74LS160	CT74LS160	2
11	万能面包板	5mm×120mm×160mm	1

⑤ 将所有元件安装好后，焊好电源输入线或输入端子。

具体可参考如图 6-38 所示的装接布线图。元器件的排列和布局以合理、美观为标准。其中，电阻采用卧式安装，需贴近电路板；电容采用立式安装；集成电路应先焊接底座，底座的标记口方向应与实际的集成块标记口方向一致；调试时再将芯片插上，集成块插入底座时，应避免插反及引脚未完全插入底座等现象。

图 6-38 一百进制计数、译码、显示电路装接参考图

3. 电路的调试

电路检查正确无误后，接通＋5V 直流电源，若电路工作正常，则会显示 00、01、02……98、99、00……

如果上述条件满足，说明一百进制计数、译码、显示器制作成功。如果不满足则需要进一步调试，该电路可能出现的典型故障及排除情况如下。

① 能够计数“00～99”一百个数码后又重新从“00”开始计数，但是计数过快，有的数码看得不是特别清楚。此种故障是时钟振荡电路不准确，秒脉冲时间过短，可检查电容 C_1 和 C_2 是否焊错，或者是 C_1 性能不好。此时可更换 C_1 或者给 C_1 再并联一个电容。

② 个位计数 0～9 十个数码后，又重新显示 0，十位无反应。此种故障说明振荡电路完全正确，可以先检查十位的数码管各笔段能否正常点亮。若不正常，可修改焊错部分；如果正常，再检查十位计数器电源和 CP 有没有接好，若不正常，可修改焊错部分；如果正常，再看个位计数器的进位有没有送信号给十位计数器芯片，若错则进行修改。

① 检查十位电路时可对照个位已经成功的电路连线图。

② 检查计数器功能是否正常时，可借用示波器来观察输出端波形。

③ 接通电源后完全没反应，可先用万用表直流电压挡测量电源供电是否正常。若不正常，则从直流稳压电源重新输出；若正常，就先测量个位集成电路 74LS48 的七个输出端是否有输出电压。如有，则是数码显示器故障，换一个试试；如无，则逐个拔下 74LS48 用代替法试验；如果个位的集成块 74LS48 和数码管都是好的，则依次从时钟振荡电路开始检查，看有无秒信号，若无则检查更改；若有就接着看秒信号有没有送给计数器的个位以及个位是否能够计数（此处可借助示波器观察），若不正常，则换个集成块 74LS160 试试。个位调试正常后可以进一步检查以个位计到 9 时能不能进位；最后用检查、调试个位的方法来调试十位，直至成功为止。

① 检查数码管的方法参照项目二中的数码管检测方法。
② 检查每个单元电路时都应先检查电源和接地是否连接好。

④ 数码管缺少笔画或显示乱码，数码管缺少笔画时应重点检查数码管的对应段连线是否存在假焊、漏焊、虚焊；显示乱码时，应检查数码管的各段和 74LS48 输出线的对应关系，看看是否接错，或存在漏焊、虚焊等情况，如有必要，可更换 74LS48 试试。

任务实施

实施要求

任务目标与要求

- 小组成员分工协作，利用计数译码显示电路相关知识，依据实训工作卡分析制定工作计划，并通过小组自评或互评检查工作计划；
- 准备万用表、示波器、直流稳压电源、计数译码显示电路套件及焊接工具等配套器材 1 套/组；
- 通过资料阅读和电路原理图分析该计数、译码、显示电路的工作原理，确定装配注意事项；
- 能熟练地使用焊接工具完成电路的装配。

注意事项

在任务实施过程中严格遵守相关实验实训制度和规范的要求，注意职场健康与安全需求，做好废料的处理，并保持工作场所的整洁。

实施要点

准备工作

- 每小组接受工作任务，领取相关实验实训工具和仪器，做好实施准备工作；
- 组长带领组内成员阅读实训工作卡，查阅相关手册或指导书，合理分工，制定任务计划，并检查计划有效性。

实施步骤

- 依照实训工作卡的引导，观察认识并清点各元器件，同时相互描述所用套件里元器件的检测方法，并填写实训工作卡；

- 依照实训工作卡的引导，写出计数译码显示电路的工作原理；
- 依照实训工作卡的引导，画出计数、译码、显示电路的接线图、在板子上的正面布线图和焊接面连线图；
- 依照实训工作卡的引导，调试该电路，对出现的故障进行分析和排除。
- 依照实训工作卡的引导，写出制作计数、译码、显示电路的体会。

评估总结

- 回答指导教师提问并接受指导教师相关考核；
- 完成工作任务，对本次任务完成过程及效果进行自我评价和小组互评，完成实训工作卡填写；
- 清洁工作场所，清点归还相关工具设备，完成本次任务。

实训工作卡

1. 清点该电路套件的元器件，读出色环电阻的阻值，电容的标称容量，辨别电解电容、二极管及扬声器的正、负极，识别集成块的引脚；检测所有元器件的参数及质量并将结果填入表中。

标　　号	名　　称	规　　格	检测结果
R_1、R_2	色环电阻	500kΩ(2 个)	标称值：
			实测值：
R		300Ω(14 个)	标称值：
			实测值：
C_1	电解电容	1μF/50V	正负极性：
			质量：
C_2	瓷片电容	0.01μF	标称容量的识读：
			质量：
显示器	数码管	共阴	质量：
74LS48	驱动译码器	74LS48	引脚排序：
			引脚识别：
555	定时器	NE555	引脚排序：
			引脚识别：
74LS160	计数器	74LS160	引脚排序：
			引脚识别：
	集成电路插座	8 脚	
	集成电路插座	16 脚	

2. 按照电路原理图的结构和所发电路板，绘制电路元器件的布线草图。

3. 按照工艺要求对元器件的引脚进行加工成形；按布局图在电路板上依次进行元器件的排列、插装。

4. 按焊接工艺要求对元器件进行焊接，直到所有元器件连接并焊完为止；焊接电源输入线或输入端子。

5. 按要求对该电路进行调试及故障排除，直至实现电路功能。

6. 写出制作计数、译码、显示电路的体会。

知识拓展

电子产品工艺文件的编制

工艺文件是指导工人操作和用于生产、工艺管理等的各种技术文件的总成，在企业中，工艺文件是非常重要的。它是组织生产、指导操作、保证产品质量的重要手段和法规。为此，编制的工艺文件应该正确、完整、统一、清晰。

实际中有着各式各样的工艺文件，有单个器件的、有成套的、有安装工艺、有调试工艺，就连一根导线的加工也有其工艺文件等。编制工艺文件应以保证产品质量，稳定生产为原则，可按如下方法进行。

① 首先需仔细分析设计文件的技术条件、技术说明、原理图、安装图、接线图、线扎图及有关的零、部件图等。将这些图中的安装关系与焊接要求仔细弄清楚，必要时对照一下定型样机。

② 编制时先考虑准备工序，如各种导线的加工处理、线把扎制、地线成形、器件焊接浸锡、各种组合件的装焊、电缆制作、印标记等，编制出准备工序的工艺文件。凡不适合直接在流水线上装配的元器件，可安排在准备工序里去做。

③ 接下来考虑总装的流水线工序。先确定每个工序的工时，然后确定需要用几个工序。比如安装工序、焊接工序、调试工序、检验工序等。要仔细考虑流水线各工序的平衡性，另外，仪表设备、技术指标、测试方法也要在工艺文件上反映出来。

编制工艺文件不仅要从实际出发，还要注意以下几点要求。

① 编制的工艺文件要做到准确、简明、正确、统一、协调，并注意吸收先进技术，选择科学、可行、经济效果最佳的工艺方案。

② 工艺文件中所采用的名词、术语、代号、计量单位要符合现行国标或部标规定。书写要采用国家正式公布的简化汉字，字体要工整清晰。

③ 工艺附图要按比例绘制，并注明完成工艺过程所需要的数据（如尺寸等）和技术要求。

④ 尽量引用部颁通用技术条件和工艺细则及企业的标准工艺规程。最大限度地采用工装或专用工具、测试仪器和仪表。

⑤ 易损或用于调整的零件、元器件要有一定的备件。并视需要注明产品存放、传递过程中必须遵循的安全措施与使用的工具、设备。

⑥ 编制关键件、关键工序及重要零、部件的工艺规程时，要指出准备内容、装联方法。装联过程中的注意事项以及使用的工、量具、辅助材料等工艺保证措施。要视需要进行工艺会签，以保证工序间的衔接和明确分工。

项目评价表

检查内容	配分	评分要点	情况记录	得分
线路板布线与布局	15分	①整个电路布线简洁合理得满分； ②布局合理，各元器件分布较均匀、排列较紧凑，连线较短，不符合要求的酌情扣3～5分； ③每个元件焊盘距离合适，引脚孔位于焊盘正中，不符合要求的每个元件扣0.5分	①布局：____； ②布线：____； ③焊盘、插孔：____	
元件安装	15分	①元件分布、间隔、走线、安装高度及方式合理和元件保留的引脚长度合理得满分； ②元器件安装错误，极性判断不对，外观破损或元器件漏装每个扣2分； ③卧式安装和立式安装安装不平整酌情扣3～5分，引脚保留长度不合适酌情扣3～5分	①元器件的引脚长度不同____个； ②引脚不垂直插入的元件____个； ③同类元件未同一高度有____个； ④超出元件引脚规定保留长度____个； ⑤底板连线不垂直____个	
焊接工艺	25分	①焊点有足够机械强度，大小合适，圆滑美观，线路板干净整洁给满分； ②达不到要求者，每项每个扣1分； ③线路板脏、铜箔翘起扣1分	①漏焊点____个； ②虚、假焊点____个； ③焊点起刺____个； ④焊点不均匀____个； ⑤线路板（不整洁、脏、铜箔翘起）____处	
电路效果	25分	①一次试机成功得满分； ②一次试机失败扣5分； ③二次试机失败扣10分； ④三次试机失败扣20分	一次成功 ____； 二次成功____； 三次成功____； 三次失败____	
测试数据	10分	①元器件清点检测记录表数据科学合理； ②IC引脚电压测量数据表数据科学合理	①元器件表：____； ②IC引脚电压值测试表：____	
安全文明生产	10分	①严格遵守操作规程且未损坏、丢失元件得满分； ②损坏、丢失元件扣1～5分； ③物品随意乱放扣1～5分； ④违反操作规程扣1～10分	①损坏、丢失元件____个 ②物品随意乱放：____； ③违反操作规程：____	
合计	100分			

能力鉴定表

实训项目	项目六　电子技能综合实训				
姓名		学号		日　期	
组号		组长		其他成员	

序号	能力目标	鉴定内容	时间(总时间80分钟)	鉴定结果	鉴定方式
1	专业技能	电子产品的装配过程及注意事项	20分钟	□具备 □不具备	教师评估 小组评估
2		电子电路的装配、调试技能			
3		印制电路板上的装配的熟悉	30分钟	□具备 □不具备	
4		万能板上的装配的熟悉	30分钟	□具备 □不具备	
5	学习方法	是否主动进行任务实施	全过程记录	□具备 □不具备	小组评估 自我评估 教师评估
6		能否使用各种媒介完成任务		□具备 □不具备	
7		是否具备相应的信息收集能力		□具备 □不具备	
8	能力拓展	团队是否配合	全过程记录	□具备 □不具备	
9		调试方法是否具有创新		□具备 □不具备	
10		是否具有责任意识		□具备 □不具备	
11		是否具有沟通能力		□具备 □不具备	
12		总结与建议		□具备 □不具备	

鉴定结果	合格	□	教师意见		教师签字	
	不合格	□			学生签名	

注：1. 请根据结果在相关的□内画√。

2. 请指导教师重点对相关鉴定结果不合格的同学给予指导意见。

信息反馈表

实训项目：电子技能综合实训　　组号：________

姓　　名：________________　　日期：________

请你在相应栏内打钩	非常同意	同意	没有意见	不同意	非常不同意
1. 这一项目给我很好地提供了电子电路的装配过程及注意事项？					
2. 这一项目给我很好地提供了电子电路的装配、调试与故障排除技能？					
3. 这一项目帮助我掌握了印制电路板上装配？					
4. 这一项目帮助我掌握了用万能板装接？					
5. 该项目的内容适合我的需求？					

续表

请你在相应栏内打钩	非常同意	同意	没有意见	不同意	非常不同意
6. 该项目在实施中举办了各种活动？					
7. 该项目中不同部分融合得很好？					
8. 实训中教师待人友善愿意帮忙？					
9. 项目学习让我做好了参加鉴定的准备？					
10. 该项目中所有的教学方法对我学习起到了帮助的作用？					
11. 该项目提供的信息量适当？					
12. 该实训项目鉴定是公平、适当的？					
你对改善本科目后面单元的教学建议：					

参 考 文 献

[1] 夏西泉. 电子工艺实训教程. 北京：机械工业出版社，2006.

[2] 吴劲松. 电子产品工艺实训. 北京：电子工业出版社，2002.

[3] 张旭征. 汽车电工电子基础. 北京：机械工业出版社，2009.

[4] 苏生荣. 电子技能实训. 西安：西安电子科技大学出版社，2008.

[5] 侯守军，张道平. 电子技能训练项目教程. 北京：国防工业出版社，2011.

[6] 王建等. 电子基本技能实训教程. 北京：机械工业出版社，2008.

[7] 王成安. 电子技术基本技能综合训练. 北京：人民邮电出版社，2005.

[8] 朱永金. 电子技术实训指导. 北京：清华大学出版社，2005.

[9] 张永枫，李益民. 电子技术基本技能实训教程. 西安：西安电子科技大学出版社，2002.

[10] 张永枫等. 电子技能实训教程. 北京：清华大学出版社，2009.

[11] 刘旭，赵红利. 电子测量技术与实训. 北京：清华大学出版社，2010.

[12] 李秀玲. 电子技术基础项目教程. 北京：机械工业出版社，2010.

[13] 李伟，王昆. 电子基本技能操作实训. 北京：机械工业出版社，2007.

[14] 李金明. 电子技术实验实训指导. 北京：电子工业出版社，2008.

[15] 廖先芸. 电子技术实践与训练. 北京：高等教育出版社，2005.

[16] 杜中一. SMT表面组装技术. 北京：电子工业出版社，2009.